教育部高等学校化工类专业教学指导委员会推荐教材

化工安全概论

陈卫航　钟　委　梁天水　主编

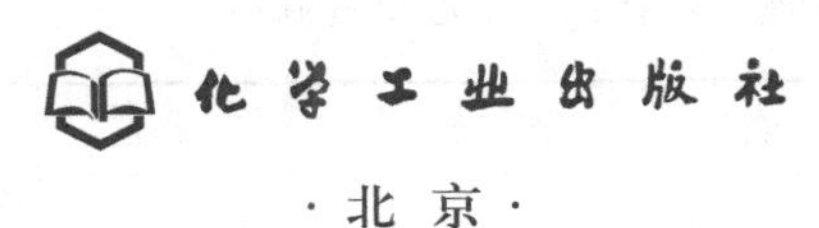

·北京·

《化工安全概论》概括介绍了化工企业现代安全管理的基本原则和基本内容；系统论述了典型化工单元操作、典型化工工艺和化工设备的危险性分析、相关安全技术和控制技术等知识；详细阐述了化工事故应急救援的基本原则、应急救援方法与化工事故处置技术。《化工安全概论》共8章，分别为：绪论、化工企业现代安全管理、化工单元操作安全技术、化工工艺过程安全技术、化工设备安全技术、化工事故应急救援与处置、安全学基本原理、化工安全事故模拟。

《化工安全概论》还加入了安全学的部分内容，如安全观、安全认识论和安全方法论等，对于非安全工程类学生了解安全学的基本原理非常重要。此外，书中还结合生产实践和各章节内容，给出了几十个化工生产中的事故案例，并有针对性地进行分析和评述。

《化工安全概论》可作为化工与制药类专业（非安全工程方向）的本科教材，也可供化工企业的安全和技术管理人员参考。

图书在版编目（CIP）数据

化工安全概论/陈卫航，钟委，梁天水主编. —北京：化学工业出版社，2016.6（2024.8重印）

教育部高等学校化工类专业教学指导委员会推荐教材

ISBN 978-7-122-26857-0

Ⅰ.①化… Ⅱ.①陈… ②钟… ③梁… Ⅲ.①化工安全-高等学校-教材 Ⅳ.①TQ086

中国版本图书馆CIP数据核字（2016）第082339号

责任编辑：徐雅妮　杜进祥　　　文字编辑：陈　雨

责任校对：吴　静　　　装帧设计：关　飞

出版发行：化学工业出版社（北京市东城区青年湖南街13号　邮政编码100011）

印　　装：北京天宇星印刷厂

787mm×1092mm　1/16　印张15　字数343千字　2024年8月北京第1版第3次印刷

购书咨询：010-64518888　　　售后服务：010-64518899

网　　址：http://www.cip.com.cn

凡购买本书，如有缺损质量问题，本社销售中心负责调换。

定　　价：45.00元

教育部高等学校化工类专业教学指导委员会
推荐教材编审委员会

序

化学工业是国民经济的基础和支柱性产业，主要包括无机化工、有机化工、精细化工、生物化工、能源化工、化工新材料等，遍及国民经济建设与发展的重要领域。化学工业在世界各国国民经济中占据重要位置，自2010年起，我国化学工业经济总量居全球第一。

高等教育是推动社会经济发展的重要力量。当前我国正处在加快转变经济发展方式、推动产业转型升级的关键时期。化学工业要以加快转变发展方式为主线，加快产业转型升级，增强科技创新能力，进一步加大节能减排、联合重组、技术改造、安全生产、两化融合力度，提高资源能源综合利用效率，大力发展循环经济，实现化学工业集约发展、清洁发展、低碳发展、安全发展和可持续发展。化学工业转型迫切需要大批高素质创新人才，培养适应经济社会发展需要的高层次人才正是大学最重要的历史使命和战略任务。

教育部高等学校化工类专业教学指导委员会（简称“化工教指委”）是教育部聘请并领导的专家组织，其主要职责是以人才培养为本，开展高等学校本科化工类专业教学的研究、咨询、指导、评估、服务等工作。高等学校本科化工类专业包括化学工程与工艺、资源循环科学与工程、能源化学工程、化学工程与工业生物工程等，培养化工、能源、信息、材料、环保、生物工程、轻工、制药、食品、冶金和军工等领域从事工程设计、技术开发、生产技术管理和科学研究等方面工作的工程技术人才，对国民经济的发展具有重要的支撑作用。

为了适应新形势下教育观念和教育模式的变革，2008年“化工教指委”与化学工业出版社组织编写和出版了10种适合应用型本科教育、突出工程特色的“教育部高等学校化学工程与工艺专业教学指导分委员会推荐教材”（简称“教指委推荐教材”），部分品种为国家级精品课程、省级精品课程的配套教材。本套“教指委推荐教材”出版后被100多所高校选用，并获得中国石油和化学工业优秀教材等奖项，其中《化工工艺学》还被评选为“十二五”普通高等教育本科国家级规划教材。

党的十八大报告明确提出要着力提高教育质量，培养学生社会责任感、创新精神和实践能力。高等教育的改革要以更加适应经济社会发展需要为着力点，以培养多规格、多样化的应用型、复合型人才为重点，积极稳步推进卓越工程师教育培养计划实施。为提高化工类专业本科生的创新能力和工程实践能力，满足化工学科知识与技术不断更新以及人才培养多样化的需求，2014年6月“化工教指委”和化学工业出版社共同在太原召开了“教育部高等学校化工类专业教学指导委员会推荐教材编审会”，在组织修订第一批10种推荐教材的同时，增补专业必修课、专业选修课与实验实践课配套教材品种，以期为我国化工类专业人才培养提供更丰富的教学支持。

本套“教指委推荐教材”反映了化工类学科的新理论、新技术、新应用，强化安全环保意识；以“实例—原理—模型—应用”的方式进行教材内容的组织，便于学生学以致用；加强教育界与产业界的联系，联合行业专家参与教材内容的设计，增加培养学生实践能力的内容；讲述方式更多地采用实景式、案例式、讨论式，激发学生的学习兴趣，培养学生的创新能力；强调现代信息技术在化工中的应用，增加计算机辅助化工计算、模拟、设计与优化等内容；提供配套的数字化教学资源，如电子课件、课程知识要点、习题解答等，方便师生使用。

希望“教育部高等学校化工类专业教学指导委员会推荐教材”的出版能够为培养理论基础扎实、工程意识完备、综合素质高、创新能力强的化工类人才提供系统的、优质的、新颖的教学内容。

教育部高等学校化工类专业教学指导委员会

2015年6月

前 言

2014年教育部和国家安全监管总局联合发布的《教育部、国家安全监管总局关于加强化工安全人才培养工作的指导意见》中指出"鼓励高校根据需求在现有本科专业和研究生学科内设置化工安全方向。面向化工安全生产需要，培养安全意识强、具备一定安全生产知识和能力的高素质劳动者和各级专业技术后备人才。化工安全相关专业要落实化工安全人才标准，将安全知识教育细化到具体的课程和教学环节，将安全意识培养融入教学全过程，使学生了解化工安全技术进展，强化化工是高危行业的认识，树立安全是化工生产前提的理念。"为此，2015年发布的《工程教育认证标准——化工与制药类专业补充标准》和《化工与制药类专业教学质量国家标准》中已经明确将"过程安全"列入工程基础类课程的教学内容。所以"化工安全"应作为必修课向化工与制药类专业及相关专业开出。2014年，教育部高等学校化工类专业教学指导委员会开会讨论确定《化工安全概论》列入教育部高等学校化工类专业教学指导委员会推荐教材。

本书定位于化工类专业（非安全工程方向）学生，因此在教材内容选择上强调基础性和实用性，注重理论联系实际。教材共8章，内容包括：绪论、化工企业现代安全管理、化工单元操作安全技术、化工工艺过程安全技术、化工设备安全技术、化工事故应急救援与处置、安全学基本原理、化工安全事故模拟。本书概括介绍了化工企业现代安全管理的基本原则和基本内容；系统论述了典型化工单元操作、典型化工工艺和化工设备的危险性分析、相关安全技术和控制技术等知识；详细阐述了化工事故应急救援的基本原则、应急救援方法与化工事故处置技术；加入了安全学的部分内容，如安全观、安全认识论和安全方法论等，对于非安全工程类学生了解安全学的基本原理非常重要；结合生产实践和各章节内容，给出了几十个化工生产中的事故案例，并有针对性地进行分析和评述，以便读者加深对相关知识的理解，并能灵活应用危险识别技术及控制技术。

通过本书的学习，不仅可掌握化工安全基础知识、做到理论联系实际、强化安全意识，还可培养学生实践能力、提高化工安全技术与安全生产管理的综合素质。本书可以作为高等院校化工与制药类专业及相关专业的教学用书，也可供化工企业的安全和技术管理人员参考。

参加本书编写的人员有：郑州大学陈卫航（第1章），蒋苏毓（第2章2.1～2.4、第4章），王训道（第3章），赵科（第5章），梁天水（第6、8章），钟委（第2章2.5、第7章）。全书由陈卫航修改定稿。在本书编写过程中，河南省安委会专家宋建池教授提出了许多宝贵意见，郑州大学范桂侠博士对全书进行了文字校正，在此特表谢意。

由于编者水平有限，疏漏与不当之处在所难免，敬请指正。

编者

2016年1月

目录

第1章 绪论 / 1

第2章 化工企业现代安全管理 / 14

第3章 化工单元操作安全技术 / 41

第4章 化工工艺过程安全技术 / 65

第5章 化工设备安全技术 / 93

第6章 化工事故应急救援与处置 / 137

第7章 安全学基本原理 / 178

第8章 化工安全事故模拟 / 200

附录 / 225

第1章

绪 论

化学工业作为重要的基础工业和支柱产业，在国民经济中占有极其重要的地位。当今世界，化工产品涉及国民经济、国防建设、资源开发和人类衣食住行的各个方面，对解决人类社会所面临的人口、资源、能源和环境可持续发展等重大问题，起到十分重要的作用。化工是工业革命的助手、农业发展的支柱、国防建设的利器、战胜疾病的工具、改善生活的手段。现代社会中如果没有化学工业，就不会存在现代交通、通信、医药、能源、农业、食品加工和各种各样的消费品。

与其他任何工业相比，化学工业更加多样化，化工产品无处不在。例如，每天早晨，我们在聚氨酯泡沫床垫上舒舒服服睡上一觉后，打开酚醛树脂制造的电灯开关，电流安全地流过包裹绝缘材料（聚氯乙烯、聚乙烯、乙丙橡胶等）的电缆、电线点亮电灯；穿上合成纤维（涤纶、锦纶、腈纶、氯纶、维纶、氨纶等）做成的衣服和合成橡胶材料（丁苯橡胶、丁腈橡胶、氯丁橡胶、顺丁橡胶）制作的鞋子；来到盥洗室，挤出牙膏（由摩擦剂、保湿剂、表面活性剂、增稠剂、甜味剂、防腐剂、色素、香精等化学产品混合而成）、打开洗面奶或香皂（采用化学方法制作）、使用经过化学消毒的清水进行洗漱；吃过可口的早餐（粮食、蔬菜、水果都来自化学肥料滋养的农田），来到教室或实验室，坐在桌旁的椅子上（桌椅上的涂料均是化学油漆：硝基漆、醇酸漆、聚酯漆、水性漆等），拿起书本（纸张和油墨均是化工产品）开始学习和工作；经过一天的学习和工作，傍晚来到运动场放松身心，跑步、打球、器械锻炼（运动场的塑胶跑道、人工草坪、各种球类和器械的材料等均是化工产品）；晚上开启电脑、拿出手机、打开电视，查找资料、联系亲朋、看视频、玩游戏，所有电子产品中的很多元器件也都是化工产品。总之，我们也许没有意识到，化学工业的产品渗透到社会、经济、国防等各个领域，使我们的生活变得丰富多彩。

但化学工业本身却面临着不可忽视的安全与环境污染等重要问题。自20世纪开始，化学工业迅速发展，所涉及的化学物质的种类和数量急剧增加，化工厂开始趋向大型化，化工过程变得越来越复杂；原料、中间体和产品出现了更多的有毒有害、易燃易爆、有腐蚀性的物质；生产工艺所需的温度、压力也越来越高（或低），操作条件的控制和调节要求更高、更精密，安全措施和安全管理的要求也更高、更严格。如上所述，化工生产过程存在着诸多潜在的不安全因素，稍有不慎，就会发生各种事故。这些问题的出现，直接影响到人民的生命安全与生存环境，影响到国家和个人财产安全，因此必须加以高度重视。

作为未来化工及相关行业的从业者和与化学工业生产直接相关的人员，了解化工安全基本问题，掌握化工安全基础知识，树立化工安全生产意识，落实“安全第一，预防为主”的安全生产方针，显得尤为重要。

1.1 化学工业的特点及危险性

现代化学工业是一个多行业的生产部门，生产规模庞大、能量密集、原材料和中间体性质复杂、产物种类众多。它既是原材料工业，又是加工工业，既包括生产资料的生产，又包括生活资料的生产。按生产原料分类，可分为石油化工、天然气化工、煤化工、盐化工和生物化工；按产品大类分类，可分为无机化工、基本有机化工、高分子化工、精细化工和生物化工等。因此，化学工业与其他工业相比，有其显著的特点。所有安全问题的出现、安全生产事故的发生都与化学工业的特点密不可分。

1.1.1 原料、工艺、设备和产品的多样性

化学工业的一个重要特点就是多样性和复杂性。没有任何一个工业涉及这么多的原料、生产工艺和产品。

(1) 由原料引起的多样性

化学工业可从不同的原料出发制造同一产品，例如煤、石油、天然气都可作为合成氨的原料。也可用同一原料制造许多不同产品，例如以苯为原料，通过磺化可制成苯磺酸；通过硝化可制成硝基苯；通过氯化可制成氯苯。以苯磺酸、硝基苯、氯苯作为中间体，又可制造出大量的化学品。一个产品可有不同的用途，而不同产品有时却可有同一用途；一种产品往往又是生产别种产品的原料、辅料或中间体。

(2) 由工艺引起的多样性

不同的原料生产同一产品，采用的工艺一定不同。同一种原料生产同一产品也可采用多种不同的生产工艺。例如，以石英砂为原料制备硅酸钠，有干法和湿法两种流程。以硅酸钠和烧碱为原料可以制备出偏硅酸钠、正硅酸钠、倍半硅酸钠等。就五水偏硅酸钠的制备来说，有溶液结晶法、结晶粉碎法、一次造粒法等几种方法。

同一化学反应可以采用不同催化剂。例如，同是苯酚与甲醛反应合成酚醛树脂，可以使用氢氧化钠、氢氧化钡、盐酸、氨水、草酸、乙酸、甲酸、硫酸、磷酸、氧化镁、氧化锌等催化剂，但其产品性质有所不同。使用不同催化剂，其工艺也会有差别。

(3) 由设备引起的多样性

完成同一反应可使用的反应器形式有多种。例如，乙苯脱氢反应，德国 BASF 公司开发出的连续加热管式反应器，能有效抑制副反应，选择性高达 94%，但压降高、生产能力受限；美国 UOP 公司开发的径向反应器，虽转化率只有 92%，但床层压降却大大降低；还有 Mosanto 公司开发的两段绝热式反应器，简单可靠；Badger 公司开发的圆筒辐射流动式反应器，选择性高、生产能力大。

杂质脱除、分离纯化都有许多种方法和设备可供选择。例如，均相液体混合物的分离，可以采用蒸发、精馏方法，也可以采用萃取方法。在杂质脱除、分离纯化时，各种单元操作组合时的位置也灵活多变。反应器的不同和分离设备的不同，也将造成工艺的

不同。

综上所述，因原料来源、工艺技术、设备选择和市场等方面的变化，使得这些因素之间关系错综复杂，既要互相适应，又可以有很大的选择余地。如果工艺和设备的设计或选择不当，将会带来安全隐患。

1.1.2 生产过程中的物料具有化学危险性

化工生产中，所使用的原料、半成品、中间体和产品大多数属于易燃、易爆、有毒、有害和有腐蚀性的危险化学物质。目前世界上已有化学物品600多万种，经常生产使用的约六、七万种。这些化学物品中约有70%以上具有易燃、易爆、有毒、有害和腐蚀性强的特点。据有关部门统计，因一氧化碳、硫化氢、氮气、氮氧化物、氨、苯、二氧化碳、二氧化硫、光气、氯化钡、氯气、甲烷、氯乙烯、磷、苯酚、砷化物16种化学物质造成中毒、窒息的死亡人数占中毒死亡总人数的87.6%，而这些物质在化工企业中是很常见的。在生产、使用、储运过程中操作或管理不当，这些危险化学物质就会发生火灾、爆炸、中毒和灼伤等安全生产事故。

例如，2015年8月12日，位于天津滨海新区塘沽开发区的天津东疆保税港区瑞海国际物流有限公司所属危险品仓库发生爆炸，两次爆炸分别相当于3t TNT和21t TNT所释放的能量。经证实，爆炸事故核心区存有危险化学品7大类、40余种，主要是氧化物、易燃物体和剧毒物三大类。其中有包括硝酸铵、硝酸钾在内的氧化物共计1300t左右，金属钠、金属镁等易燃的物体有500t左右，以氰化钠为主的剧毒物700t左右。现场累计存放危险化学品3000t左右。“8·12”特别重大火灾爆炸事故现场危险化学品种类多、数量大，造成170余人死亡，上千人受伤；数千辆进口新车因爆炸事故焚毁；17000多户周边居民房屋损毁，另外还有779家商户受损，直接经济损失数十亿元，国家及群众财产、生命损失极其严重。

1.1.3 生产系统庞杂，过程具有高度连续性

化工产品的种类越来越多，生产方法越来越多样化，化工装置日益向规模大型化、工艺参数高标准化、过程连续化、自动化的方向发展。例如，以石油炼制和加工为代表的现代化工生产具有规模超大、能量密集、速度快、产物多的特点，历来是安全生产的重中之重。而我国经济的飞速发展导致对各类基本化学品的需求不断增长，企业的装置规模不断扩大，其中相当一部分是在高温、高压条件下处理大流量的易燃易爆物料。

化工装置大型化和集中化降低了建设投资/单位产品，减少了中间储存环节，提高了经济效益，其优势无可争辩。但装置的大型化使生产的弹性大大减弱，大量的危险、有害化学物质都处于工艺过程中，生产线上每一环节的故障都会对全局产生严重影响，甚至引发灾难性事故。因此对工艺设备和工艺过程的技术参数要求更加严细，对控制系统和人员配置的可靠性也更加严格。大型装置一旦发生事故，后果很难局限在厂区范围之内，极易演变成危害长远的生态灾难。

化学品事故的后果也越来越呈现出瞬间性、大规模和灾难性的特点。化工装置的危险性往往是隐藏在生产工艺过程和设备中。如果离开了对装置内物料的物理化学性质决定的危险性以及反应机理的充分认识，离开对装置工艺过程、生产设备固有危险性的全面辨

识，离开对其控制系统可操作性和可靠性的分析，对装置现有的安全技术和事故防范措施的确定，以及生产过程管理的各类制度的建立等一系列定性的、定量的安全评价与安全管理过程，化工生产过程的安全性就会存在隐患。

例如，2008 年 8 月 2 日，贵州兴化化工有限责任公司甲醇储罐区一个精甲醇储罐发生爆炸燃烧，引发该罐区内其他 5 个储罐相继发生爆炸燃烧。

事故原因为，公司进行甲醇罐惰性气体保护设施建设时，安装公司在处于生产状况下的甲醇罐区违规将精甲醇储罐顶部备用短接打开，与二氧化碳管道进行连接配管，管道另一端则延伸至罐外下部，造成罐体内部通过管道与大气直接连通，致使空气进入罐内，与甲醇蒸气形成爆炸性混合气体。同时精甲醇罐旁边又在违规进行电焊等动火作业，引起管口区域爆炸性混合气体燃烧，并通过连通管道引发罐内爆炸性混合气体爆炸，罐底部被冲开，大量甲醇外泄、燃烧，使附近地势较低处储罐先后被烈火加热，罐内甲醇剧烈汽化，又使相邻 5 个储罐相继发生爆炸燃烧，造成重大人员伤亡和财产损失。

1.1.4 工艺参数的操作和控制技术要求精准

一种化工产品的生产往往由几个工序组成，在每个工序又由多个化工单元操作和若干台特殊要求的设备和仪表联合组成生产系统，形成工艺流程长、技术复杂、工艺参数多、控制要求高的生产线。因此，化工生产过程的工艺操作要求极其严格，操作人员稍有不慎就会发生误操作，导致安全隐患或生产事故。这就要求任何人不得擅自改动操作参数，要严格遵守操作规程，操作时要注意巡回检查、认真记录、纠正偏差、严格交接班、注意上下工序的联系、及时消除隐患，才能预防各类事故的发生。

例如，1986 年 3 月吉林某石油化工总厂对换热器进行气密性试验。当气压达到 3.5MPa 时突然发生爆炸，试压环紧固螺栓被拉断，螺母脱落，换热器管束与壳体分离，重量达 4t 的管束从原地冲出 8m，重量达 2t 的壳体向相反方向飞出 38.5m。

事故原因为，操作人员违反操作规程。爆炸的换热器共有 40 个紧固螺栓，但操作人员只装 13 只螺栓就进行气密性试验，且因试压环厚度比原连接法兰厚 4.7cm，原螺栓长度不够，但操作工仍凑合用原螺栓，在承载螺栓数量减少一大半的情况下，每只螺栓所能承受的载荷又有明显下降，由于实际每只螺栓承载量大大超过设计规定的承载能力，致使螺栓被拉断后，换热器发生爆炸。此外直接参加现场工作的主要人员在试验前请假，将工作委托他人；试验前也没有人对安全防护措施和准备工作进行全面检查。

1.1.5 安全生产和环境保护要求严格

化工生产中的过程安全和环境保护是必须重视的问题。安全生产是化工生产的前提。前述事实已经告诉我们，如果管理不当或生产中出现失误，就可能发生火灾、爆炸、中毒或灼伤等安全事故。轻则影响到产品的质量、产量和成本，造成生产环境的恶化；重则造成人员伤亡和巨大的经济损失，甚至毁灭整个工厂；同时造成环境污染，影响人民健康，危害生态平衡。

例如，1984 年 12 月 3 日凌晨，印度中央邦的博帕尔市的美国联合碳化物属下的联合碳化物（印度）有限公司设于贫民区附近一所农药厂发生氰化物泄漏，引发了严重的后果。造成了 2.5 万人直接致死，55 万人间接致死，另外有 20 多万人永久残废的人间惨剧，导致了世界工业史上绝无仅有的大惨案。由此造成的环境污染一直延续到今天，现在当地居民的患癌率及儿童夭折率仍然因这场灾难远比其他印度城市为高。

各国为了防止污染，相继制定了环境保护法，对化学工厂的原料储运，生产过程中产生的废气、废液、废渣，以及对跑、冒、滴、漏现象的处理，产品的包装和储运，都相继制定了严格的技术规程和标准。现代化工生产，要求把副产品甚至废弃物都进行利用。近几年绿色化学与化工提出原子经济反应概念就是为了解决这个问题。

化工生产中无数惨痛的事实和教训告诉我们，没有一个安全的生产基础，现代化工就不可能健康、正常的发展。安全生产是化学工业的生命线。

1.1.6 化学工业中的危险因素

美国保险协会（AIA）把化学工业中存在的危险因素大致分为九个方面。

(1) 工厂选址

① 易遭受地震、洪水、暴风雨等自然灾害；

② 水源不充足；

③ 缺少公共消防设施的支援；

④ 有高湿度、温度变化显著等气候问题；

⑤ 受临近危险性大的工业装置影响；

⑥ 临近公路、铁路、机场等运输设施；

⑦ 在紧急状态下难以把人和车辆疏散至安全地。

(2) 工厂布局

① 工艺设备和储存设备过于密集；

② 有显著危险性和无危险性的工艺装置间的安全距离不够；

③ 昂贵设备过于集中；

④ 对不能替换的装置不能有效的防护；

⑤ 锅炉加热器等火源与可燃物工艺装置之间距离太小；

⑥ 有地形障碍。

(3) 结构

① 支撑物、门、墙等不是防火结构；

② 电气设备无防护设施；

③ 防爆通风换气能力不足；

④ 控制和管理的指示装置无防护措施；

⑤ 装置基础薄弱，控制不良而使工艺过程处于不正常状态。

(4) 对加工物质的危险性认识不足

① 在装置中原料混合，在催化剂作用下自然分解；

② 对处理的气体、粉尘等在其工艺条件下的爆炸范围不明确；

③ 没有充分掌握因误操作、控制不良而使工艺过程处于不正常状态时的物料和产品的详细情况。

(5) 化工工艺

① 没有足够的有关化学反应的动力学数据；

② 对有危险的副反应认识不足；

③ 没有根据热力学研究确定爆炸能量；

④ 对工艺异常情况检测不够。

(6) 物料输送

① 各种单元操作时对物料流动不能进行良好控制；

② 产品的标示不完全；

③ 风送装置内的粉尘爆炸；

④ 废气、废水和废渣的处理；

⑤ 装置内的装卸设施。

(7) 误操作

① 忽略关于运转和维修的操作教育；

② 没有充分发挥管理人员的监督作用；

③ 开车、停车计划不适当；

④ 缺乏紧急停车的操作训练；

⑤ 没有建立操作人员和安全人员之间的协作体制。

(8) 设备缺陷

① 因选材不当引起的装置腐蚀；

② 设备不完善，如缺少可靠的控制仪表等；

③ 材料的疲劳；

④ 对金属材料没有进行充分的无损探伤检查或没有经过专家验收；

⑤ 结构上有缺陷，如不能停车而无法定期检查或进行预防维修；

⑥ 设备在超过设计权限的工艺条件下运行；

⑦ 对运转中存在的问题或不完善的防灾措施没有及时改进；

⑧ 没有连续记录温度、压力、开停车情况及中间罐和受压罐内的压力变动。

(9) 防灾计划不充分

① 没有得到管理部门的大力支持；

② 责任分工不明确；

③ 装置运行异常或故障仅由安全部门负责，只是单线起作用；

④ 没有预防事故的计划；

⑤ 遇有紧急情况未采取得力措施；

⑥ 没有实行由管理部门和生产部门共同进行的定期安全检查；

⑦ 没有对生产负责人和技术人员进行安全生产的继续教育和必要的防灾培训。

1.2 化工安全技术

化学工业虽然存在各种“危险源”，在一定条件下“危险源”可能转化为安全事故，但是如果采用可靠的化工安全技术、严格的过程安全管理和完善的安全监督监管机制，就能将“危险源”控制在安全范围内，避免各类安全事故的发生，保障化工生产安全、有序、高效的运行。

伴随着化学工业的发展和科学技术的进步，化工安全技术与理论也获得了发展与进步。化工安全技术是指在生产活动中，由于在生产场所和作业环境中存在对劳动者安全与健康不利的因素，或因技术、设备和工具等不完善，或因劳动组织、生产管理和操作方法等存在缺陷，可能引起各种伤亡事故和财产损失。为了预防这些事故和损失，保障人身、环境及设备的安全，运用化工安全工程和有关学科的原理和方法，预测、控制和消除系统中的危险，减少、避免和防止事故发生，使化工系统正常运行。所采取各种技术措施，统称为化工安全技术。

化工安全技术的基本内容主要包括：

① 化工过程安全可靠性技术　化工安全技术的科学核心是化工过程安全，而化工过程安全的关键是装置或系统的“本质安全”。根据危险介质在化工生产过程中的变化规律，提出满足特定工艺条件和目标，并能满足安全要求的过程技术、装备技术、控制技术和过程管理措施。

化工安全技术与化工生产技术和生产管理措施紧密相关。如果生产技术和工艺发生改变，就必须重新研究可能出现的新的安全问题，采取新的安全技术和安全管理措施，以消除新出现的不安全因素。通过技术改造，采取更完善的、更安全的操作方法，消除危险的工艺过程，设置安全防护装置、保险装置、信号装置、警示装置，为安全而采用的机械化、自动化，以及为安全而设置的一切防护措施和防护用品等，都是安全技术所涉及的范畴。

② 预防发生各类事故的技术　化工生产过程中的防火、防爆技术；化学危险物品的安全储存、使用和运输技术；压力容器和设备的安全使用、维护和检验；预测、限制事故尤其是化工灾难性事故扩大、蔓延、发展的装备技术、检测技术、处理技术及其工程领域措施。

③ 预防职业性危害的技术　例如防尘、防毒、采热透风、采光照明、震动和噪声等的控制和治理；高温、高频、放射性等危害的防护；对工人作业环境的各种卫生监测技术；作业过程安全技术和个体保护及救护技术；人身保护，事故的数理统计分析技术等。

④ 安全评价技术　以实现工程、系统安全为目的，应用安全系统工程原理和方法，对工程、系统中存在的危险、有害因素进行辨识与分析，判断工程、系统发生事故和职业危害的可能性及其严重程度，从而为制定防范措施和管理决策提供科学依据。安全评价既需要安全评价理论的支撑，又需要理论与实际经验的结合，二者缺一不可。安全评价技术是进行定性、定量安全评价的工具，在进行安全评价时，应该根据安全评价对象和需要实现的安全评价目标，选择适用的安全评价技术（方法）。安全评价方法举例如下：安全检查表评价法（SCL）；预先危险分析法（PHA）；事故树分析法（FTA）；事件树分析法（ETA）；作业条件危险性评价法（LEC）；故障类型和影响分析法（FMEA）；火灾/爆炸危险指数评价法；矩阵法等。

⑤ 制定并不断完善各种化工安全技术的标准、规范和规章制度　安全生产的标准、规范和规章制度的建立是来自科学和生产活动实践的经验总结，是用鲜血和生命的代价换来的，反映了化工生产的客观规律。尊重科学，按照客观规律办事，自觉并严格执行安全技术的标准、规范和规章制度，就可以避免一切安全事故的发生。

1.3 化工安全相关法律法规

安全生产是社会文明和进步的重要标志，是国家社会和经济发展的综合反映，是实施科学发展观和可持续发展战略的重点内容，也是人民生命财产和构建和谐社会的有力保障。建立健全安全生产法律、法规体系是落实上述内容的基础。化工安全法律法规建立在国家法律法规的基础之上。

1.3.1 国内外安全法律、法规的发展

产业革命兴起后，在大工业生产中，安全问题越来越突出，解决安全问题措施也逐步发展起来。19 世纪英国、德国、法国等国家先后颁布了有关劳动安全卫生的法规。例如，英国 1802 年颁布了《学徒健康与道德法》，德国 1839 年颁布了《普鲁士工厂矿山条例》，法国 1841 年颁布了《童工、未成年工保护法》。

1906 年，美国钢铁公司首先提出“安全第一”的口号，美国的一家矿山也提出“安全第一、质量第二、生产第三”的原则。企业安全生产活动开始成为有组织的活动。1913 年，美国工业部门在政府支持下成立了国家安全委员会（NSC），开始进行工业事故预防研究和安全教育活动。1917 年，日本成立安全第一协会，创办《安全第一》杂志。1928 年，日本将每年 7 月第一周定为安全周，开展全国性安全宣传教育。那时，企业安全活动主要研究设备安全，从 20 世纪 30 年代起注意研究人身安全健康，并开始设置专职安全技术人员。

从 20 世纪 40 年代起，各国开始在生产中从人和设备两方面加强企业的安全管理。到了 70 年代，世界各国普遍掀起安全立法的高潮。1970 年 12 月，美国颁布《职业安生卫生法》；1972 年，日本颁布《劳动安全卫生法》；1974 年，英国颁布《劳动卫生安全法》，德国颁布《劳动安全卫生法》；1978 年，加拿大颁布《工业安全卫生法》。一些国家开展全国安全卫生周或安全卫生小组活动，企业纷纷成立由劳资双方代表组成的安全卫生委员会等机构，组织安全卫生小组的活动。安全工程师作为一种职业应运而生。在一些发达国家，防灾减灾的安全产业开始成为仅次于银行、邮电、保险的第四大服务行业。

我国的安全生产立法起步较晚，在中华人民共和国成立后，安全生产立法才逐步走上正轨。在 1949 年 9 月召开的政治协商会议通过的《共同纲领》中，对劳动保护问题作了原则性的规定。1954 年颁布的第一部《宪法》中，对劳动保护、做好安全生产工作也作了原则规定。

从 1954 年《宪法》颁布后，1956 年 5 月 25 日国务院全体会议第二十九次会议通过颁发了《工厂安全卫生规程》、《工人职员伤亡事故报告规程》、《建筑安装工程安全技术规程》等法律规则，即“三大规程”。这是我国最早有关安全生产的法律文件，但不是真正意义上的法律。1979 年，原国家计委、国家经委、原国家劳动总局重申要切实贯彻执行这三大规程。1985 年以后，国家颁布的《劳动法》、《矿山安全法》、《消防法》可以称得上是法律。2002 年 11 月 1 日开始执行的《中华人民共和国安全生产法》才标志着安全迈上法制化道路。

1.3.2 我国安全生产法律、法规体系的概念和特征

安全生产法律、法规体系，是指我国全部现行的、不同的安全生产法律规范形成的有机联系的统一整体，一般由国家立法、政府立法、行业或企业立规三个方面所组成。

具有中国特色的安全生产法律、法规体系正在构建之中。这个体系具有如下特点：

① 安全生产法规保护的对象是劳动者、生产经营人员、生产资料和国家财产；

② 安全生产法规具有强制性；

③ 安全生产法规的内容和形式具有多样性；

④ 安全生产法规既具有政策性，又具有科学技术性；

⑤ 法律、法规规范的相互关系具有系统性。

安全生产法律、法规体系是由母系统与若干个子系统共同组成的。从具体法律规范上看，它是单个的；从法律体系上看，各个法律规范又是母体系不可分割的组成部分。安全生产法律规范的层级、内容和形式虽然有所不同，但是它们之间存在着相互依存、相互联系、相互衔接、相互协调的辩证统一关系。

安全生产法律、法规体系是一个包含多种法律形式和法律层次的综合性系统，从法律规范的形式和特点来讲，既包括作为整个安全法律法规基础的宪法规范，也包括行政法律规范、技术性法律规范、程序性法律规范。表 1-1 为我国安全生产法律、法规体系总框架。

表 1-1 我国安全生产法律、法规体系总框架

层次	定义	主要法规
1	国家基本法	《宪法》
2	国家一般法	《刑法》、《行政诉讼法》和《民法通则》等
3	国家安全生产综合法律	《安全生产法》、《劳动法》、《矿山安全法》等
4	国家安全生产行政法规	《工伤保险条例》、《危险化学品安全管理条例》、《煤矿安全监察条例》等
5	国家安全生产部门规章	《作业场所安全使用化学品规定》、《企业职工劳动安全卫生教育管理规定》等
6	国家安全技术标准	电气安全、机械安全、压力容器安全等方面的国家标准400余种
7	行业、地方法规	爆炸危险场所安全规定；压力管道安全管理与监察规定；行业标准；省(市)劳动保护条例等

1.3.3 相关法律

法律是安全生产法律体系中的上位法，居于整个体系的最高层级，其法律地位和效力高于行政法规、地方性法规、部门规章、地方政府规章等下位法。

国家现行的有关安全生产的专门法律有《中华人民共和国安全生产法》、《中华人民共和国消防法》、《中华人民共和国道路交通安全法》、《中华人民共和国海上交通安全法》、《中华人民共和国矿山安全法》；与安全生产相关的法律主要有《劳动法》、《工会法》、《矿产资源法》、《铁路法》、《公路法》、《民用航空法》、《港口法》、《建筑法》、《煤炭法》、《电力法》等。

1.3.4 行政法规

根据国家立法规定的原则，各级政府或部门分别制定相应的具体的法规，予以保证实

施。国务院及其工作部门、地方政府及其工作部门依据具体的情况，制定并颁布一系列的规定、规程、标准、条例、制度、办法、通知等作为保障安全生产、推动安全工作的手段。安全生产法规分为行政法规和地方性法规。

(1) 行政法规

安全生产行政法规是由国务院组织制定并批准公布的，是为实施安全生产法律或规范安全生产监管管理制度而制定并颁布的一系列具体规定，是实施安全生产监管管理和监督工作的重要依据。安全生产行政法规的法律地位和法律效力低于有关安全生产的法律，高于地方性安全生产法规、地方政府安全生产规章等下位法。

国务院颁布的现行法规有《危险化学品安全管理条例》、《危险化学品生产企业安全生产许可证实施办法》、《特种设备安全监察条例》、《生产安全事故报告和调查处理条例》、《烟花爆竹安全管理条例》、《石油天然气管道保护条例》、《工业产品生产许可证管理条例》、《使用有毒物品作业场所劳动保护条例》等。

(2) 地方性法规

地方性安全生产法规是指有立法权的地方权力机关——人民代表大会及其常委会和地方政府制定的安全生产规范文件，是由法律授权制定的，是对国家安全生产法律、法规的补充和完善，以解决本地区某一特定的安全生产问题为目标，具有较强的针对性和可操作性。地方性安全生产法规的法律地位和法律效力低于有关安全生产的法律、行政法规，高于地方政府安全生产规章。经济特区安全生产法规和民族自治地方安全生产法规的法律地位和法律效力与地方性安全生产法规相同。

例如，地方政府颁布的行政法规有《北京市烟花爆竹安全管理规定》、《浙江省危险化学品安全管理行政职责》、《河南省消防安全责任制实施办法》、《陕西省化学危险品安全管理规定》、《杭州市特大安全事故应急处置预案》等。

1.3.5 部门、地方和行业规章

部门安全生产规章和地方性安全生产规章。国务院部门安全生产规章由有关部门为加强安全生产工作而颁布的规范性文件组成，如国家安全生产监督管理总局颁布的《安全生产违法行为行政处罚办法》。部门安全生产规章作为安全生产法律法规的重要补充，在我国安全生产监督管理工作中起着十分重要的作用。地方政府和行业安全生产规章一方面从属于法律和行政法规，另一方面又从属于地方或行业法规，并且不能与它们相抵触。安全生产行政规章分为部门规章、地方政府规章和行业规章。

(1) 部门规章

国务院有关部门依照安全生产法律、行政法规授权制定发布的安全生产规章的法律地位和法律效力低于法律、行政法规，高于地方政府规章。

例如，国家安全生产监督管理总局颁发的《化工（危险化学品）企业保障生产安全十条规定》、《企业安全生产应急管理九条规定》、《严防企业粉尘爆炸五条规定》、《危险化学品安全使用许可证实施办法》等。工业和信息化部颁发的《安全生产许可证条例》、《民用爆炸物品安全管理条例》、《民用爆炸物品安全生产许可实施办法》等。国家发展和改革委员会颁发的《天然气基础设施建设与运营管理办法》、《清洁发展机制项目运行管理办法》、《电力安全生产监督管理办法》等。

（2）地方政府规章和行业规章

地方政府和行业安全生产规章是最低层级的安全生产立法，其法律地位和法律效力低于其他上位法，不得与上位法相抵触。

这部分规章众多，例如《北京市生产安全事故应急预案管理办法》、《北京市关于实施危险化学品建设项目安全审查有关工作事项的通知》，国家安全监管总局制定的《光气及光气化产品安全生产管理指南》等。

1.3.6 安全标准

安全生产标准化，是指通过建立安全生产责任制，制定安全管理制度和操作规程，排查治理隐患和监控重大危险源，建立预防机制，规范生产行为，使各生产环节符合有关安全生产法律法规和标准规范的要求，人、机、物、环境处于良好的生产状态，并持续改进，不断加强企业安全生产规范化建设。

安全生产标准化体现了“安全第一、预防为主、综合治理”的方针和“以人为本”的科学发展观，强调企业安全生产工作的规范化、科学化、系统化和法制化，强化风险管理和过程控制，注重绩效管理和持续改进，符合安全管理的基本规律，代表了现代安全管理的发展方向，是先进安全管理思想与我国传统安全管理方法、企业具体实际的有机结合，有效提高企业安全生产水平，从而推动我国安全生产状况的根本好转。

安全生产标准是安全生产法规体系中的一个重要组成部分，也是安全生产管理的基础和监督执法工作的重要技术依据。安全生产标准化的内容包含安全目标，组织机构和职责，安全生产投入，法律法规与安全管理制度，教育培训，生产设备设施，作业安全，隐患排查和治理，重大危险监控，职业健康，应急救援，事故报告、调查和处理，绩效评定和持续改进。安全生产标准大致分为设计规范类，安全生产设备、工具类，生产工艺类，安全卫生类，防护用品类标准。

法定安全生产标准分为国家标准和行业标准，两者对生产经营单位的安全生产具有同样的约束力。

（1）国家标准

安全生产国家标准是指国家标准化行政主管部门依照《标准化法》制定的在全国范围内适用的安全生产技术规范。

（2）行业标准

安全生产行业标准是指国务院有关部门和直属机构依照《标准化法》制定的在安全生产领域内适用的安全生产技术规范。行业安全生产标准对同一安全生产事项的技术要求，可以高于国家安全生产标准但不得与其相抵触。

例如，国家安全生产监督管理总局 2015 年 3 月 9 日批准以下 37 项安全生产行业标准自 2015 年 9 月 1 日起施行（表 1-2）。

表 1-2　37 项安全生产行业标准目录

序号	标准编号	标准名称	实施日期
1	AQ	液氯钢瓶充装自动化控制系统技术要求	2015-09-01
2	AQ/T	危险化学品事故应急救援指挥导则	2015-09-01
3	AQ	立式圆筒形钢制焊接储罐安全技术规程	2015-09-01
4	AQ/T	保护层分析(LOPA)方法应用导则	2015-09-01

续表

序号	标准编号	标准名称	实施日期
5	AQ	木器涂装职业安全健康要求	2015-09-01
6	AQ	纺织工业除尘设备防爆技术规范	2015-09-01
7	AQ	纺织业防尘防毒技术规范	2015-09-01
8	AQ	石棉生产企业防尘防毒技术规程	2015-09-01
9	AQ/T	造纸企业防尘防毒技术规范	2015-09-01
10	AQ	卷烟制造企业防尘防毒技术规范	2015-09-01
11	AQ	建材物流业防尘技术规范	2015-09-01
12	AQ/T	水泥生产企业防尘防毒技术规范	2015-09-01
13	AQ/T	钢铁企业烧结球团防尘防毒技术规范	2015-09-01
14	AQ/T	制鞋企业防毒防尘技术规范	2015-09-01
15	AQ	电镀工艺防尘防毒技术规范	2015-09-01
16	AQ/T	木材加工企业职业病危害防治技术规范	2015-09-01
17	AQ/T	黄金开采企业职业危害防护规范	2015-09-01
18	AQ/T	箱包制造企业职业病危害防治技术规范	2015-09-01
19	AQ	涂料生产企业职业健康技术规范	2015-09-01
20	AQ/T	制药企业职业危害防护规范	2015-09-01
21	AQ/T	建筑施工企业职业病危害防治技术规范	2015-09-01
22	AQ/T	宝石加工企业职业病危害防治技术规范	2015-09-01
23	AQ/T	玻璃生产企业职业病危害防治技术规范	2015-09-01
24	AQ/T	石棉矿山建设项目职业病危害预评价细则	2015-09-01
25	AQ/T	石棉矿山建设项目职业病危害控制效果评价细则	2015-09-01
26	AQ/T	石棉矿山职业病危害现状评价细则	2015-09-01
27	AQ/T	石棉制品业建设项目职业病危害控制效果评价细则	2015-09-01
28	AQ/T	石棉制品业职业病危害现状评价细则	2015-09-01
29	AQ/T	石棉制品业建设项目职业病危害预评价细则	2015-09-01
30	AQ/T	木制家具制造业建设项目职业病危害预评价细则	2015-09-01
31	AQ/T	木制家具制造业职业病危害现状评价细则	2015-09-01
32	AQ/T	木制家具制造业建设项目职业病危害控制效果评价	2015-09-01
33	AQ/T	工作场所空气中粉尘浓度快速检测方法——光散射	2015-09-01
34	AQ/T	工作场所职业病危害因素检测工作规范	2015-09-01
35	AQ/T	用人单位职业病危害现状评价技术导则	2015-09-01
36	AQ/T	通风除尘系统运行监测与评估技术规范	2015-09-01
37	AQ/T	生产安全事故应急演练评估规范	2015-09-01

思 考 题

1. 我国的安全生产方针是什么？
2. 化学工业的特点是什么？
3. 化工安全技术的基本内容有哪些？
4. 我国安全生产法律体系的组成和特点是什么？

参 考 文 献

[1] 李淑芬，王成扬，张毅民. 现代化工导论［M］. 第2版. 北京：化学工业出版社，2014.

[2] 戴猷元. 化工概论［M］. 北京：化学工业出版社，2006.

[3] ［美］罗伊 E. 桑德斯著. 化工过程安全——来自事故案例的启示［M］. 第3版. 段爱军，蓝兴英，姜桂元译. 北京：石油工业出版社，2010.

[4] 许文，张毅民. 化工安全工程概论［M］. 第2版. 北京：化学工业出版社，2013.

[5] 董文庚，苏昭桂. 化工安全工程 [M]. 北京：煤炭工业出版社，2007.
[6] 宋援鲜. 关于化工企业安全生产问题的调查报告 [J]. 化工劳动保护，2001，22 (5)：180-182.
[7] 李秀喜，钱宇. 化工过程安全运行技术研究进展 [J]. 第十届全国信息技术化工应用年会论文集，2005：32-36.
[8] 苏建中. 化工工艺和设备安全评价的研究 [J]. 中国职业安全健康协会首届年会暨职业安全健康论坛论文集，2004：383-387.
[9] 国家安全生产监督管理总局. 法律法规标准 (EB). http：//www. chinasafety. gov. cn/newpage/flfg/flfg. htm.

第2章

化工企业现代安全管理

化工企业的安全管理是保护劳动者的根本利益、实现企业经营目标、提高企业经济效益的重要保证。企业要实行有效的安全生产，必须把行政措施、科学技术和现代安全管理方法三者有机结合起来。随着科学技术的进步，工业现代化进程的迅猛发展，我国已逐步建立了一门新的安全管理科学，即“现代安全管理学”，它在很大程度上综合了系统工程、人机工程、心理学等学科的原理和方法，从系统观点出发，研究构成各部门之间存在的相互联系，发现和评价可能产生事故的危险有害因素，寻找事故可能发生的途径。通过重新设计或变更操作来改善或消除危险有害因素，把发生事故的可能性降低到最小限度，预防事故的发生。

2.1 化工安全管理的基本原则

安全管理是化工企业在生产过程中以安全为目的进行有关决策、计划、组织和控制等方面的活动，包括对人、设备、材料及生产环境等各个方面的管理。化工企业安全管理的目的是减少和控制生产过程中的危险有害因素，防止发生火灾、爆炸和有毒化学品泄漏等重大事故，避免事故造成的生命和财产损失以及环境污染等，确保企业安全。

化工企业安全管理要坚持以下先进理念：

① 以人为本；

② 安全生产是天大的事；

③ 一切事故皆可预防，一切风险皆可控制；

④ 安全生产取决于现场的每一个人；

⑤ 凡事有章可循、有据可查、有人负责、有人监督；

⑥ 未遂事故当事故对待、小事故当大事故对待、别人的事故当自己的事故对待。

2.2 危险化学品管理

危险化学品数量巨大，2015 年 2 月 27 日，国家安全监管总局会同工业和信息化部、公安部、环境保护部、交通运输部、农业部、国家卫生计生委、质检总局、铁路局、民航局十个部门，按照《危险化学品安全管理条例》（国务院令第591号）有关规定，制定并发布了《危险化学品目录（2015版）》（以下简称《目录》），共有2828种。

2.2.1 危险化学品的分类

危险化学品是指具有毒害、腐蚀、爆炸、燃烧、助燃等性质，对人体、设施、环境具有危害的剧毒化学品和其他化学品。危险化学品的品种依据化学品分类和标签国家标准，分为物理危险、健康危害和环境危害三大类。

2.2.1.1 物理危险

(1) 爆炸物

能通过化学反应在内部产生一定速度、一定温度与压力的气体、对周围环境具有破坏作用的一种固体或液体物质（或其混合物）。烟火物质或混合物无论是否产生气体都属于爆炸物。爆炸物分为三类：爆炸物质、混合物和爆炸品。爆炸物按其危险性分为6类，其中属于危险化学品的有：

① 具有整体爆炸危险的物质、混合物和制品，如梯恩梯、硝化甘油、黑火药等。

② 具有迸射危险但无整体爆炸危险的物质、混合物和物品，如催泪弹、毒气弹、烟幕弹等。

③ 具有燃烧危险和较小的爆轰危险或较小的迸射危险或两者兼有，但没有整体爆炸危险的物质、混合物和物品，如导火索、点火引信、礼花弹等。

④ 不存在显著爆炸危险的物质、混合物和物品，如被点燃引爆也只存在较小危险，并且可以最大限度地控制在包装件内，抛出碎片的质量和抛射距离不超过有关规定；外部火烧不会引发包装件内装物发生整体爆炸；如爆竹、手持信号器、电缆爆炸切割器等。

(2) 易燃气体

一种在20℃和标准压力101.3kPa时与空气混合有一定易燃范围的气体。易燃气体分为两类，均属于危险化学品。

① 在20℃和标准大气压101.3kPa时的气体，在与空气的混合物中体积分数为13%或更少时可点燃的气体；不论易燃下限如何，与空气混合，可燃范围至少为12个百分点的气体。

② 在20℃和标准大气压101.3kPa时，除类别①中的气体之外，与空气混合时有易燃范围的气体。

根据联合国《关于危险货物运输的建议书试验和标准手册》（第五修订版）第三部分描述的方法，具有化学不稳定性的易燃气体也属于危险化学品，分为两个类别：

① 在20℃和标准大气压101.3kPa时化学不稳定性的易燃气体；

② 在温度超过20℃和/或气压高于101.3kPa时化学不稳定性的易燃气体。

(3) 气溶胶

喷雾器（系任何不可重新灌装的容器，该容器用金属、玻璃或塑料制成）内装压缩、液化或加压溶解的气体（包含或不包含液体、膏剂或粉末），并配有释放装置以使内装物喷射出来，在气体中形成悬浮的固态、液态微粒、泡沫、膏剂，或者以液态或气态形式出现，此类物质称为气溶胶。

气溶胶根据其成分、化学燃烧热，或根据泡沫试验（用于泡沫气溶胶）、点火距离试验和封闭空间试验（用于喷雾气溶胶）的结果分为三类，其中类别①属于危险化学品。

① 含有易燃成分不小于85%，并且燃烧热不小于30kJ/g；

② 喷雾气溶胶在点火距离试验中，发生点火的距离不小于75cm；

③ 泡沫气溶胶在泡沫试验中，火焰高度不小于20cm和火焰持续时间不小于2s或火焰高度不小于4cm和火焰持续时间不小于7s。

(4) 氧化性气体

一般通过提供氧气，比空气更能导致或促使其他物质燃烧的任何气体。

(5) 加压气体

20℃下，压力等于或大于200kPa（表压）下装入容器的气体、液化气体或冷冻液化气体。加压气体包括压缩气体、液化气体、溶解气体和冷冻液化气体，均属于危险化学品。

① 在−50℃加压封装时完全是气态的气体，包括所有临界温度不大于−50℃的气体。

② 在高于−50℃的温度下加压封装时部分是液体的气体，分为：

a. 高压液化气体，临界温度在−50℃和65℃之间的气体；

b. 低压液化气体，临界温度高于65℃的气体。

③ 冷冻液化气体，封装时由于其温度低而部分是液体的气体。

④ 加压封装时溶解于液相溶剂中的气体。

(6) 易燃液体

闪点不大于93℃的液体，分为四类，属于危险化学品的有：

① 闪点小于23℃且初沸点不大于35℃；

② 闪点小于23℃且初沸点大于35℃；

③ 闪点不小于23℃且不大于60℃。

(7) 易燃固体

容易燃烧的固体、通过摩擦引燃或助燃的固体；与点火源（如着火的火柴）短暂接触能容易点燃且火焰迅速蔓延的粉状、颗粒状或糊状物质的固体。易燃固体分为两类，均属于危险化学品。

① 燃烧速率试验，除金属粉末之外的物质或混合物，潮湿部分不能阻燃而且燃烧时间小于45s或燃烧速率大于2.2mm/s；金属粉末，燃烧时间≤5min。

② 燃烧速率试验，除金属粉末之外的物质或混合物，潮湿部分可以阻燃至少4min而且燃烧时间小于45s或燃烧速率大于2.2mm/s；金属粉末，燃烧时间>5min且≤10min。

(8) 自反应物质和混合物

即使没有氧（空气）也容易发生激烈放热分解的热不稳定液态或固态物质或混合物。共有A型～G型七个类别，其中A～E型的自反应物质和混合物属于危险化学品。

① 任何自反应物质或混合物，如在包装件中可能起爆或迅速爆燃，将定为A型自反应物质。

② 具有爆炸性质的任何自反应物质和混合物，如在包装件中不会起爆或迅速爆燃，但在该包装件中可能发生热爆炸，将定为B型自反应物质。

③ 具有爆炸性质的任何自反应物质和混合物，如在包装件中不会起爆或迅速爆燃或

发生热爆炸，将定为C型自反应物质。

④ 任何自反应物质或混合物，在实验室试验中：

a. 部分起爆，不迅速爆燃，在封闭条件下加热时不呈现任何剧烈效应；

b. 根本不起爆，缓慢爆燃，在封闭条件下加热时不呈现任何剧烈效应；

c. 根本不起爆和爆燃，在封闭条件下加热时呈现中等效应；

将定为D型自反应物质。

⑤ 任何自反应物质或混合物，在实验室试验中，根本不起爆也根本不爆燃，在封闭条件下加热时呈现微弱效应或无效应，将定为E型自反应物质。

(9) 自燃液体

液体加至惰性载体上并暴露在空气中5min内燃烧，或与空气接触5min内燃着或炭化滤纸。

(10) 自燃固体

即使数量小也能在与空气接触后5min内着火的固体。

(11) 自热物质和混合物

除自燃液体或自燃固体外，与空气反应不需要能量供应就能够自热的固态或液态物质或混合物。本类物质共有两个类别，均属于危险化学品。

① 用边长25mm立方体试样在140℃下做试验时取得肯定结果。

② 用边长100mm立方体试样在140℃下做试验时取得肯定结果，用边长25mm立方体试样在140℃下做试样取得否定结果时：

a. 该物质或混合物将装在体积大于$3m^3$的包装件内；

b. 用边长100mm立方体在120℃下做试验取得肯定结果，并且该物质或混合物将装在体积大于450L的包装件内；

c. 用边长100mm立方体试样在100℃下做试验取得肯定结果。

(12) 遇水放出易燃气体的物质和混合物

通过与水作用，容易具有自燃性或放出危险数量的易燃气体的固态或液态物质和混合物。本类物质分为三个类别，均属于危险化学品。

① 在环境温度下遇水起剧烈反应并且所产生的气体通常显示自燃的倾向，或在环境温度下遇水容易发生反应，释放易燃气体的速度等于或大于每千克物质在任何1min内释放10L的任何物质或混合物。

② 在环境温度下遇水容易发生反应，释放易燃气体的最大速度等于或大于每千克物质每小时释放20L，并且不符合类别①的标准的任何物质或混合物。

③ 在环境温度下遇水容易发生反应，释放易燃气体的最大速度等于或大于每千克物质每小时释放1L，并且不符合类别①和类别②的任何物质或混合物。

(13) 氧化性液体

本身未必可燃，但通常会放出氧气可能引起或促使其他物质燃烧的液体。本类物质分为三类，三个类别均属于危险化学品。

① 受试物质（或混合物）与纤维素之比按质量1∶1的混合物进行试验时可自燃；或受试物质与纤维素之比按质量1∶1的混合物的平均压力上升时间小于50%高氯酸与纤维素之比按质量1∶1的混合物的平均压力上升时间的任何物质或混合物。

② 受试物质（或混合物）与纤维素之比按质量 1∶1 的混合物进行试验时，显示的平均压力上升时间小于或等于 40%氯酸钠水溶液与纤维素之比按质量 1∶1 的混合物的平均压力上升时间；并且不属于类别①的标准的任何物质或混合物。

③ 受试物质（或混合物）与纤维素之比按质量 1∶1 的混合物进行试验时，显示的平均压力上升时间小于或等于 65%硝酸水溶液与纤维素之比按质量 1∶1 的混合物的平均压力上升时间；并且不符合类别①和类别②的标准的任何物质或混合物。

(14) 氧化性固体

本身未必可燃，但通常会放出氧气可能引起或促使其他物质燃烧的固体。本类物质分为三类，三个类别均属于危险化学品。

① 受试样品（或混合物）与纤维素 4∶1 或 1∶1（质量比）的混合物进行试验时，显示的平均燃烧时间小于溴酸钾与纤维素之比按质量 3∶2（质量比）的混合物的平均燃烧时间的任何物质或混合物。

② 受试样品（或混合物）与纤维素 4∶1 或 1∶1（质量比）的混合物进行试验时，显示的平均燃烧时间等于或小于溴酸钾与纤维素 2∶3（质量比）的混合物的平均燃烧时间，并且未满足类别①的标准的任何物质或混合物。

③ 受试样品（或混合物）与纤维素 4∶1 或 1∶1（质量比）的混合物进行试验时，显示的平均燃烧时间等于或小于溴酸钾与纤维素 3∶7（质量比）的混合物的平均燃烧时间，并且未满足类别①和类别②的标准的任何物质或混合物

(15) 有机过氧化物

含有二价—O—O—结构和可视为过氧化氢的一个或两个氢原子已被有机基团取代的衍生物的液态或固态有机物。共有 A 型～G 型七个类别，除了 G 型外均属于危险化学品。

① 任何有机过氧化物，如在包装件中可能起爆或迅速爆燃，将定为 A 型有机过氧化物。

② 任何具有爆炸性质的有机过氧化物，如在包装件中既不能起爆也不迅速爆燃，但在该包装件中可能发生热爆炸，将定为 B 型有机过氧化物。

③ 任何具有爆炸性质的有机过氧化物，如在包装件中既不能起爆也不迅速爆燃，将定为 C 型有机过氧化物。

④ 任何有机过氧化物，如果在实验室试验中：

a. 部分起爆，不迅速爆燃，在封闭条件下加热时不呈现任何剧烈效应；

b. 根本不起爆，缓慢爆燃，在封闭条件下加热时不呈现任何剧烈效应；

c. 根本不起爆或爆燃，在封闭条件下加热时呈现中等效应；

将定为 D 型有机过氧化物。

⑤ 任何有机过氧化物，在实验室试验中，既绝不起爆也绝不爆燃，在封闭条件下加热时只呈现微弱效应或无效应，将定为 E 型有机过氧化物。

⑥ 任何有机过氧化物，在实验室试验中，既绝不在空化状态下起爆也绝不爆燃，在封闭条件下加热时只呈现微弱效应或无效应，而且爆炸力弱或无爆炸力，将定为 F 型有机过氧化物。任何有机过氧化物，在实验室试验中，既绝不在空化状态下起爆也绝不爆燃，在封闭条件下加热时显示无效应，而且无任何爆炸力，但该物质或混合物不是热稳定的，或者所用脱敏稀释剂的沸点低于 150℃，也将定为 F 型有机过氧化物。

(16) **金属腐蚀物**

通过化学作用会显著损伤甚至毁坏金属的物质或混合物。在试验温度 55℃下，钢或铝表面的腐蚀速率每年超过 6.25mm。

2.2.1.2 健康危害

这一类别的危险化学品主要包括急性毒物、皮肤腐蚀/刺激、严重眼损伤/眼刺激、呼吸道或皮肤致敏、生殖细胞致突变性、致癌性、生殖毒性、特异性靶器官毒性（一次接触和反复接触）和吸入毒性等。每一类化学品的定义和分类标准可以参看 GB 30000.18～27。

2.2.1.3 环境危害

该类危险化学品主要是指对水生环境和臭氧层的危害。每一类化学品的定义和分类标准可以参看 GB 30000.28 和 GB 30000.29。

2.2.2 危险化学品的生产和储存审批

国家对危险化学品的生产和储存施行审批制度，危险化学品生产、储存企业应向省、自治区、直辖市和设区的市级人民政府负责危险化学品安全监督综合管理工作的部门提出申请，并提交有关文件。有关部门应当组织专家进行审查，提出审查意见后，报本级人民政府作出批准或者不予批准的决定。予以批准的，由相关部门颁布批准书，申请人凭批准书向工商行政管理部门办理登记注册手续，方可从事危险化学品生产和储存工作。

2.2.3 危险化学品登记注册

通过化学品登记，可以为政府主管部门进行危险化学品宏观管理与控制，为建立危险化学品应急信息服务系统，提供丰富可靠的资料。申请单位凭批准书向工商行政管理部门办理登记注册手续。生产危险化学品的单位按照《危险化学品登记注册制度》登记注册，在领取《危险化学品登记注册证书》后，方可从事危险化学品的生产经营活动。国家安全生产监督管理总局负责全国危险化学品登记的监督管理工作。国家化学品登记注册中心承担危险化学品登记注册方面的技术管理工作、危险化学品的鉴别与分类、公布登记注册目录、建立信息网络技术咨询服务，并指导各省、自治区、直辖市的危险化学品登记注册管理机构的业务工作。危险化学品登记注册的主要内容包括：产品标注、理化特性、燃爆特性、消防措施、稳定性、反应活性、健康危害、急救措施、操作处置、防护措施、泄漏应急处理等以及企业的基本情况。

2.2.4 危险化学品经营销售许可

国家对危险化学品经营销售实行许可制度，未经许可，任何单位或个人不得经营销售危险化学品。经营危险化学品的企业应向省、自治区、直辖市和设区的市级人民政府负责危险化学品安全监督管理综合工作的部门提出申请，并提交有关证明。经审查，符合条件的，由负责危险化学品安全监督管理综合工作的部门颁发经营许可证，申请人凭危险化学品经营许可证向工商行政部门办理登记注册手续。

2.2.5 危险化学品运输资质认定

国家对危险化学品的运输实行资质认定制度，未经资质认定，不得运输危险化学品。

危险化学品运输企业必须具备的条件由国务院交通部门规定，对于道路运输企业需要向交通运输管理机关提出申请，经审查合格，取得相关证件，方可运输。水路、铁路、航空运输危险化学品的，按照国务院交通部门、铁路、民航部门的有关规定执行。

2.2.6 危险化学品包装物、容器专业生产企业的审查和定点管理

危险化学品的包装物、容器，必须由省、自治区、直辖市人民政府主管部门审查合格的专业生产企业定点生产，并经国务院有关部门认可的专业检测、检验机构检测、检验合格，方可使用。危险化学品的包装物和容器是为防止危险化学品泄漏或任意流散的，其质量是否合格至关重要。危险品的包装物和容器必须实施定点生产、集中控制、规范操作，是为了有效防止生产厂家生产能力及技术条件达不到要求，不能保证包装物和容器质量，以致在装卸、运输、储存过程中因包装物和容器破损而引发事故。危险化学品的包装物和容器包括：压力容器、储罐（储槽）、油罐车、钢瓶等。各类产品的设计、制造企业，都应按照相应的法规或者规定进行资格申报、审核批准，才能进行设计、生产。

2.2.7 重点监管的危险化学品

为了对危险性较大的危险化学品实施重点监管，国家安监总局在 2011 年 6 月和 2013 年 2 月，分别公布了《首批重点监管的危险化学品名录》、《第二批重点监管的危险化学品名录》（见附录）。

重点监管的危险化学品是指列入《危险化学品名录》的危险化学品中在温度 20℃和标准大气压 101.3kPa 条件下属于以下类别的危险化学品：

① 易燃气体类别 1（爆炸下限≤13%或爆炸极限范围≥12%的气体）；

② 易燃液体类别 1（闭杯闪点<23℃并初沸点≤35℃的液体）；

③ 自燃液体类别 1（与空气接触不到 5min 便燃烧的液体）；

④ 自燃固体类别 1（与空气接触不到 5min 便燃烧的固体）；

⑤ 遇水放出易燃气体的物质类别 1（在环境温度下与水剧烈反应所产生的气体通常显示自燃的倾向，或释放易燃气体的速度等于或大于每千克物质在任何 1min 内释放 10L 的任何物质或混合物）；

⑥ 光气等光气类化学品。

对于重点监管的危险化学品，可参照《首批重点监管的危险化学品安全措施和应急处置原则》和《第二批重点监管的危险化学品安全措施和应急处置原则》（以下简称“措施和原则”）进行安全管理。

生产、储存、使用、经营重点监管危险化学品的企业，要按照“措施和原则”中提出的安全措施和应急处置原则，完善相关安全生产责任制和安全生产管理规定，切实加强对本企业涉及的名录中的重点监管危险化学品的安全管理。要进一步完善有关安全生产条件：对涉及重点监管危险化学品的化工装置，要增设和完善自动化控制系统，增设和完善必要的紧急停车和紧急切断系统；对储存重点监管危险化学品的设施，要增设和完善自动化监控系统，实现液位、压力、温度及泄漏报警等重要数据的连续自动监测和数据远传记录，增设和完善必要的紧急切断系统。

【事故案例】

◇**案例1** 2008年9月17日15时35分，位于云南省昆明市寻甸回族彝族自治县的云南南磷集团电化有限公司发生氯气泄漏事故，造成71人中毒。

事故原因 液氯充装站操作工将液氯钢瓶充满、关闭液氯充装阀后，没有及时调节液氯充装总管回流阀，充装总管短时压力迅速升高，造成充装系统压力表根部阀门上部法兰的垫片出现泄漏。泄漏的液氯气化并扩散，造成该名操作工和下风向其他岗位的6名操作工和正在该企业的二期建设项目施工的64名施工人员不同程度中毒。

安全措施 液氯气化器、储罐应设置与通风设施或相应的吸收装置的联锁装置；储氯场所应设置氯气泄漏检测报警仪，配备防护面具、防护服或呼吸器。

事故简评 氯气，常温常压下为黄绿色、有刺激性气味的气体，主要用于制造氯乙烯、环氧氯丙烷、氯丙烯、氯化石蜡等；用作氯化试剂，也用作水处理过程的消毒剂。氯在化工企业中广泛使用，也是首批重点监管的危险化学品之一，其安全措施和处置原则可参照附录。

◇**案例2** 2013年6月3日6时10分许，位于吉林省长春市德惠市的吉林宝源丰禽业有限公司（以下简称宝源丰公司）主厂房发生特别重大火灾爆炸事故，共造成121人死亡、76人受伤，17234m^{2}主厂房及主厂房内生产设备被损毁，直接经济损失1.82亿元。

6月3日5时20分～50分左右，宝源丰公司员工陆续进厂工作（受运输和天气温度的影响，该企业通常于早6时上班），当日计划屠宰加工肉鸡3.79万只，当日在车间现场人数395人（其中一车间113人，二车间192人，挂鸡台20人，冷库70人）。

6时10分左右，部分员工发现一车间女更衣室及附近区域上部有烟、火，主厂房外面也有人发现主厂房南侧中间部位上层窗户最先冒出黑色浓烟。部分较早发现火情人员进行了初期扑救，但火势未得到有效控制。火势逐渐在吊顶内由南向北蔓延，同时向下蔓延到整个附属区，并由附属区向北面的主车间、速冻车间和冷库方向蔓延。燃烧产生的高温导致主厂房西北部的1号冷库和1号螺旋速冻机的液氨输送和氨气回收管线发生物理爆炸，致使该区域上方屋顶卷开，大量氨气泄漏，介入了燃烧，火势蔓延至主厂房的其余区域。

事故原因 宝源丰公司主厂房一车间女更衣室西面和毗连的二车间配电室的上部电气线路短路，引燃周围可燃物。当火势蔓延到氨设备和氨管道区域，燃烧产生的高温导致氨设备和氨管道发生物理爆炸，大量氨气泄漏，介入了燃烧。

造成火势迅速蔓延的主要原因：一是主厂房内大量使用聚氨酯泡沫保温材料和聚苯乙烯夹芯板（聚氨酯泡沫燃点低、燃烧速度极快，聚苯乙烯夹芯板燃烧的滴落物具有引燃性）；二是一车间女更衣室等附属区房间内的衣柜、衣物、办公用具等可燃物较多，且与人员密集的主车间用聚苯乙烯夹芯板分隔；三是吊顶内的空间大部分连通，火灾发生后，火势由南向北迅速蔓延；四是当火势蔓延到氨设备和氨管道区域，燃烧产生的高温导致氨设备和氨管道发生物理爆炸，大量氨气泄漏，介入了燃烧。

造成重大人员伤亡的主要原因：一是起火后，火势从起火部位迅速蔓延，聚氨酯泡沫塑料、聚苯乙烯泡沫塑料等材料大面积燃烧，产生高温有毒烟气，同时伴有泄漏的氨气等毒害物质；二是主厂房内逃生通道复杂，且南部主通道西侧安全出口和二车间西侧直通室外的安全出口被锁闭，火灾发生时人员无法及时逃生；三是主厂房内没有报警装置，部分人员对火灾知情晚，加之最先发现起火的人员没有来得及通知二车间等区域的人员疏散，使一些人丧失了最佳逃生时机；四是宝源丰公司未对员工进行安全培训，未组织应急疏散演练，员工缺乏逃生自救互救知识和能力。

安全措施 在劳动人员密集的地点设置氨气浓度报警装置及事故通风系统，为储氨器增设水喷淋装置以及集水池和事故排水系统，为紧急泄氨器增设密封的事故排水罐或排水池。

事故简评 氨，常温常压下为无色气体，有强烈的刺激性气味，主要用作制冷剂及制取铵盐和氮肥。极易燃，与空气能形成爆炸性混合物，其安全措施和处置原则可参照附录。

◇**案例 3** 2013 年 2 月 1 日 8 时 57 分，连霍高速三门峡义昌大桥处发生一起运输烟花爆竹爆炸事故，导致义昌大桥部分坍塌，车辆坠落桥下，造成 13 人死亡，9 人受伤，直接经济损失 7632 万元。

事故原因 承运人使用不具有危险货物运输资质的货车，不按照规定进行装载，长途运输违法生产的烟火药剂爆炸物（土地雷）和烟花爆竹（开天雷），途中紧急刹车，导致车厢内爆炸物发生撞击、摩擦引发爆炸。

安全措施 运输烟花爆竹必须随车携带公安机关核发的《烟花爆竹道路运输许可证》，保证货证相符。运输车辆必须符合国家规定，按公安机关批准的运输路线行驶，实行专车运输，严禁超装超载和中途随意停靠。

事故简评 烟花爆竹也是重点监管的危险化学品。以往的工作，对于生产企业的监管相对来说比较严格。这起事故暴露出有关部门在货运企业和货运市场安全监管的漏洞。

2.3 职业安全健康管理体系（OHSMS）

2.3.1 OHSMS 管理的理论基础

20 世纪 50 年代，职业安全健康管理的主要内容是控制有关人身伤害的意外，防止意外事故的发生，不考虑其他问题，是一种相对消极的控制。20 世纪 70 年代，其主要内容是进行一定程度的损失控制，涉及部分与人、设备、材料、环境有关的问题，但仍是一种消极控制。20 世纪 90 年代，职业安全健康管理已发展到控制风险阶段，对个人因素、工作或系统因素造成的风险，可进行较全面的、积极的控制，是一种主动反应的管理模式。

21 世纪，职业安全健康管理是控制风险，将损失控制与全面管理方案配合，实现体系化的管理。这一管理体系不仅需要考虑人、设备、材料、环境，还要考虑人力资源、产品质量、工程和设计、采购货物、承包制、法律责任、制造方案等。英国安全卫生执行委员会的研究报告显示，工厂伤害、职业病和可被防止的非伤害性意外事故所造成的损失，约占英国组织获利的 5%～10%。各国关于职业安全健康的规定日趋严格，不仅强调保障人员的安全，对工作场所及工作条件的要求也相继提高。

2.3.2 OHSMS 管理的基本要素

职业健康安全管理体系作为一种系统化的管理方式，各个国家依据其自身的实际情况提出了不同的指导性要求，但基本上遵循了PDCA的思想并与ILO-OSH 2001导则相近似。本节主要依据ILO-OSH 2001导则的框架，介绍现有职业健康安全管理体系的基本要素。

2.3.2.1 职业健康安全方针

本要素的目的是要求生产经营单位应在征询员工及其代表意见的基础上，制定书面的职业健康安全方针，以规定其体系运行中职业健康安全工作的方向和原则，确定职业健康安全责任及绩效总目标，表明实现有效职业健康安全管理的正式承诺，并为下一步体系目标的策划提供指导性框架。

生产经营单位在制定、实施与评审职业健康安全方针时应充分考虑下列因素，以确保方针实施与实现的可能性和必要性，并确保职业健康安全管理体系与企业的其他管理体系协调一致：

① 所适用的职业健康安全法律法规与其他要求；

② 企业自身整体的经营方针和目标；

③ 企业规模和其所具备资质及其所带来风险的特点；

④ 企业过去和现在的职业健康安全绩效；

⑤ 员工及其代表和其他外部相关方的意见和建议。

为确保所建立与实施的职业健康安全管理体系能够达到控制职业健康安全风险和持续改进职业健康安全绩效的目的，生产经营单位所制定的职业健康安全方针必须包括以下内容：承诺遵守自身所适用且现行有效的职业健康安全法律法规，包括生产经营单位所属管理机构的职业健康安全管理规定和生产经营单位与其他用人单位签署的集体协议或其他要求；承诺持续改进职业健康安全绩效和事故预防、保护员工健康安全。

2.3.2.2 组织

(1) 组织的目的

组织的目的是要求生产经营单位为正确、有效实施与运行职业健康安全管理体系及其要素而确立和完善组织保障基础，包括结构与职责，培训、意识和能力，协商和沟通、文件、文件和资料控制以及记录和记录管理。

(2) 组织的内容与要求

1) 结构与职责

生产经营单位的最高管理者应对保护企业员工的安全与健康负全面责任，并应在企业内设立各级职业健康安全管理的领导岗位，针对那些对其活动、设施（设备）和管理过程的职业健康安全风险有一定影响的从事管理、执行和监督的各级管理人员，规定其作用、职责和权限，以确保职业健康安全管理体系的有效建立、实施与运行，并实现职业健康安全目标。

生产经营单位应在最高管理层任命一名或几名人员作为职业健康安全管理体系的管理者代表，赋予其充分的权限，并确保其在职业健康安全职责不与其承担的其他职责冲突的条件下完成下列工作：

① 建立、实施、保持和评审职业健康安全管理体系；

② 定期向最高管理层报告职业健康安全管理体系的绩效；

③ 推动企业全体员工参加职业健康安全管理活动。

生产经营单位应为实施、控制和改进职业健康安全管理体系提供必要的资源，使各级负责职业健康安全事务的人员能够顺利开展工作。

2）培训、意识和能力

生产经营单位应建立并保持培训的程序，以便规范、持续地开展培训工作，确保员工具备必需的职业健康安全意识和能力。生产经营单位应对培训计划的实施情况进行定期评审。评审时应有职业健康安全委员会的参与，如可行，应对培训方案进行修改以保证它的针对性和有效性。

3）协商和沟通

生产经营单位应建立并保持程序，做出文件化的安排，促进其就有关职业健康安全信息与员工和其他相关方（如分承包方人员、供货方、访问者）进行协商和交流。

生产经营单位应在企业内建立有效的协商机制（如成立健康安全委员会或类似机构、任命员工职业健康安全代表及员工代表、选择员工加入职业健康安全实施队伍）与协商计划，确保能有效地接收到所有员工的信息，并安排员工参与以下信息：

① 方针和目标的制定及评审、风险管理和控制的决策（包括参与其作业活动有关的危害辨识、风险评价和风险控制决策）；

② 职业健康安全管理方案与实施程序的制定与评审；

③ 事故、事件的调查及现场职业健康安全检查等；

④ 对影响作业现场及生产过程中职业健康安全的有关变更（如引入新的设备、原材料、化学品、技术、过程、程序或工作模式或对它们进行改进所带来的影响）而进行的协商。

4）文件

生产经营单位应保持最新与充分的并适合企业实际特点的职业健康安全管理体系文件，以确保建立的职业健康安全管理体系在任何情况下（包括各级人员发生变动时）均能得到充分理解和有效运行。

职业健康安全管理体系文件应以适合自身管理的形式保持，并应包括下列难题：

① 职业健康安全方针和目标；

② 职业健康安全管理的关键岗位与职责；

③ 主要的职业健康安全风险及其预防与控制措施；

④ 职业健康安全管理体系框架内的管理方案、程序、作业指导书和其他内部文件。

5）文件和资料控制

生产经营单位应制定书面程序，以便对职业健康安全文件的识别、批准、发布和撤销以及职业健康安全有关资料进行控制，确保其满足下列要求：

① 明确体系运行中哪些是重要岗位以及之下岗位所需的文件，确保这些岗位得到现行有效版本的文件；

② 无论在正常还是异常情况（包括紧急情况下）下，文件和资料都应便于使用和获取，例如，在紧急情况下，应确保工艺操作人员及其他有关人员能及时获得最新的工程图、危险物质数据卡、程序和作业指导书等；

③ 职业健康安全管理体系文件应书写工整，便于使用者理解，并应定期评审，必要

时予以修改；

④ 传达到企业内所有相关人员或受其影响的人员；

⑤ 建立现行有效并需控制的文件与资料发放清单，并采取有效措施及时使失效文件和资料从所有发放和使用场所撤回或防止误用；

⑥ 根据法律法规的要求和（或）保存知识的目的，归留存的档案性文件和资料应予以适当标识。

6）记录与记录管理

生产经营单位建立和保持程序，用来标识、保存和处置有关职业健康安全记录。

生产经营单位的职业健康安全记录应填写完整、字迹清楚、标识明显，并确定记录的保存期，将其存放在安全地点，便于查阅，避免损坏。重要的职业健康安全记录应以适当方式按法规要求妥善保护，以防火灾或损坏。

2.3.2.3 计划与实施

(1) 计划与实施的目的

计划与实施的目的是要求生产经营单位依据自身的危害与风险情况，针对职业健康安全方针的要求做出明确具体的计划，并建立和保持必要的程序或计划，以持续、有效地实施与运行职业健康安全管理规划，包括初始评审、目标、管理方案、运行控制、应急预案与响应。

(2) 计划与实施的内容与要求

1）初始评审

初始评审是指对生产经营单位现有职业健康安全管理体系及其相关管理方案进行评价，目的是依据职业健康安全方针总体目标和承诺的要求，为建立和完善职业健康安全管理体系的各项决策（重点是目标和管理方案）提供依据，并为持续改进企业的职业健康安全管理体系提供一个能够测量的基准。

对于尚未建立或欲重新建立职业健康安全管理体系的生产经营单位，或该企业属于新建组织时，初始评审过程可作为其建立职业健康安全管理体系的基础。

初始评审过程主要包括危害辨识、风险评价和风险控制的策划，法律、法规及其他要求两项工作。生产经营单位的初始评审工作应组织相关专业人员来完成，以确保初始评审的工作质量，如可行，此工作还应以适当的形式（如健康安全委员会）与企业的员工及其代表进行协商交流。初始评审的结果应形成文件。

① 危害辨识、风险评价和风险控制策划

生产经营单位应通过定期或及时开展危害辨识、风险评价和风险控制策划工作，来识别、预测和评价生产经营单位现有或预期的作业环境和作业组织中存在哪些危害（风险），并确定消除、降低或控制此类危害（风险）所应采取的措施。

生产经营单位应首先结合自身的实际情况建立并保持一套程序，重点提供和描述危害辨识、风险评价和风险控制策划活动过程的范围、方法、程度与要求。

生产经营单位在开展危害辨识、风险评价和风险控制的策划时，应满足下列要求：在任何情况下，不仅考虑常规的活动，而且还应考虑非常规的活动；除考虑自身员工的活动所带来的危害和风险外，还应考虑承包方、供货方包括访问者等相关方的活动，以及使用外部提供的服务所带来的危害和风险；考虑作业场所内所有的物料、装置和设备造成的职业健康安全危害，包括过期老化以及租赁和库存的物料装量和设备。

生产经营单位的危害辨识、风险评价和风险控制策划的实施过程应遵循下列基本原则，以确保该项活动的合理性和有效性：在进行危害辨识、风险评价和风险控制策划时，要确保满足实际需要的和适用的职业健康安全法律、法规和其他要求；危害辨识、风险评价和风险控制策划过程应作为一项主动的而不是被动的措施执行，即应在承接新的工程活动和引入新的建筑作业程序，或对原有建筑作业程序进行修改之前进行。程序改变之前，应对已识别出的风险策划必要的降低和控制措施；应对所评价的风险进行合理的分级，确定不同风险的可承受性，以便在制定目标特别是制定管理方案时予以侧重和考虑。

生产经营单位应针对所辨识和评价的各类影响员工安全和健康的危害和风险，确定出相应的预防和控制措施。所确定的预防和控制措施，应作为制定管理方案的基本依据，而且，应有助于设备管理方法、培训需求以及运行（作业）标准的确定，并为确定监测体系运行绩效的测量标准提供适宜信息。

生产经营单位应按预定的或由管理者确定的时间或周期对危害辨识、风险评价和风险控制过程进行评审。同时，当企业的客观状况发生变化，使得对现有辨识与评价的有效性产生疑义时，也应及时进行评审、并注意在发生前即采取适当的预防性措施，并确保在各项变更实施之前，通知所有相关人员并对其进行相应的培训。

② 法律、法规和其他要求

为了实现职业健康安全方针中遵守相关适用法律、法规等的承诺，生产经营单位应认识和了解影响其活动的相关适用的法律、法规和其他职业健康安全要求，并将这些信息传达给有关的人员，同时，确定为满足这些适用法律、法规等所必须采取的措施。

生产经营单位应将识别和获取适用法律、法规和其他要求的工作形成一套程序。此程序应说明企业应由哪些部门（如各相关职能管理部门及各项目部门）、如何（主要指渠道和方式，如各级政府、行业协会或团体、上级主管部门、商业数据库和职业健康安全服务机构等）及时全面地获取这类信息、如何准确地识别这些法律法规等对企业的适用性及其适用的内容要求和相应适用的部门、如何确定满足这些适用法律法规等内容要求所需的具体措施、如何将上述适用内容和具体措施等有关信息及时传达到相关部门等。

生产经营单位还应及时跟踪法律、法规和其他要求的变化，保持此类信息为最新，并为评审和修订目标与管理方案提供依据。

2）目标

职业健康安全目标是职业健康安全方针的具体化和阶段性体现，因此，生产经营单位在指定目标时，应以方针要求为框架，并充分考虑下列因素以确保目标合理、可行：

① 以危害辨识和风险评价的结果为基础，确保其对实现职业健康安全方针要求的针对性和持续渐进性；

② 以获取的适用法律、法规及上级主管机构和其他相关方的要求为基础，确保方针中守法承诺的实现；

③ 考虑自身技术与财务能力以及整体经营上有关职业健康安全的要求，确保目标的可行性与实用性；

④ 考虑以往职业健康安全目标、管理方案的实施与实现情况，以及以往事故、事件、不符合的发生情况，确保目标符合持续改进的要求。

生产经营单位除了制定整个公司的职业健康安全目标外，还应尽可能以此为基础，对与其相关的职能管理部门和不同层次制定职业健康安全目标。制定职业健康安全目标时，应通过适当的形式（如健康安全委员会）征求员工及其代表的意见。

为了确保能够对所制定目标的实现程度进行客观的评价，目标应尽可能予以量化，并形成文件，传达到企业内所有相关职能和层次的人员，并应通过管理评审进行定期评审，在可行或必要时予以更新。

3）管理方案

制定管理方案的目的是制定和实施职业健康安全计划，确保职业健康安全目标的实现。

生产经营单位的职业健康安全管理方案应阐明做什么事、谁来做、什么时间做，并包括下列基本内容：

① 实现目标的方法；

② 上述方法所对应的职责部门（人员）；

③ 实施上述方法所要求的时间表；

④ 实施上述方法所必需的资源保证，包括人力、资金及技术支持。

生产经营单位应定期对职业健康安全管理方案进行评审，以便于在管理方案实施与运行期间企业的生产活动或其内外部运行条件（要求）发生变化时，能够尽可能对管理方案进行修订，以确保管理方案的实施能够实现职业健康安全目标。

4）运行控制

生产经营单位应对与所识别的风险有关并需采取控制措施的运行活动（包括辅助性的维护工作）建立和保持计划安排（程序及其规定），在所有作业场所实施必要且有效的控制和防范措施，以确保制定的职业健康安全管理方案得以有效、持续的落实，从而实现职业健康安全方针、目标和遵守法律、法规等要求。

生产经营单位对于缺乏程序指导可能导致偏离职业健康安全方针和目标的运行情况，应建立和保持文件化的程序与规定。文件化的程序应明确此类运行与活动的流程以及每一流程所需遵循的运行标准。

生产经营单位对于材料与设备的采购和租赁活动应建立并保持管理程序，以确保此项活动符合企业在采购和租赁说明书中提出的职业健康安全方面的要求以及相关法律、法规的要求，并在材料与设备使用之前能够做出安排，使其符合企业的各项职业健康安全要求。

生产经营单位对于劳务或工程等分包商或临时工的使用，应建立并保持管理程序，以确保企业的各项健康安全规定与要求（或至少相类似的要求）适用于分包商及他们的员工。

生产经营单位对于作业场所、工艺过程、装置、机械、运行程序和工作组织的设计活动，包括它们对人的能力的适应，应建立并保持管理程序，以便于从根本上消除或降低职业健康安全风险。

5）应急预案与响应

目的是确保生产经营单位主动评价其潜在事故与紧急情况发生的可能性及其应急响应的需求，制定相应的应急计划、应急处理的程序和方式，检验预期的响应效果，并改善其响应的有效性。

生产经营单位应依据危害辨识、风险评价和风险控制的结果及相关法律、法规等要求，以往事故、事件和紧急状况及经历，以及应急响应演练及改进措施效果的评审结果，针对潜在事故或紧急情况，从预案与响应的角度建立并保持应急计划。

生产经营单位应针对潜在事故与紧急情况的应急响应，确定应急设备的需求并予以充分的提供，并定期对应急设备进行检查与测试，确保其处于完好和有效状态。

生产经营单位应按预定的计划，尽可能采用符合实际情况的应急演练方式（包括对事件进行全面的模拟）检验应急计划的响应能力，特别是重点检验应急计划的完整性和应急计划中关键部分的有效性。

2.3.2.4 检查与评价

(1) 检查与评价的目的

检查与评价的目的是要求生产经营单位定期或及时地发现体系运行过程或体系自身所存在的问题，并确定问题产生的根源或需要持续改进的地方。体系的检查与评价主要包括绩效测量与监测，事故、事件与不符合的调查，审核与管理评审。

(2) 检查与评价的内容与要求

1）绩效测量与监测

生产经营单位绩效测量与监测程序用以确保：

① 检测职业健康安全目标的实现情况；

② 包括主动测量与被动测量两个方面；

③ 能够支持企业的评审活动，包括管理评审；

④ 将测量与监测的结果予以记录。

主动测量应作为一种预防机制，根据危害辨识和风险评价的结果、法律及法规要求，制定包括监测对象与监测频次的监测计划，并以此对企业活动的必要基本过程进行监测。内容包括：

① 监测职业健康安全管理方案的各项计划及运行控制中各项运行标准的实施与符合情况；

② 系统地检查各项作业制度、安全技术措施、施工机具和机电设备、现场安全设施及个人防护用品的实施与符合情况；

③ 监测作业环境（包括作业组织）的状况；

④ 对员工实施健康监护，如通过适当的体检或对员工的早期有害健康的症状进行跟踪，以确定预防和控制措施的有效性；

⑤ 对国家法律、法规及企业签署的有关职业健康安全集体协议及其他要求的符合情况。

被动测量包括对与工作有关的事故、事件，其他损失（如财产损失），不良的职业健康安全绩效和职业健康安全管理体系的失效情况的确认、报告和调查。

生产经营单位应列出用于评价职业健康安全状况的测量设备清单，使用唯一标识并进行控制，设备的精度应是已知的。生产经营单位应有文件化的程序描述如何进行职业健康安全测量，用于职业健康安全测量的设备应按规定维护和保管，使之保持应有的精度。

2）事故、事件、不符合及其对职业健康安全绩效影响的调查目的是建立有效的程序，对生产经营单位的事故、事件、不符合进行调查、分析和报告，识别和消除此类情况发生的根本原因，防止其再次发生，并通过程序的实施，发现、分析和消除不符合的潜在原因。

生产经营单位应保存对事故、事件、不符合的调查、分析和报告的记录，并按法律、法规的要求，保存一份所有事故的登记簿，并登记可能有重大职业健康安全后果的事件。

3）审核

目的是建立并保持定期开展职业健康安全管理体系审核的方案和程序，以评价生产经营单位职业健康安全管理体系及其要素的实施能否恰当、充分、有效地保护员工的安全与健康，预防各类事故的发生。

生产经营单位的职业健康安全管理体系审核应主要考虑自身的职业健康安全方针、程序及作业场所的条件及作业规程，以及适用的职业健康安全法律、法规及其他要求。所制定的审核方案和程序应明确审核人员的能力要求、审核范围、审核频次、审核方法和报告方式。

4）管理评审

目的是要求生产经营单位的最高管理者，依据自己预定的时间间隔对职业健康安全管理体系进行评审，以确保体系的持续适宜性、充分性和有效性。

生产经营单位的最高管理者在实施管理评审时，应主要考虑绩效测量与监测的结果，审核活动的结果，事故、事件、不符合的调查结果和可能影响企业职业健康安全管理体系的内外部因素及各种变化，包括企业自身变化的信息。

2.3.2.5 改进措施

(1) 改进措施的目的

要求生产经营单位针对组织职业健康安全管理体系绩效测量与监测、事故与事件调查、审核和管理评审活动所提出的纠正与预防措施的要求，制定具体的实施方案并予以保持，确保体系的自我完善功能，并不断寻求方法，持续改进生产经营单位自身职业健康安全管理体系及其职业健康安全绩效，从而不断消除、降低或控制各类职业健康安全危害和风险。改进措施主要包括纠正与预防措施和持续改进两个方面。

(2) 改进措施的内容与要求

1）纠正与预防措施

生产经营单位针对职业健康安全管理体系绩效测量与监测、事故与事件调查、审核和管理评审活动所提出的纠正与预防措施的要求，应制定具体的实施方案并予以保持，确保体系的自我完善功能。

2）持续改进

生产经营单位应不断寻求方法持续改进自身职业健康安全管理体系及其职业健康安全绩效，从而不断消除、降低或控制各类职业健康安全危害和风险。

2.3.3 企业建立 OHSMS 的步骤

由于不同组织间的基础和组织特性的差异，建立职业安全卫生管理体系的过程不会完全相同。但总体而言，组织建立职业安全卫生管理体系应采取以下步骤：

（1）领导决策

组织建立职业安全卫生管理体系需要领导者的决策，特别是最高管理者的决策。只有在最高管理者认识到建立职业安全卫生管理体系必要性的基础上，组织才能顺利开展工作。另外，职业安全卫生管理体系的建立，需要投入大量的资源，这就需要最高管理者对改善组织的职业安全卫生行为作出承诺，从而使得职业安全卫生管理体系的实施与运行得到充足的资源。

（2）成立工作组

当企业决定建立职业安全卫生管理体系后，首先应在组织上进行落实和保证，成立工作组。工作组的主要任务是负责建立职业安全卫生管理体系。工作组的成员来自企业的各个部门，工作组组长最好是将来的管理者代表或者是管理者代表之一。根据组织的规模，管理水平及人员素质，工作组的规模可大可小，可专职或兼职，可以是一个独立的机构，也可挂靠在某个部门。

（3）人员培训

工作组在开展工作之前，小组成员应接受职业安全卫生管理体系标准及相关知识的培训。同时，组织体系运行需要的内审员，也要进行相应的培训。

（4）初始状态评审

初始状态评审是建立职业安全卫生管理体系的基础。组织应为此建立一个评审组，评审组可由组织的成员组成，也可外请咨询人员或者将两者结合。评审组应对组织过去和现在的职业安全卫生信息、状态进行收集、调查与分析，识别和获取现有的适用于组织的职业安全卫生法律、法规和其他要求，进行危险源辨识和风险评价。这些结果将作为建立和评审组织的职业安全卫生方针，制定职业安全卫生目标和职业安全卫生管理方案，确定体系的优先项，编制体系文件和建立体系的基础。

（5）体系策划与设计

体系策划阶段主要是依据初始状态评审的结论，制定职业安全卫生方针，制定组织的职业安全卫生目标、指标和相应的职业安全卫生管理方案，确定组织机构和职责，筹划各种运行程序等。

（6）职业安全卫生管理体系文件编制

职业安全卫生管理体系应实行文件化管理，所以要编制体系文件。编制体系文件是组织实施职业安全卫生管理体系标准，建立与保持职业安全卫生管理体系并保证其有效运行的重要基础工作，也是组织达到预定的职业安全卫生目标，评价与改进体系，实现持续改进和风险控制必不可少的依据和见证。体系文件还需要在体系运行过程中进行评审和修改，以保证它的完善和持续有效。

（7）体系试运行

体系试运行与正式运行无本质区别，都是按所建立的职业安全卫生管理体系手册、程序文件及作业规程等文件的要求，整体协调的运行。试运行的目的是要在实践中检验体系的适用性和效果。组织应加强运作力度，发挥体系的作用，及时发现问题并进行解决，对体系的不符合方面进行修订，尽快度过适应期，使体系正常运行。

（8）内部审核

职业安全卫生管理体系的内部审核是体系运行必不可少的环节。体系经过一段时间的试运行，组织应当具备了检验职业安全卫生管理体系是否符合职业安全卫生管理体系标准要求的条件，应开展内部审核。职业安全卫生管理者代表应亲自组织内审，内审员应经过专门知识的培训。如果需要，组织可聘请外部专家参与或主持审核。

(9) 管理评审

管理评审是职业安全卫生管理体系整体运行的重要组成部分。管理者代表应收集各方面的信息供最高管理者评审。最高管理者应对试运行阶段的体系整体状态作出全面的评判，对体系的适用性、充分性和有效性作出评价。依据管理评审的结论，可以对是否需要调整、修改体系作出决定，也可以作出是否实施第三方认证的决定。当组织按上述步骤建立职业安全卫生管理体系，还需着重注意几个问题：

① 职业安全卫生管理体系应结合组织现有的管理基础。

一般组织在职业安全卫生管理上，都存在着原有的组织机构、管理制度、资源等。而按职业安全卫生管理体系标准建立的职业安全卫生管理体系，实际上是组织实施职业安全卫生管理，改善组织的职业安全卫生行为，达到持续改进目的的一种新的运行机制。它不能完全脱离组织的原有管理基础，而是在标准的框架内，充分结合组织的原有管理基础，进而形成一个结构化的管理体系。

② 职业安全卫生管理体系是一个动态发展、不断改进和不断完善的过程。

2.4 职业健康危害分析与控制

化工生产过程中存在着多种危害劳动者身体健康的因素，这些危害因素在一定条件下会对人体健康造成不良影响，严重时会危及人的生命安全。因此，了解化工职业常见危害与防控知识对于保护劳动者人身安全与健康，创建安全卫生的工作环境，促进化工行业安全生产具有重要的意义。

2.4.1 工业毒物及其对人体的危害

2.4.1.1 工业毒物

毒物通常是指在一定条件下，较低剂量能引起机体功能性或器质性损伤的外源性化学物质。毒物与非毒物之间并不存在绝对界限，只能以引起毒效应的剂量大小相对地加以区别。以盐酸为例，浓度为1%的盐酸可内服，用于治疗胃酸分泌减少影响消化吸收的患者；但如果内服浓盐酸，则可引起口腔、食道、胃和肠道严重灼伤，甚至致死。可见，低浓度盐酸是一种药物，而高浓度盐酸是一种毒物。

工业毒物（生产性毒物）是指生产过程中产生或存在于工作场所中的各种毒物。

在化学工业中，毒物的来源多种多样，可以是原料、中间体、成品、副产品、助剂、夹杂物、废弃物、热解产物、与水反应产物等。

毒物的形态可以是气态（如氯、溴、氨、一氧化碳、甲烷等）、蒸气（水银蒸气、苯蒸气等）、雾（如喷洒农药和喷漆时所形成的雾滴）、烟（如电焊时产生的电焊烟尘等）、气溶胶尘。

工业毒物分类方法很多，有的按毒物来源分，有的按进入人体途径分，有的按毒物作用的靶器官分类。

2.4.1.2 工业毒物对人体的主要危害

(1) 神经系统

毒物对中枢神经和周围神经系统均有不同程度的危害，其表现为神经衰弱症候群：全身无力、易于疲劳、记忆力减退、头昏、头痛、失眠、心悸、多汗，多发性末梢神经炎及中毒性脑病等。汽油、四乙基铅、二硫化碳等中毒还表现为兴奋、狂躁、癔症。

(2) 呼吸系统

氨、氯气、氮氧化物、氟、三氧化二砷、二氧化硫等刺激性毒物可引起声门水肿及痉挛、鼻炎、气管炎、支气管炎、肺炎及肺水肿。有些高浓度毒物（如硫化氢、氯、氨等）能直接抑制呼吸中枢或引起机械性阻塞而窒息。

(3) 血液和心血管系统

严重的苯中毒可抑制骨髓造血功能。砷化氢、苯肼等中毒可引起严重的溶血，出现血红蛋白尿，导致溶血性贫血。一氧化碳中毒可使血液的输氧功能发生障碍。钡、砷、有机农药等中毒可造成心肌损伤，直接影响到人体血液循环系统的功能。

(4) 消化系统

肝是解毒器官，人体吸收的大多数毒物积蓄在肝脏里，并由它进行分解、转化，起到自救作用。某些物质称为“亲肝性毒物”，如四氯化碳、磷、三硝基甲苯、锑、铅等，主要伤害肝脏，往往形成急性或慢性中毒性肝炎。汞、砷、铅等急性中毒，可发生严重的恶心、呕吐、腹泻等消化道炎症。

(5) 泌尿系统

某些毒物损害肾脏，尤其以升汞和四氯化碳等引起的急性肾小管坏死性肾病最为严重。此外，乙二醇、汞、镉、铅等也可以引起中毒性肾病。

(6) 皮肤损伤

强酸、强碱等化学药品及紫外线可导致皮肤灼伤和溃烂。液氯、丙烯腈、氯乙烯等可引起皮炎、红斑和湿疹等。苯、汽油能使皮肤因脱脂而干燥、皲裂。

(7) 眼睛的危害

化学物质的碎屑、液体、粉尘飞溅到眼内，可发生角膜或结膜的刺激炎症、腐蚀灼伤或过敏反应。尤其是腐蚀性物质，如强酸、强碱、飞石灰或氨水等，可使眼结膜坏死糜烂或角膜浑浊。甲醇影响视神经，严重时可导致失明。

(8) 致突变、致癌、致畸

某些化学毒物可引起机体遗传物质的变异。有突变作用的化学物质称为化学致突变物。有的化学毒物能致癌，能引起人类或动物癌病的化学物质称为致癌物。有些化学毒物对胚胎有毒性作用，可引起畸形，这种化学物质称为致畸物。

(9) 对生殖功能的影响

工业毒物对女工月经、妊娠、授乳等生殖功能可产生不良影响，不仅对妇女本身有害且可累及下一代。

接触苯及其同系物、汽油、二硫化碳、三硝基甲苯的女工，易出现月经过多综合征；接触铅、汞、三氯乙烯的女工，易出现月经过少综合征。化学诱变物可引起生殖细胞突变，引发畸胎，尤其是妊娠后的前三个月，胚胎对化学毒物最敏感。在胚胎发育过程中，某些化学毒物可致胎儿生产迟缓，可致胚胎的器官或系统发生畸形，可使受精卵死亡或被吸收。有机汞和多氯联苯均有致畸胎作用。

接触二硫化碳的男工，精子数可减少，影响生育；铅、二溴氯丙烷，对男性生育功能也有影响。

【事故案例】

2015年5月16日上午7时左右，山西省晋城市阳城县瑞兴化工有限公司二硫化碳生产装置泄漏，在检修过程中发生中毒事故，造成8人死亡、6人受伤。

事故发生在二硫化碳冷却池，该冷却池是长8.4m、宽4.4m、深2.2m的长方形水池，在正常生产过程中，合成反应产物（二硫化碳和硫化氢气体）经过水池内冷却管，二硫化碳被冷凝成粗产品，含有硫化氢的尾气回收利用。

事故原因 二硫化碳冷却池内冷却管泄漏，1名操作人员在未检测有毒气体、未办理受限空间作业票证、未采取有效防护措施的情况下进入池内进行堵漏作业，造成中毒，其他13人连续盲目施救，致使事故伤亡扩大。

安全措施 加强受限空间作业安全管理，全面识别可能存在的各类风险，通过日常培训和演练，使每一位岗位操作人员都能熟练掌握应急情况下处置的程序、方法；严禁未正确佩戴防护用品盲目施救。

事故简评 这起事故中，因为盲目施救，导致伤亡扩大。出现人员遇险时，科学施救是日常培训的重要组成部分。

2.4.2 生产性粉尘及其对人体的危害

2.4.2.1 生产性粉尘及分类

(1) 生产性粉尘的概念

能够较长时间浮游于空气中的固体微粒称为粉尘。在生产中，与生产过程有关而形成的粉尘称为生产性粉尘。生产性粉尘对人体有多方面的不良影响，尤其是含有游离二氧化硅的粉尘，能引起严重的职业病——硅肺；生产性粉尘还能影响某些产品的质量，加速机器的磨损；微细粉末状原料、成品等成为粉尘到处飞扬，造成经济上的损欠，甚至污染环境，危害人们的健康。

(2) 生产性粉尘的来源

① 固体物质的机械加工和粉碎，其所形成的尘粒，小者可为超微细粒子，大者肉眼可见，如金属的研磨、切削，矿石或岩石的钻孔、爆破、破碎、磨粉以及粮谷加工等。

② 物质加热时产生的蒸气在空气中凝结、被氧化，其所形成的微粒直径多小于1μm，如熔炼黄铜时，锌蒸气在空气中冷凝，氧化形成氧化锌烟尘。

③ 有机物质的不完全燃烧，其所形成的微粒直径多在0.5μm以下，如木材、油、煤炭等燃烧时所产生的烟。

此外，铸件的翻砂、清砂时或在生产中使用的粉末状物质在混合、过筛、包装、搬运等操作时，沉积的粉尘由于振动或气流的影响重又浮游于空气中（二次扬尘）也是其来源。

(3) 生产性粉尘的分类

生产性粉尘根据其性质可分为3类：

① 无机性粉尘 矿物性粉尘，如硅石、石棉、滑石等；金属性粉尘，如铁、锡、铝、

铅、锰等；人工无机性粉尘，如水泥、金刚砂、玻璃纤维等。

② 有机性粉尘　植物性粉尘，如棉、麻、面粉、木材、烟草、茶等；动物性粉尘，如兽毛、角质、骨质、毛发等；人工有机粉尘，如有机燃料、炸药、人造纤维等。

③ 混合性粉尘　在生产环境中，最常见的是混合性粉尘。

2.4.2.2 生产性粉尘对人体的危害

在粉尘环境中工作，人的鼻腔只能阻挡吸入粉尘总量的30%～50%，其余部分就进入了呼吸道内。由于长期吸入粉尘，粉尘的积累引起了机体的病理变化。粉尘微粒直径小于$10\mu m$（尤其$0.5\sim5\mu m$）的飘尘类，能进入肺部并黏附在肺泡壁上引起尘肺病变。有些粉尘能进入血液中，进一步对人体产生危害。一般引起的危害和疾病有以下几种：

(1) 尘肺

长期吸入某些较高浓度的生产性粉尘所引起的最常见的职业病是尘肺，尘肺包括硅沉着病、石棉肺、铁肺、煤工尘肺、有机物（纤维、塑料）尘肺以及电焊烟尘引起的电焊工尘肺等。尤其是长期吸入较高浓度的含游离二氧化硅的粉尘造成肺组织纤维化而引起的硅沉着病最为严重，可导致肺功能减退，最后因缺氧而死亡。

(2) 中毒

由于吸入铅、砷、锰、氰化物、化肥、塑料、助剂、沥青等毒性粉尘，在呼吸道溶解被吸收进入血液循环引起中毒。

(3) 上呼吸道慢性炎症

某些粉尘如棉尘、毛尘、麻尘等，在吸入呼吸道时附着于鼻腔、气管、支气管的黏膜上，长期刺激作用和继发感染，而发生慢性炎症。

(4) 皮肤疾患

粉尘落在皮肤上可堵塞皮脂腺、汗腺而引起皮肤干燥、继发感染，发生粉刺、毛囊炎等。沥青粉尘可引起光感性皮炎。

(5) 眼疾患

烟草粉尘、金属粉尘等，可引起角膜损伤。沥青粉尘可引起光感性结膜炎。

(6) 致癌作用

接触放射性矿物粉尘易发生肺癌，石棉尘可引起胸膜间皮瘤，铬酸盐、雄黄矿等可引起肺癌。

生产性粉尘除了对劳动者的身体健康造成危害之外，对生产也有很多不良影响，如加速机械磨损，降低产品质量，污染环境，影响照明等。最值得注意的是，许多易燃粉尘在一定条件下会发生爆炸，造成经济损失和人员伤亡。

2.4.3 主要防护措施及防治要点

由于作业场所内职业性有害因素包含的内容多，涉及范围广，因此要预防职业性有害因素，除了管理人员从思想上加以重视，认真贯彻执行国家有关法规、标准之外，采取各种有针对性的技术、管理措施是十分重要的。

主要应从以下几个方面加强工作。

(1) 生产工艺、生产材料的革新

以无职业性危险物质产生的新工艺、新材料代替有职业性危害物质产生的工艺过程和原材料是最根本的预防措施，也是职业卫生技术在实践中加以应用的发展方向。

(2) 尽可能地提高生产过程的自动化程度

以机械化生产代替手工或半机械化生产，可以有效地控制有害物质对人体的危害；采用隔离操作（将有害物质和操作者分离），仪表控制（自动化控制）对于受生产条件限制，有害物质强度无法降低到国家卫生标准以下的作业场所，是很好的措施。

(3) 加强通风

加强通风是控制作业场所内污染源传播、扩散的有效手段。经常采用的通风方式有局部排风、全面通风换气。局部排风是在不能密封的有害物质发生源近旁设置吸风罩，将有害物质从发生源处直接抽走，以保持作业场所的清洁。全面通风换气是利用新鲜空气置换作业场所内含有害物质的空气，以保持作业场所空气中有害物质浓度低于国家卫生标准的一种方法。采取正确的通风措施，可以大大减少有害物质的散发面积，减少受害人员数量。

(4) 使用必要的防护用品

在有害物质浓度很高的作业场所工作时，使用合格的个人防护用品可以减少有害物质从皮肤、消化道及呼吸道侵入人体。

(5) 合理照明

合理照明是创造良好作业环境的重要措施。如果照明安排不合理或亮度不够会造成操作者视力减退，产品质量下降，工伤事故增多的严重后果。

(6) 合理规划厂区及车间

在新建、改建、扩建企业时，厂区的选择、规划，厂房建筑的配置以及生活设施、卫生设备的设计要周密、合理；车间内部工件、机器的布置要合乎人机工程学的要求，应尽量减小劳动强度，保证工人在最佳体位下操作。

(7) 合理安排劳动时间，严格控制加班加点

企业要对员工的生产、工作、学习和休息，根据劳逸结合的原则，合理安排，确保员工有充沛的精力参加工作。

(8) 加强卫生保健

对员工实行定期健康检查，搞好厂区内环境卫生工作。

(9) 湿式作业

在有粉尘产生的操作中采用加水的方法，可以大大减少粉尘的飞扬，减少粉尘在作业场所空气中的悬浮时间。

(10) 隔绝热源

采用隔热材料或水隔热等方法将热源密封，可以起到防止高温、热辐射对人体的不良伤害。

(11) 屏蔽辐射源

使用吸收电磁辐射的材料屏蔽隔绝辐射源，减少辐射源的直接辐射作用，是放射性防护中的基本方核。

(12) 隔声、吸声

对于噪声污染严重的作业场所、采取措施将噪声源与操作者隔离，用吸声材料将产噪设备密闭，减少产噪设备的震动等可以大大减弱噪声污染。

【事故案例】

2014年8月2日7时34分，位于江苏省苏州市昆山市昆山经济技术开发区的昆山中荣金属制品有限公司抛光二车间发生特别重大铝粉尘爆炸事故，共造成97人死亡、163人受伤，直接经济损失3.51亿元。

2014年8月2日7时，事故车间员工上班。7时10分，除尘风机开启，员工开始作业。7时34分，1号除尘器发生爆炸。爆炸冲击波沿除尘管道向车间传播，扬起的除尘系统内和车间集聚的铝粉尘发生系列爆炸。事故造成重大人员伤亡，事故车间和车间内的生产设备被损毁。

事故原因 事故车间除尘系统较长时间未按规定清理，铝粉尘集聚。除尘系统风机开启后，打磨过程产生的高温颗粒在集尘桶上方形成粉尘云。1号除尘器集尘桶锈蚀破损，桶内铝粉受潮，发生氧化放热反应，达到粉尘云的引燃温度，引发除尘系统及车间的系列爆炸。因没有泄爆装置，爆炸产生的高温气体和燃烧物瞬间经除尘管道从各吸尘口喷出，导致全车间所有工位操作人员直接受到爆炸冲击，造成群死群伤。

安全措施 定时规范清理粉尘，使用防爆电气设备，落实防雷、防静电等技术措施，配备铝镁等金属粉尘生产、收集、储存防水防潮设施，加强对粉尘爆炸危险性的辨识和对职工粉尘防爆等安全知识的教育培训。

事故简评 粉尘爆炸的五要素包括可燃粉尘、粉尘云、引火源、助燃物、空间受限。铝粉、锌粉、镁粉等性质活泼，极易引起爆炸；而淀粉、煤粉、硫黄粉，甚至面粉，在具备一定条件时也能引起爆炸。

2.5 危险性与可操作性分析

危险性与可操作性分析（HAZOP分析）是英国帝国化学工业公司（ICI）于1974年开发的、用于热力-水力系统安全分析的方法。它应用系统审查方法来审查新设计或已有工厂的生产工艺和工程总图，以评价因装置、设备的个别部分的误操作或机械故障引起的潜在危险，并评价其对整个工厂的影响。危险性与可操作性分析，尤其适合于类似化学工业系统的安全分析。

HAZOP分析与其他系统安全分析方法不同，这种方法由多人组成的小组来完成。HAZOP分析小组由相关领域的专家组成，在一位训练有素、富有经验的分析组长引导下进行创造性工作。通过应用一系列引导词来系统地辨识各种潜在的偏差，对确认的偏差，激励HAZOP小组成员思考该偏差发生的原因以及可能产生的后果。

2.5.1 基本概念和术语

进行危险性与可操作性研究时，应全面地、系统地审查工艺过程，不放过任何可能偏离设计意图的情况，分析其产生原因及其后果，以便有的放矢采取控制措施。

危险性与可操作性研究常用的术语如下：

① 特性（characteristic） 要素的定性或定量性质，如压力、温度和电压。

② 设计目的（意图）（design intent） 设计人员期望或规定的各要素及特性的作用范围。

③ 偏差（deviation） 设计目的（意图）的偏离。

④ 要素（element） 系统一个部分的构成因素，用于识别该部分的基本特性。

要素的选择取决于具体的应用，包括所涉及的物料、正在开展的活动、所使用的设备等。要素常通过定量或定性的特性作更明确的定义。例如，在化工系统中，“物料”要素可以进一步通过温度、压力和成分等特性定义。

⑤ 引导词（guide word） 一种特定的用于描述对要素设计目的（意图）偏离的词或短语。

HAZOP小组使用预先确定的“引导词”，对每种要素（和相关的特性）进行分析，通过问询过程，识别并确认会导致不利后果的偏差。引导词的作用是激发分析人员的想象性思维，使其专注于分析，提出观点并进行讨论，从而尽可能使分析完整全面。基本引导词及其含义见表2-1。

表 2-1 基本引导词及其含义

引导词	含义
无，空白（no或者not）	设计目的的完全否定
多，过量（more）	量的增加
少，减量（less）	量的减少
伴随（ac well as）	性质的变化/增加
部分（part of）	性质的变化/减少
相反（reverse）	设计目的的逻辑取反
异常（other than）	完全替代

与时间和先后顺序（或序列）相关的引导词及其含义见表2-2。

表 2-2 与时间和先后顺序（或序列）相关的引导词及其含义

引导词	含义
早（early）	相对于给定时间早
晚（late）	相对于给定时间晚
先（before）	相对于顺序或序列提前
后（after）	相对于顺序或序列延后

引导词-要素/特性组合在不同系统的分析中、在系统生命周期的不同阶段以及当用于不同的设计描述时可能会有不同的解释。有些组合在既定系统的分析中可能没有意义，应不予考虑。不同类型的偏差和引导词及其示例见表2-3。

表 2-3 偏差及其相关引导词的示例

偏离类型	引导词	过程工业实例	可编程电子系统实例（PES）
否定	无，空白（no）	没有达到任何目的，如无流量	无数据或控制信号通过
量的改变	多，过量（more）	量的增多，如温度高	数据传输比期望的快
	少，减量（less）	量的减少，如温度低	数据传输比期望的慢
性质的改变	伴随（as well as）	出现杂质 同时执行了其他的操作或步骤	出现一些附加或虚假信号
	部分（part of）	只达到一部分目的，如只输送了部分流体	数据或控制信号不完整
替换	相反（erverse）	管道中的物料反向流动以及化学逆反应	通常不相关
	异常（other than）	最初目的没有实现，出现了完全不同的结果，如输送了错误物料	数据或控制信号不正确

续表

偏离类型	引导词	过程工业实例	可编程电子系统实例(PES)
时间	早(early)	某事件的发生较给定时间早,如冷却或过滤	信号与给定时间相比来得太早
	晚(late)	某事件的发生较给定时间晚,如冷却或过滤	信号与给定时间相比来得太晚
顺序或序列	先(before)	某事件在序列中过早的发生,如混合或加热	信号在序列中比期望来得早
	后(late)	某事件在序列中过晚的发生,如混合或加热	信号在序列中比期望来得晚

⑥ 危害（harm） 人员身体伤害、健康损害、财产损失或环境破坏。

⑦ 危险（hazard） 潜在的危害。

⑧ 部分（part） 当前分析的对象，该对象是系统的一个部分。

一个部分可能是物理的（如硬件）或者逻辑的（如操作步骤）。

⑨ 风险（risk） 危害发生的可能性和严重性的结合。

2.5.2 研究步骤

HAZOP 分析是对危险与可操作性问题进行详细识别的过程，由一个小组完成。HAZOP 分析包括辨识潜在的偏离设计目的的偏差、分析其可能的原因并评估相应的后果。HAZOP 分析包括 4 个基本步骤：

① 界定　HAZOP 分析首先应明确分析的范围和目标，确定 HAZOP 分析组长，组建分析小组，明确规定 HAZOP 小组的分工和职责。

② 准备　HAZOP 分析组长负责获得系统信息，确保具有可用的、充分的系统设计描述，制定 HAZOP 分析计划，计划 HAZOP 会议的顺序，安排必要的 HAZOP 会议。在 HAZOP 分析的计划阶段，HAZOP 分析组长应提出要使用的引导词的初始清单。

③ 分析　按照 HAZOP 分析计划，组织分析会议，在分析组长领导下组织讨论。分析应沿着与分析主题相关的流程或顺序，并按逻辑顺序从输入到输出进行分析。分析顺序有两种："要素优先"和"引导词优先"。

④ 文档和跟踪　为从 HAZOP 分析中得到最大收益，应做好分析结果记录、形成文档并做好后续管理跟踪，每次会议均有适当的记录并形成文件。

2.5.3 应用实例

目前苯酐生产一般采用固定床邻二甲苯空气直接催化氧化法，经预热的邻二甲苯（加热至 145℃），在气化器内气化并与空气混合后进入列管式氧化反应器，当其在 400～450℃、0.4MPa，催化剂作用下，与空气进行氧化反应生成苯酐。反应热由熔盐循环系统移走，反应器出口气进入气体冷却器，预冷凝和切换冷凝器，得到粗苯酐。工艺流程示意如图 2-1 所示。

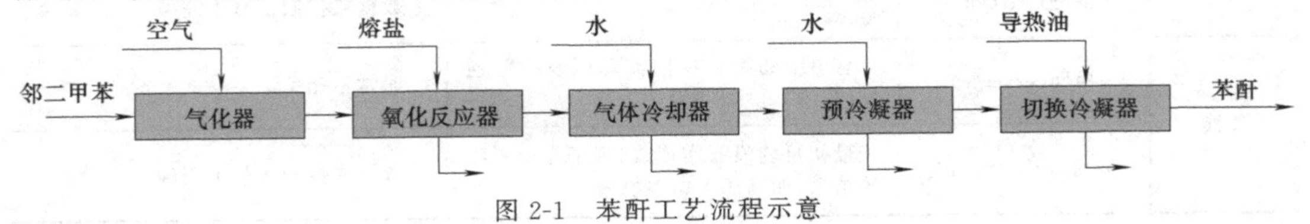

图 2-1　苯酐工艺流程示意

由于氧化反应器组是在爆炸范围内操作，存在较大的火灾、爆炸危险性，一旦在操作、控制和管理上稍有疏忽，就可能发生火灾、爆炸事故。

这里选择反应器部分为分析对象，进行 HAZOP 分析，见表 2-4。

表 2-4　反应器部分的 HAZOP 分析工作表

分析题目:苯酐工艺过程							
图纸编号:				修订号:		日期:	
小组成员:						会议日期:	
分析部分:反应器 R101							
序号	要素	引导词	偏差	可能原因	后果	安全措施	建议
	压力	大 more	高压	催化剂床层堵塞 催化剂烧结、结炭 催化剂粉末脱落 外部杂质进入 后系统阀门关闭或开度不够 反应器内发生爆炸 仪表指示故障 催化剂填充时堆积密度不均	温度分布不均 热点上移 催化剂活性降低 空速低，过氧化，产品收率降低 联锁停车 产品质量下降，操作困难 达到自燃点后发生爆炸	温度联锁 压力联锁 爆破片 停车时更换新催化剂 停车时测反应管的阻力降，及时调整 热空气吹扫，热空气再生 停车时保持催化剂的温度 定期清理空气过滤器 控制大流量水蒸气进入 实时监控阻力降	
	压力	小 less	低压	风量低 催化剂底部弹簧支架脱落 后系统调节阀故障 尾气洗涤塔循环泵故障 防爆片泄漏	反应不完全，跑料 引起后系统燃烧、爆炸 反应器负荷增大 空速大 从爆破片跑料	反应器顶部有可燃气体报警仪 反应气体色谱分析 前后系统压差对比 备用循环泵 反应器加强巡检，及时发现泄漏	在邻二甲苯进料线上增设紧急切断阀
	压力	无 no	无压力	同低压			
	流量	大 more	高流量	风量大 后系统阻力小 反应器底部防爆片爆裂 催化剂弹簧支架脱落，局部压力降减小	反应不完全，跑料 负荷减小 导致反应温度降低，热点位置下移 损伤催化剂，使催化剂活性降低	提高熔盐温度 适当增加邻苯量	
	流量	小 less	低流量	原因同压缩机单元低流量	负荷高 邻空比大 热点温度上移 氧化反应不完全	适当提高风量 降低盐温 降低邻苯的流量	
	流量	无 no	无流量	原因同压缩机单元低流量	停车		
	温度	大 more	高温	负荷大，邻空比大 风量过小 熔盐移热效果差 原料混合不均匀 反应器中原料掺杂(苯乙烯，异丙苯) 熔盐泄漏进入反应器 混入铁锈，造成其他反应 雾化效果不好 仪表指示错误 局部烧结 熔盐冷却器内漏窜入水蒸气 反应器内部燃烧	过氧化，影响产品质量及收率 催化剂烧结，反应飞温，导致列管爆裂 反应器内部发生爆炸 爆炸冲击波导致后系统设备机械损害 产气量增大 蒸气系统不稳定(系统高压，超过设计压力，安全阀起跳)	反应器高温联锁 熔盐系统高温报警 熔盐泵高低液面联锁 调节邻空比 保证邻二甲苯完全雾化 加强开停车检查 控制原料的组成，控制苯乙烯和异丙苯的含量 熔盐检测(熔盐检漏器) 保养调试熔盐调节阀，避免仪表误差	建议工作人员考虑“通过蒸气系统降低熔盐温度”是否可操作

续表

序号	要素	引导词	偏差	可能原因	后果	安全措施	建议
	温度	小 less	低温	风量高 熔盐移热量高	反应不完全，副产物较多	调节风量 调节熔盐的分配	
	液位	大 more	高液位	不适用			
	液位	小 less	低液位	不适用			
	液位	无 no	无液位	不适用			
	物料/组分	伴随 as well as	杂质	苯乙烯和异丙苯较多 水进入 金属离子进入	催化剂挂料(产生静电) 缩短催化剂使用寿命 引起催化剂中毒	加或原料检测	
	反应	伴随 as well as	副反应	过氧化反应 亚氧化反应	产品收率降低	控制反应温度及热点位置	

思 考 题

1. 重点监管的危险化学品有哪些？
2. 危险化学品的运输需要哪些部门的审批？
3. 工业毒物的危害有哪些？主要防护措施是什么？
4. 粉尘的危害有哪些？主要防护措施是什么？

参 考 文 献

[1] 蒋军成. 化工安全 [M]. 第2版. 北京：化学工业出版社，2008.

[2] 袁昌明等. 安全管理 [M]. 北京：中国计量出版社，2009.

[3] 杨吉华. 安全管理简单讲实战精华版 [M]. 广州：广东经济出版社，2012.

[4] 徐龙君等. 化工安全工程 [M]. 江苏：中国矿业大学出版社，2011.

[5] AQ/T 3049—2013. 危险与可操作性分析（HAZOP分析）应用导则 [S]. 2013，10.

[6] 李少鹏. 苯酐装置氧化反应器系统 HAZOP 分析 [J]. 石油化工安全环保技术，2007，23（6）：12-15.

第3章 化工单元操作安全技术

单元操作就是指化工生产过程中物理过程步骤（少数包含化学反应，但其主要目的并不在反应本身），是化工生产中共有的操作。按其操作的原理和作用可分为：流体输送、搅拌、过滤、沉降、传热（加热或冷却）、蒸发、吸收、蒸馏、萃取、干燥、离子交换、膜分离等。按其操作的目的可分为：增压、减压和输送；物料的加热或冷却；非均相混合物的分离；均相混合物的分离；物料的混合或分散等。

单元操作在化工生产中占主要地位，决定整个生产的经济效益，在化工生产中单元操作的设备费和操作费一般可占到80%～90%，可以说没有单元操作就没有化工生产过程。同样，没有单元操作的安全，也就没有化工生产的安全。

《化工原理》已对单元操作的原理及设备进行了详细的介绍，本章主要从安全的角度，简要说明主要单元操作中应注意的问题。

3.1 流体及固体输送

3.1.1 概述

化工生产中必然涉及流体（包括液体和气体）和（或）固体物料从一个设备到另一个设备或从一处到另一处的输送。物料的输送是化工过程中最普遍的单元操作之一，它是化工生产的基础，没有物料的输送就没有化工生产过程。

化工生产中流体的输送是物料输送的主要部分。流体流动也是化工生产中最重要的单元操作之一。由于流体在流动过程中：①有阻力损失；②流体可能从低处流向高处，位能增加；③流体可能需从低压设备流向高压设备，压强能增加。因此，流体在流动过程中需要外界对其施加能量，即需要流体输送机械对流体做功，以增加流体的机械能。

流体输送机械按被输送流体的压缩性可分为：①液体输送机械，常称为泵，如离心泵等；②气体输送机械，如风机、压缩机等。按其工作原理可分为：①动力式（叶轮式），利用高速旋转的叶轮使流体获得机械能，如离心泵；②正位移式（容积式），利用活塞或转子挤压使流体升压排出，如往复泵；③其他，如喷射泵、隔膜泵等。

固体物料的输送主要有气力输送、皮带输送机输送、链斗输送机输送、螺旋输送机输送、刮板输送机输送、斗式提升机输送和位差输送等多种形式。

3.1.2 危险性分析

3.1.2.1 流体输送

(1) 腐蚀

化工生产中需输送的流体常具有腐蚀性，许多流体的腐蚀性甚至很强，因此需要注意流体输送机械、输送管道以及各种管件、阀门的耐腐蚀性。

(2) 泄漏

流体输送中流体往往与外界存在较高压强差，因此在流体输送机械（如轴封等处）、输送管道、阀门以及各种其他管件的连接处都有发生泄漏的可能，特别是与外界存在高压差的场所发生的概率更高，危险性更大。一旦发生泄漏，不仅直接造成物料的损失，而且危害环境，并易引发中毒、火灾等事故。当然，泄漏也包括外界空气漏入负压设备，这可能会造成生产异常，甚至发生爆炸等。

(3) 中毒

由于化工生产中需输送的流体常具有毒性，一旦发生泄漏事故，往往存在人员中毒的危险。

(4) 火灾、爆炸

化工生产中需输送的流体常具有易燃性和易爆性，当有火源（如静电）存在时容易发生火灾、爆炸事故。国内外已发生过很多输油管道、天然气管道燃爆等重大事故。

(5) 人身伤害

流体输送机械一般有运动部件，如转动轴，存在造成人身伤害的可能。此外，有些流体输送机械有高温区域，存在烫伤的危险。

(6) 静电

流体与管壁或器壁的摩擦可能会产生静电，进而有引燃物料发生火灾、爆炸的危险。

(7) 其他

如果输送流体骤然中断或大幅度波动，可能会导致设备运行故障，甚至造成严重事故。

3.1.2.2 固体输送

(1) 粉尘爆炸

这是固体输送中需要特别引起注意的。

(2) 人身伤害

许多固体输送设备往返运转，还可能有连续加料、卸载等，较易造成人身伤害。

(3) 堵塞

固体物料较易在供料处、转弯处或有错偏或焊渣突起等障碍处黏附管壁（具有黏性或湿度过高的物料更为严重），最终造成管路堵塞；输料管径突然扩大，或物料在输送状态中突然停车时，易造成堵塞。

(4) 静电

固体物料会与管壁或皮带发生摩擦而使系统产生静电，高黏附性的物料也易产生静电，进而有引燃物料发生火灾、爆炸的危险。

3.1.3 安全技术

3.1.3.1 输送管路

根据管道输送介质的种类、压力、温度以及管道材质的不同，管道有不同的分类。

① 按设计压强可分为：高压管道、中压管道、低压管道和真空管道。

② 按管内输送介质可分为：天然气管道、氢气管道、冷却水管道、蒸汽管道、原油管道等。

③ 按管道的材质可分为：金属管道（如铸铁管、碳钢管、合金钢管、有色金属管等）、非金属管道（如塑料、陶瓷、水泥、橡胶等）、衬里管（把耐腐蚀材料衬在管子内壁上以提高管道的防腐蚀性能）。

④ 按管道所承受的最高工作压强、温度、介质和材料等因素综合考虑，将管道分为Ⅰ～Ⅴ五类（详见相关设计手册）。

化工生产中输送管道必须与所输送物料的种类、性质（黏度、密度、腐蚀性、状态等）以及温度、压强等操作条件相匹配。如普通铸铁管一般用于输送压强不超过1.6MPa、温度不高于120℃的水、酸、碱性溶液，不能用于输送蒸汽，更不能输送有爆炸性或有毒性的介质，否则容易因泄漏或爆裂引发安全事故。

管道与管道、管道与阀门及管件以及管道与设备的连接一般采用法兰连接、螺纹连接、焊接和承插连接四种连接方式。大口径管道、高压管道和需要经常拆卸的管道，常用法兰连接。用法兰连接管路时，必须采用垫片，以保证管道的密封性。法兰和垫片也是化工生产中最常用的连接管件，这些连接处往往是管路相对薄弱处，是发生泄漏或爆裂高发地，应加强日常巡检和维护。输送酸、碱等强腐蚀性液体管道的法兰连接处必须设置防止泄漏的防护装置。

化工生产中使用的阀门很多，按其作用可分为调节阀、截止阀、减压阀、止逆阀、稳压阀和转向阀等；按阀门的形状和构造可分为闸阀、球阀、旋塞、蝶阀、针形阀等。阀门易发生泄漏、堵塞以及开启与调节不灵等故障，如不及时处理不仅会影响生产，更易引发安全事故。

管道的铺设应沿走向有3‰～5‰的倾斜度，含有固体颗粒或可能产生结晶晶体的物料管线的倾斜度应不小于1%。由于物料流动易产生静电，输送易燃、易爆、有毒及颗粒时，必须有防止静电积累的可靠接地，以防发生燃烧或爆炸事故。管道排布时要注意冷热管道应有安全距离，在分层排布时，一般应遵循热管在上，冷管在下，有腐蚀性介质的管道在最下的原则。易燃气体、液体管道不允许同电缆一起敷设；而可燃气体管道同氧气管一同敷设时，氧气管道应设在旁边，并保持0.25m以上的净距，并根据实际需要安装逆止阀、水封和阻火器等安全装置。此外，由于管道会产生热胀冷缩，在温差较高的管道（如热力管道等）上应安装补偿器（如弯管等）。

当输送管道温度与环境温度差别较大时，一般应对管道做保温（冷）处理，这一方面可以减少能量的损失，另一方面可以防止发生烫伤或冻伤事故。对于输送凝固点高于环境温度的流体或在输送中可能出现结晶的流体以及含有H_2S、HCl、Cl_2等气体，可能出现冷凝或形成水合物的流体，应采用加热保护措施。即使是工艺不要求保温的管道，如果温度高于65℃，在操作人员可能触及的范围内也应予保温，作为防烫保护。噪声大的管道（如排空管等），应加绝热层以隔声，隔声层的厚度一般不小于50mm。

化工管道输送的流体往往具有腐蚀性，即使是空气、水、蒸汽管道，也会受周围环境的影响而会发生腐蚀，特别是在管道的变径、拐弯部位，埋设管道外部的下表面，以及液体或蒸汽管道在有温差的状态下使用，容易产生局部腐蚀。因此需采用合理的防腐措施，如涂层防腐（应用最广）、电化学防腐、衬里防腐、使用缓蚀剂防腐等。这样可以降低泄漏发生的概率，延长管道的使用寿命。

新投用的管道，在投用前应规定进行管道系统强度、严密性实验以及系统吹扫和清洗。在用管道要注意进行定期检查和正常维护，以确保安全。检查周期应根据管道的技术状况和使用条件合理确定。但一般每季度至少应进行一次外部检查；Ⅰ～Ⅲ类管道每年至少进行一次重点检查；Ⅳ、Ⅴ类管道每两年至少进行一次重点检查；各类管道每六年至少进行一次全面检查。

此外，对输送悬浮液或可能有晶体析出的溶液或高凝固点的熔融液的管道，应防止堵塞。冬季停运管道（设备）内的水应排净，以防止冻坏管道（设备）。

3.1.3.2 液体输送设备

(1) 离心泵

离心泵在液体输送设备中应用最为广泛，约占化工用泵的80%～90%。

应避免离心泵发生汽蚀，安装高度不能超过最大允许安装高度。离心泵运转时，液体的压强随着泵吸入口向叶轮入口而下降，叶片入口附近的压强为最低。如果叶片入口附近的压强低至输送条件下液体的饱和蒸气压，液体将发生汽化，产生的气泡将随液体从低压区进入高压区，在高压区气泡会急剧收缩、冷凝，气泡的消失产生了局部的真空，使其周围的液体以极高的流速冲向原气泡所占的空间，产生高强度的冲击波，冲击叶轮和泵壳，发出噪声，并引起震动，这种现象就称为汽蚀现象。若长时间受到冲击力反复作用，加之液体中微量溶解氧对金属的化学腐蚀作用，叶轮的局部表面会出现斑痕和裂纹，甚至呈海绵状损坏。当泵发生汽蚀时，泵内的气泡导致泵性能急剧下降，破坏正常操作。为了提高允许安装高度，即提高泵的抗汽蚀性能，应选用直径稍大的吸入管，且应尽可能地缩短吸入管长，尽量减少弯头等，以减小进口阻力损失。此外，为了避免汽蚀现象发生，应防止输送流体的温度明显升高（特别是操作温度提高时更应注意），以保证其安全运行。

安装离心泵时，应确保基础稳固，且基础不应与墙壁、设备或房柱基础相连接，以免产生共振。在靠近泵出口的排出管路上装有调节阀，供开车、停车和调节流量时使用。

在启动前需要进行灌泵操作，即向泵壳内灌满被输送的液体。离心泵启动时，如果泵壳与吸入管路内没有充满液体，则泵壳内存在空气，由于空气的密度远小于液体的密度，产生的离心力小，因而叶轮中心处所形成的低压不足以将储槽内的液体吸入泵内，此时若启动离心泵也不能输送液体，这种现象称为气缚。这同时也说明了离心泵无自吸能力。若离心泵的吸入口位于被吸液储槽液面的上方，一般在吸入管路的进口处应装一单向底阀以防止启动前所灌入的液体从泵内漏失，对不洁净或含有固体的液体，应安装滤网以阻拦液体中的固体物质被吸入而堵塞管路和泵壳。

启动前还要进行检查并确保泵轴与泵壳之间的轴封密封良好，以防止高压液体从泵壳内沿轴往外泄漏（这是最常见的故障之一），同时防止外界空气以相反方向漏入泵壳内。

同时还要进行盘泵操作，观察泵的润滑、盘动是否正常，进出口管道是否畅通，出口阀是否关闭，待确认可以启动时方可启动离心泵。

运转过程中注意观察泵入口真空表和出口压力表是否正常，声音是否异常，泵轴的润滑与发热情况、泄漏情况等，发现问题及时处理。同时注意储槽或设备内液位的变化，防止液位过高或过低。在输送可燃液体时，注意管内流速不应超过安全流速，且管道应有可靠的接地措施以防静电危害。

停泵前，关闭泵出口阀门，以防止高压液体倒冲回泵造成水锤而破坏泵体，为避免叶轮反转，常在出口管道上安装止逆阀。在化工生产中，若输送的液体是不允许中断的，则需要配置备用泵和备用电源。

此外，由于电机的高速运转，泵与电机的联轴节处应加防护罩以防绞伤。

(2) 正位移泵

正位移特性是指泵的输液能力只取决于泵本身的几何尺寸和活塞（或转子等）的运动频率，与管路情况无关，而所提供的压头则只取决于管路的特性，具有这种特性的泵称为正位移泵，也是一类容积式泵。化工生产中常用的正位移泵主要有往复泵和旋转泵（如齿轮泵、螺杆泵等）。这里主要强调与离心泵不同的安全技术要点。

由于容积式泵只要运动一周，泵就排出一定体积的液体，因此应安装安全阀，且其流量调节不能采用出口阀门调节（否则将造成泵与原动机的损坏甚至发生爆炸事故），常用调节方法有两种：

① 旁路调节如图 3-1 所示，这种方法方便，但不经济，一般用于小幅度流量调节。

② 改变转速较经济。

正位移泵适用于高压头或高黏度液体的输送，但不能输送含有固体杂质的液体，否则易磨损和泄漏。

由于吸液是靠容积的扩张造成低压进行的，因此启动时不必灌泵，即正位移泵具有自吸能力，但须开启旁路阀。

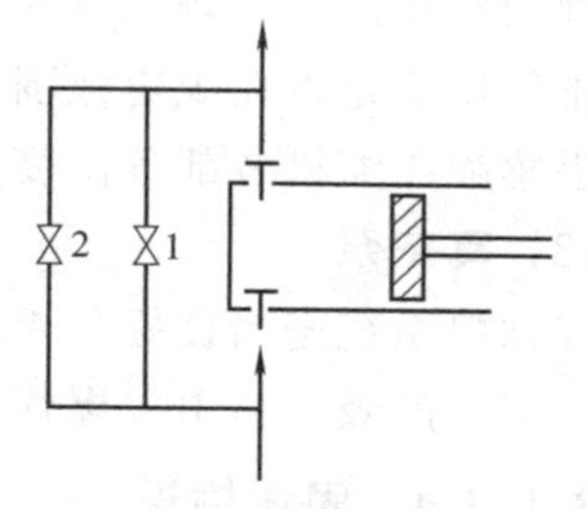

图 3-1 正位移泵旁路调节流程示意

1—旁路阀；2—安全阀

3.1.3.3 气体输送设备

按出口表压强或压缩比的大小可将气体输送机械分为：①通风机出口表压强不大于 15kPa，压缩比1～1.15；②鼓风机出口表压强 15～300kPa，压缩比＜4；③压缩机出口表压强大于 300kPa，压缩比＞4；④真空泵出口压强为大气压或略高于大气压，它是将容器中气体抽出在容器（或设备）内造成真空。

气体输送机械与液体输送机械的工作原理大致相同，如离心式风机与离心泵、往复式压缩机与往复泵等。但与液体输送相比，气体输送具有体积流量大、流速高、管径粗、阻力压头损失大的特点，而且由于气体具有可压缩性，在高压下，气体压缩的同时温度升高，因此高压气体输送设备中往往带有换热器，如压缩机。因此，从安全角度看气体输送机械有一些区别于液体输送机械须引起重视之处，现简要说明如下。

(1) 通风机和鼓风机

在风机出口设置稳压罐，并安装安全阀；在风机转动部件处安装防护罩，并确保完好，避免发生人身伤害事故；尽量安装隔声装置，减小噪声污染。

(2) 压缩机

第一，应控制排出气体温度，防止超温。压缩比不能太大，当大于8时，应采用多级压缩以避免高温；压缩机在运行中不能中断润滑油和冷却水（同时应避免冷却水进入汽缸产生水锤作用，损坏缸体引发事故），确保散热良好，否则也将导致温度过高。一旦温度过高，易造成润滑剂分解，摩擦增大，功耗增加，甚至因润滑油分解、燃烧，发生爆炸事故。

第二，要防止超压。为避免压缩机汽缸、储气罐以及输送管路因压力过高而引起爆炸，除要求它们要有足够的机械强度外，还要安装经校验的压力表和安全阀（或爆破片）。安全阀泄压应将其危险气体导至安全的地方。还可安装超压报警器、自动调节装置或超压自动停车装置。经常检查压缩机调节系统的仪表，避免因仪表失灵发生错误判断，操作失误引起压力过高，发生燃烧爆炸事故。

第三，严格控制爆炸性混合物的形成，杜绝发生爆炸的可能。压缩机系统中空气须彻底置换干净后才能启动压缩机；在输送易燃气体时，进气口应该保持一定的余压，以免造成负压吸入空气；同时气体在高压下，极易发生泄漏，应经常检查垫圈、阀门、设备和管道的法兰、焊接处和密封等部位；对于易燃、易爆气体或蒸气压缩设备的电机部分，应全部采用防爆型；易燃气体流速不能过高，管道应良好接地，以防止产生静电；雾化的润滑油或其分解产物与压缩空气混合，同样会产生爆炸性混合物。若压强不高，输送可燃气体，采用液环泵比较安全。

此外，启动前，务必检查电机转向是否正常，压缩机各部件是否松动，安全阀工作、润滑系统及冷却系统是否正常，确定一切正常后方可启动。压缩机运行中，注意观察各运转部件的动作声音，辨别其工作是否正常；检查排气温度、润滑油温度和液位、吸气压强、排气压强是否在规定范围；注意电机温升，轴承温度和电流电压表指示是否正常，同时用手感触压缩机各部分温度是否正常。如发现不正常现象，应立即处理或停车检查。

(3) 真空泵

应确保系统密封良好，否则不仅达不到工艺要求的真空度，更重要的是在输送易燃气体时，空气的吸入易引发爆炸事故。此外，输送易燃气体时应尽可能采用液环式真空泵。

3.1.3.4 固体输送

(1) 机械输送

① 避免发生人身伤害事故　输送设备的润滑、加油和清扫工作，是操作者在日常维护中致伤的主要原因。首先，应提倡安装自动注油和清扫装置，以减少这类工作的次数，降低操作者发生危险的概率。在设备没有安装自动注油和清扫装置的情况下，一律停车进行维护操作。其次，在输送设备的高危部位必须安装防护罩，即使这样操作者也要特别当心。例如，皮带同皮带轮接触的部位，齿轮与齿轮、齿条、链带相啮合的部位以及轴、联轴节、联轴器、键及固定螺钉等，对于操作者是极其危险的部位，可造成断肢伤害甚至危及生命安全。严禁随意拆卸这些部位的防护装置，因检修拆卸下的防护罩，事后应立即恢复。

② 防止传动机构发生故障　对于皮带输送机，应根据输送物料的性质、负荷情况进行合理选择皮带的规格与形式，要有足够的强度，皮带胶接应平滑，并要根据负荷调整松紧度。要防止在运行过程中，发生因高温物料烧坏皮带或因斜偏刮挡撕裂皮带的事故。

对于靠齿轮传动的输送设备，其齿轮、齿条和链条应具有足够的强度，并确保它们相互间啮合良好。同时，应严密注意负荷的均匀，物料的粒度情况以及混入其中的杂物，防止因卡料而拉断链条、链板，甚至拉毁整个输送设备机架。

此外，应防止链斗输送机下料器下料过多、料面过高而造成链带拉断；斗式提升机应有因链带拉断而坠落的防护装置。

③ 重视开、停车操作　操作者应熟悉物料输送设备的开、停车操作规程。为保证安全，输送设备除应设有事故自动停车和就地手动事故按钮停车系统外，还应安装超负荷、超行程停车保护装置和设在操作者经常停留部位的紧急事故停车开关。停车检修时，开关应上锁或撤掉电源。对于长距离输送系统，应安装开停车联系信号，以及给料、输送、中转系统的自动联锁装置或程序控制系统。

(2) 气力输送

气力输送就是利用气体在管内流动以输送粉粒状固体的方法。作为输送介质的气体常用空气，但在输送易燃易爆粉末时，应采用惰性气体。气力输送按输送气流压强可分为吸引式气力输送（输送管中的压强低于常压的输送）和压送式气力输送（输送管中压强高于常压的输送）；按气流中固相浓度又可分为稀相输送和密相输送。

气力输送方法从19世纪开始就用于港口码头和工厂内的谷物输送。因与其他机械输送方法相比较具有系统密闭（避免了物料的飞扬、受潮、受污染，改善了劳动条件），设备紧凑，易于实现连续化、自动化操作，便于同连续的化工过程相衔接以及可在输送过程中同时进行粉碎、分级、加热、冷却以及干燥等操作等优点，故其在化工生产上的应用日益增多。但也存在动力消耗大，物料易于破碎、管壁易磨损以及输送颗粒尺寸不大（一般<30mm）等缺点。

从安全技术考虑，气力输送系统除设备本身因故障损坏外，还应注意避免系统的堵塞和由静电引起的粉尘爆炸。

为避免堵塞，设计时应确定合适的输送速度，如果过高，动力消耗大，同时增加装置尾部气-固分离设备的负荷；过低，管线堵塞危险性增高。一般水平输送时应略大于其沉积速度；垂直输送时应略大于其噎噻速度。同时，合理选择管道的结构和布置形式，尽量减少弯管、接头等管件的数量，且管内表面尽量光滑、不准有皱褶或凸起。此外，气力输送系统应保持良好的严密性，否则，吸引式系统的漏风会导致管道堵塞（压送式系统漏风，会将物料带出污染环境）。

为了防止产生静电，可采取如下措施。

① 根据物料性质，选取产生静电小而导电性较好的输送管道（可以通过实验进行筛选），且直径要尽量大些，管内壁应平滑、不许装设网格之类的部件，管路弯曲和变径处要少且应尽可能平缓。

② 确保输送管道接地良好，特别是绝缘材料的管道，管外应采取可靠的接地措施。

③ 控制好管道内风速，保持稳定的固气比。

④ 要定期清扫管壁，防止粉料在管内堆积。

【事故案例】

如图3-2所示，为典型浮选精煤脱水加压过滤系统的进料部分，它主要包括加压仓

(操作压强0.2～0.4MPa)、过滤机、进料泵、进料槽等。王立龙的论文报道了某选煤厂2011年4月发生加压过滤机进料泵的瞬间炸裂事故。当时该泵的叶轮、蜗壳都被炸成碎片；泵附近的水泥横梁、立柱被冲击出两个直径约400mm的凹坑，露出钢筋；约7m高的二楼水泥顶被穿透，形成两个直径约250mm的椭圆形洞；离泵约30m的防震玻璃被击碎，彩钢板和电茶炉被击穿，足见这起爆炸事故的威力巨大。

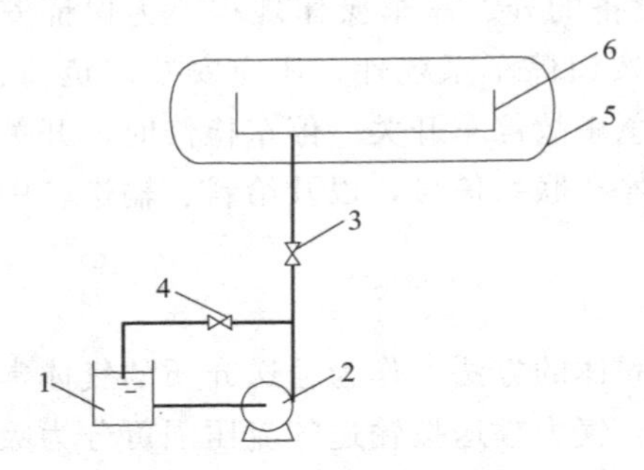

图3-2　加压过滤进料系统示意

1—进料槽；2—进料泵；3—进料阀；4—回料阀；5—加压仓；6—过滤机料槽

经调查，事故发生时，加压过滤机进料桶的液位较低，事故发生前进料阀、回料阀工作正常，加压仓外进料管未安装止逆阀。事故的直接原因是因为进料阀频繁启停，导致泵的进料阀门来不及关闭就又被打开，造成加压仓内的高压混合气体被反吹到进料泵内，泵内多余浆料被高压气体挤回入料桶。而进料泵因频繁启动高速空转，温度迅速升高，将附着在叶轮上的精煤浆料干燥成精煤粉，精煤粉在泵内继续摩擦，形成高温。此时，引起燃爆的几个条件都已具备：密闭有限的空间、可燃的煤粉尘、充足的氧气及点燃温度。干燥的精煤粉瞬间燃烧，急剧膨胀，使泵腔无法承受巨大的燃爆力，将泵体炸裂。

类似的事故，国内外已发生过数起。

为了避免此类事故的再次发生，可采取如下措施：

① 在进料阀后面加装止逆阀，并定期检查进料阀门和止逆阀，保证其可靠工作；

② 加强进料泵和进口管路的冲洗，以防止泵腔或进口处的淤积堵塞；

③ 增设泵体防护罩（可采用8mm厚钢板），并在进料泵区域安装防护挡板，增加防护警戒区域，并悬挂禁止滞留警示牌；

④ 生产过程中加强对加压进料泵岗位巡检，发现异常及时处理。

事故启示：该爆炸事故发生时同时具备了引起燃爆的所有条件，因此，在生产过程中应控制引起燃爆的各个条件，杜绝同时满足。

3.2 传热

3.2.1 概述

传热即热量的传递，只要有温差存在的地方，就必有热量的传递。它是由物体内部或物体之间的温差引起的。传热广泛用于化工生产过程的加热或冷却（如反应、精馏、干燥、蒸发等），热能的综合利用和废热回收以及化工设备和管道的保温，是应用最普遍的单元操作之一。

在换热过程中，用于供给或取走热量的载体称为载热体。起加热作用的载热体称为加热剂（或加热介质），而起冷却作用的载热体称为冷却剂（介质）。常用的加热剂有热水（40～100℃）、饱和水蒸气（100～180℃）、矿物油（180～250℃）、道生油（255～380℃）、熔盐（142～530℃）、烟道气（500～1000℃）或电加热（温度宽，易控，但成本高）。常用的冷却剂有水（水温随地区和季节变化，初温为20～30℃，地下水可低至15℃），水的传热效果好，成本低，使用最普遍；空气，在缺水地区采用，但给热系数低，需要的传热面积大。常用冷冻剂有冷冻盐水（可低至零下十几度至几十度）、液氨蒸发（－33.4℃）、液氮等。

用于实现换热的设备常称为换热器，其种类很多，化工生产中广泛采用的是间壁式换热器，而间壁式换热器的种类也很多。由于列管式（管壳式）换热器具有单位体积设备所能提供的传热面积大，传热效果好，设备结构紧凑、坚固，且能选用多种材料来制造，适用性较强等特点，因此在高温、高压和大型装置上多采用列管式换热器，在化工生产中其应用最为广泛。

在列管式换热器中，由于两流体的温度不同，使管束和壳体的温度也不相同，因此它们的膨胀程度也有差别。若两流体的温度相差较大（50℃以上）时，就可能由于热应力而引起设备的变形，甚至弯曲或破裂，因此设计时都必须考虑这种热膨胀的影响。根据热补偿的方法不同，列管式换热器又可分为固定管板式、浮头式和U形管式。

3.2.2 危险性分析

(1) 腐蚀与结垢

传热过程中所使用的载热体，如导热油、冷冻盐水等以及工艺物料常具有腐蚀性。此外，参与换热的流体一般都会在换热面的表面产生一些额外的固体物质，即污垢，如果介质不洁净或因温度变化易析出固体（如河水、自来水等），其结垢现象将更为严重。在换热器中一旦形成污垢，其传热热阻将显著增大，换热性能明显下降，同时壁温可明显升高，而且污垢的存在往往还会加速换热面的腐蚀，严重时可造成换热器的损坏。因此不仅需要注意换热设备的耐腐蚀性，而且需要采取有效措施减轻或减缓污垢的形成，并对换热设备进行定期清洗。设计时不洁净或易结垢的流体应走便于清洗的一侧。

(2) 泄漏

在化工生产中，参与换热的两种介质具有一定压强和温度，有时甚至是高压、高温，与外界压强差的存在，在换热设备的连接处势必都有发生泄漏的可能。一旦发生泄漏，不仅直接造成物料的损失，而且危害环境，并易引发中毒、火灾甚至爆炸等事故。更重要的是，参与换热的两种介质往往性质各异，且不允许相互混合，但由于介质腐蚀、温度、压强作用，特别是压强、温度的波动或是突然变化（如开停车、不正常操作），这就存在高压流体泄漏入低压流体的可能。一般管板与管的连接处以及垫片和垫圈处（如板式换热器）最容易发生泄漏，这种泄漏隐蔽性较强，如果出现这样的内部泄漏，不仅造成介质的损失和污染，而且可能因为相互作用（如发生化学反应）造成严重的事故。

(3) 堵塞

严重的结垢以及不洁净的介质易造成换热设备的堵塞。堵塞不仅造成换热器传热效率降低，还可引起流体压力增加，如硫化物等堵塞热管部分空间，致使阻力增加，加剧硫化物的沉积；某些腐蚀性物料的堵塞还能加重换热管和相关部位的腐蚀，最终造成泄漏。所以过量堵塞及腐蚀属于事故性破坏范畴。

(4) **气体的集聚**

当换热介质是液体或蒸汽时，不凝性气体如空气，会发生集聚，这将严重影响换热效果，甚至根本完不成换热任务。如在蒸汽冷凝过程中，如果存在1%的不凝气，其冷凝给热系数将下降60%；冬天家中暖气片不热往往也是这个原因。从安全角度考虑，不凝性气体大量聚集可造成换热器压力增加，尤其是不凝性可燃气体的集聚，形成了着火爆炸的隐患。因此，换热器应设置排气口，并定期排放不凝性气体。

3.2.3 安全技术

3.2.3.1 加热

① 根据换热任务需要，合理选取加热方式及介质，在满足温位及热负荷的前提下，应尽可能选择安全性高，来源广泛，价格合理的加热介质，如在化工生产中能采用水蒸气作为加热介质的应优先采用。对于易燃、易爆物料，采用水蒸气或热水加热比较安全，但在处理与水会发生反应的物料时，不宜用水蒸气或热水加热。

② 在间隙过程或连续过程的开车阶段的加热过程中，应严格升温速度；在正常生产过程中要严格按照操作条件控制温度。如对于吸热反应，一般随着温度升高，反应速率加快，有时可能导致反应过于剧烈，容易发生冲料，易燃物料大量气化，可能会聚集在车间内与空气形成爆炸性混合物，引起燃烧、爆炸等事故。

③ 用水蒸气或热水加热时，应定期检查蒸汽夹套和管道的耐压强度，并安装压力表和安全阀，以免设备或管道炸裂，造成事故。同时注意设备的保温，避免烫伤。

④ 加热温度如果接近或超过物料的自燃点，应采用氮气保护。

⑤ 工业上使用温度200～350℃时常采用液态导热油作为加热介质，如常用的道生A(二苯醚73.5%，联苯26.5%)、S-700等。使用时，必须重视水等低沸点物质对导热油加热系统的破坏作用，因为水等低沸物进入加热炉中遇高温（200℃以上）会迅速汽化，压力骤增可导致爆炸。同时，导热油在运行过程中会发生结焦现象，如果结焦层成长，内壁积有焦炭的炉管壁温又进一步提高，就会形成恶性循环，如果不及时处理甚至会发生爆管造成事故。为了尽量减少结焦现象，就得尽量把传热膜的温度控制在一定的界限之下。此外，道生A等二苯混合物具有较强的渗透能力，它能透过软质衬垫物（如石棉、橡胶板），因此，管路连接最好采用焊接，或加金属垫片法兰连接，防止发生泄漏引发事故。

⑥ 使用无机载热体加热，其加热温度可达350～500℃。无机载热体加热可分为盐浴(如亚硝酸钠和亚硝酸钾的混合物）和金属浴（如铅、锡、锑等低熔点的金属）。在熔融的硝酸盐浴中，如加热温度过高，或硝酸盐漏入加热炉燃烧室中，或有机物落入硝酸盐浴(具有强氧化性，与有机物会发生强烈的氧化还原反应）内，均能发生燃烧或爆炸。水及酸类流入高温盐浴或金属浴中，同样会产生爆炸危险。采用金属浴加热，操作时应防止其蒸气对人体的危害。

⑦ 采用电加热，温度易于控制和调节，但成本较高。加热易燃物质以及受热能挥发可燃性气体或蒸气的物质，应采用封闭式电炉。电感加热是一种新型较安全的加热设备，它是在设备或管道上缠绕绝缘导线，通入交流电，由电感涡流产生的热量来加热物料。如果电炉丝与被加热的器壁绝缘不好，电感线圈绝缘破坏、受潮、发生漏电、短路、产生电

火花、电弧，或接触不良发热，均能引起易燃、易爆物质着火、爆炸。为了提高电加热设备的安全可靠性，可采用防潮、防腐蚀、耐高温的绝缘，增加绝缘层的厚度，添加绝缘保护层等措施。

⑧ 直接用火加热温度不易控制，易造成局部过热，引起易燃液体的燃烧和爆炸，危险性大，化工生产中尽量不使用。

3.2.3.2 冷却与冷凝

从传热的角度，冷却与冷凝都是从热物料中移走热量，而本身介质温度升高。其主要区别在于被冷却的物料是否发生相的改变，若无相变而只是温度降低则称为冷却，若发生相变（一般由气相变为液相）则称为冷凝。

① 应根据热物料的性质、温度、压强以及所要求冷却的工艺条件，合理选用冷却（凝）设备和冷却剂，降低发生事故的概率。

② 冷却（凝）设备所用的冷却介质不能中断，否则会造成热量不能及时导出，系统温度和压力增高，甚至产生爆炸。另一方面冷凝器如冷却介质中断或其流量显著减小，蒸汽因来不及冷凝而造成生产异常，如果是有机蒸气发生外逸，可能导致燃烧或爆炸。以冷却介质控制系统温度时，最好安装自动调节装置。

③ 对于腐蚀性物料的冷却，应选用耐腐蚀材料的冷却（凝）设备。如石墨冷却器、塑料冷却器、陶瓷冷却器、四氟换热器或钛材冷却器等，化工生产中 HCl 的冷却采用的就是石墨冷却器。

④ 确保冷（凝）却设备的密闭性良好，防止物料窜入冷却剂或冷却剂窜入被冷却的物料中。

⑤ 冷（凝）却设备的操作程序是：开车时，应先通冷却介质；停车时，应先停物料，后停冷却介质。

⑥ 对于凝固点较低或遇冷易变得黏稠甚至凝固的物料，在冷却时要注意控制温度，防止物料堵塞设备及管道。

⑦ 检修冷却（凝）器时，应彻底清洗、置换，切勿带料焊接，以防发生火灾、爆炸事故。

⑧ 如有不凝性可燃气体需排空，为保证安全，应充氮保护。

3.2.3.3 冷冻

将物料温度降到比环境温度更低的操作称为制冷或冷冻。冷冻操作其实质是不断地由低温物料（被冷冻物料）取出热量，并传给高温物料（水或空气），以使被冷冻的物料温度降低。热量由低温物体到高温物体的传递过程需要借助于冷冻剂实现。一般凡冷冻范围在-100℃以内的称为冷冻；而在-100～-210℃或更低的温度，则称为深度冷冻或简称深冷。

生产中常用的冷冻方法有三种。①低沸点液体的蒸发，如液氨在 0.2MPa 下蒸发，可以获得-15℃的低温；液态氮蒸发可达-210℃等。②冷冻剂于膨胀机中膨胀，气体对外做功，致使内能减少而获取低温。该法主要用于那些难以液化气体（如空气等）的液化过程。③利用气体或蒸气在节流时所产生的温度降而获取低温的方法。目前应用较为广泛的是氨制冷压缩，它一般由压缩机、冷凝器、蒸发器与膨胀阀四个基本部分组成。

除压缩机操作安全外，冷冻还需注意以下安全问题。

① 制冷剂的泄漏以及危害。如以液氨为制冷剂的制冷机组，其最大的危险是泄漏，液氨泄漏的危害主要有三种：人员中毒、火灾爆炸（氨的爆炸范围为 15.5%～27.4%）

和致人冻伤。国内氨冷库发生了多起特重大事故，2013 年 8 月 31 日上海翁牌冷藏实业有限公司发生液氨泄漏，造成 15 人死亡、25 人受伤；而因燃烧产生的高温导致氨设备和氨管道发生物理爆炸的吉林长春市宝源丰禽业有限公司“6·3”事故更是造成 121 人死亡。一旦氨压缩机发生漏氨事故，应立即切断压缩机电源，马上关闭排气阀、吸气阀，关闭机房运行的全部机器，如漏氨事故较大，无法靠近事故机，应到室外停机，并迅速开启氨压缩机机房所有的事故排风扇。

② 合理选取冷冻介质（往返于冷冻机与被冷物料之间的热量载体），并确保其输送安全。常用的冷冻介质有氯化钠、氯化钙、氯化镁等水溶液。对于一定浓度的冷冻盐水，有一定的凝固点，应确保所用冷冻盐水的浓度应较所需的浓度大，防止产生冻结现象。盐水对金属材料有较大的腐蚀作用，在空气存在时，其氧化腐蚀作用更强。因此，一般均应采用闭式盐水系统，并在其中加入缓蚀剂。

③ 装有冷料的设备及管道，应注意其低温材质的选择，防止金属的低温脆裂。

【事故案例】

◇**案例 1** 上海某染化厂生产丙烯腈-苯乙烯树脂中间体的碳酸化锅（俗称高压釜），用道生油夹套加热。高压釜下端环焊缝有许多微孔，设备检修时并未发现，却用水进行了冲洗，洗涤水渗漏到夹套形成积水，烘炉时积水沿道生回流管进入已升温到 258℃ 的道生炉内，迅即发生爆炸。重 2t 的道生炉飞起 20 余米高，落到 50m 以外炸裂。事故毁坏厂房 $839m^2$，现场 5 名工人中 3 人被炸死，2 人受重伤，经济损失 4.3 万元（当时的价格）。事后检查压力表得知临爆炸时的压强为 3.6MPa。

事故原因 由于道生油等导热油的饱和蒸气压远小于水的饱和蒸气压，如果一旦有足量的水混入高温的导热油加热系统，骤然气化的水蒸气会使系统的压力急剧上升，甚至迅即引发爆炸。这起事故的原因就是因为高压釜夹套的积水顺着道生回流管进入高温导热油的加热炉，水在高温下急剧气化产生高压引起的。

安全措施 采用导热油加热时，一定要严防水分进入高温的导热油加热系统。

◇**案例 2** 2011 年 7 月，中石油某石化公司 1000 万吨/年常减压蒸馏联合装置的减压蒸馏塔塔底换热器出现泄漏并引发火灾事故，造成直接经济损失 187.8 万元。

事故原因 直接原因就是换热器管箱法兰检修时，更换的垫片不符合设计要求，且安装不正，后经 2 次紧固，垫片局部被“压溃”，造成原油泄漏，泄漏的原油流淌到泄漏点下方换热器的高温表面被引燃所致。

安全措施 严格按照相关标准要求进行设备的设计、安装与检修。

事故简评 上述两起事故均与检修有关，这充分说明严格按照规程进行认真检修是非常重要的。

3.3 非均相混合物分离

3.3.1 概述

化工生产中涉及到许多混合物，它们一般可分为两大类。

(1) 均相混合物

物系内部各处物料性质均匀且不存在相界面的混合物，称为均相混合物或均相物系。如气体混合物、液体混合物（溶液）等。

(2) 非均相混合物

凡物系内部存在两相界面且界面两侧的物料性质不同的混合物，称为非均相混合物或非均相物系，如悬浮液、含尘气体、含雾气体等。非均相混合物中处于分散状态的物质，称为分散相或分散物质，如含尘气体中的尘粒、悬浮液中的颗粒等都是分散相。非均相混合物中包围着分散物质而处于连续状态的物质，则称为连续相或分散介质，如含尘气体中的气体、悬浮液中的液体则是连续相。

为了获得纯度较高的产品，需要对混合物进行分离。非均相混合物的分离方法主要有过滤和沉降。

(1) 过滤

过滤就是在外力的作用下使含有固体颗粒的非均相物系（气-固或液-固物系）通过多孔性物质，混合物中固体颗粒被截留，流体则穿过介质流出，从而实现固体与流体分离的操作。虽然过滤包括含尘气体的过滤和悬浮溶液的过滤。但通常所说的“过滤”往往是指悬浮液的过滤。

化工生产中所涉及到的过滤一般为表面过滤或称为滤饼过滤。在表面过滤中，真正发挥分离作用的主要是滤饼层，而不是过滤介质。根据推动力不同，过滤可分为重力过滤（过滤速度慢，如滤纸过滤）、离心过滤（过滤速度快，设备投资和动力消耗较大，多用于颗粒大、浓度高悬浮液的过滤）和压差过滤（应用最广，可分为加压过滤和真空过滤）。随着过滤的进行，被过滤介质截留的固体颗粒越来越多，液体的流动阻力逐渐增加。压差过滤又可分为恒压过滤（即维持操作压强差不变的过滤过程，其过滤速度将逐渐下降）和恒速过滤（操作时逐渐加大压强差以维持过滤速度不变的过滤）。

过滤设备按操作方式可分为：①间歇式，出现早，结构简单，操作压强可以较高，如压滤机、叶滤机等；②连续式，出现晚，多为真空操作，如转鼓真空过滤机等。若按压差产生方式过滤设备又可分为：①压滤和吸滤设备，如压滤机、叶滤机、转鼓真空过滤机等；②离心过滤设备，如离心过滤机。

(2) 沉降

沉降就是依据连续相（流体）和分散相（颗粒）的密度差异，在重力场或离心场中在场力作用下实现两相分离的操作。它可用于回收分散相，净化连续相或保护环境。用来实现这种过程的作用力可以是重力，也可以是离心力。因此，沉降又可分为重力沉降和离心沉降。重力沉降多用于大颗粒的分离，而离心沉降则多用于小颗粒的分离。

降尘室是应用最早的重力沉降设备，常用于含尘气体的预分离；连续式沉降槽（增稠器）一般用于悬浮液的重力沉降分离。

旋风分离器是利用惯性离心力的作用从气流中分离出所含尘粒的设备。旋风分离器器体一般上部为圆筒形，下部为圆锥形。含尘气体从圆筒上侧的进气管以切线方向进入，受器壁约束而旋转向下作螺旋运动，分离出粉尘后从圆筒顶的排气管排出。粉尘颗粒自锥形底落入灰斗。旋风分离器具有结构简单，没有运动部件，分离效率较高，可分离出小到 $5\mu m$ 的颗粒，是气-固混合物分离的常用设备。但其阻力损失较大，颗粒磨损严重。

沉降离心机是利用机械带动液体旋转，分离非均相混合物的常用设备，其分离速度快、效率高，但能耗较大。

3.3.2 危险性分析

(1) 存在中毒、火灾和爆炸危险

悬浮液中的溶剂都有一定的挥发性，特别是有机溶剂还具有有毒、易燃、易爆性，在过滤或沉降（如离心沉降）过程中不可避免地存在溶剂暴露问题，特别是在卸渣时更为严重。因此，在操作过程中应注意做好个人防护，避免发生中毒，同时，加强通风，防止形成爆炸性混合物引发火灾或爆炸事故。

(2) 存在粉尘危害

含尘气体经过沉降设备后必然还含有少量细小颗粒，尾气的排放一定要符合规定，同时操作场所应加强通风除尘，严格控制粉尘浓度，避免粉尘集聚，引发粉尘爆炸或对操作人员带来健康危害。

(3) 存在机械损伤危险

离心机的转速较高，应设置防护罩，严格按操作规程进行操作，避免发生人身伤害事故。

3.3.3 安全技术

根据悬浮液的性质及分离要求，合理选择分离方式。间歇过滤一般包括设备组装、加料、过滤、洗涤、卸料、滤布清洗等操作过程，操作周期长，且人工操作、劳动强度大、直接接触物料，安全性低。而连续过滤过程的过滤、洗涤、卸料等各个步骤自动循环，其过滤速度较间歇过滤快，且操作人员与有毒物料接触机会少，安全性较高。因此可优先选择连续过滤方式。此外，操作时应注意观察滤布的磨损情况。

当悬浮液的溶剂有毒或易燃，且挥发性较强时，其分离操作应采用密闭式设备，不能采用敞开式设备。对于加压过滤，应以惰性气体保持压力，在取滤渣时，应先泄压，否则会发生事故。

对于气-固系统的沉降，要特别重视粉尘的危害，尽量从源头上加以控制。第一，应使流体在设备内分布均匀，停留时间满足工艺要求以保证分离效率，同时尽可能减少对沉降过程的干扰，以提高沉降速度。第二，应避免已沉降颗粒的再度扬起，如降尘室内气体应处于层流流动，旋风分离器的灰斗应密闭良好（防止空气漏入）。第三，加强尾气中粉尘的捕集，确保达标排放。第四，控制气速避免颗粒和设备的过度磨损。此外，还应加强操作场所的通风除尘，防止粉尘污染。

由于离心过滤或沉降机的转速一般较高，其危险性较大，使用时应特别注意以下事项。

① 应注意离心机的选材和焊接质量，转鼓、盖子、外壳及底座应用韧性金属制造，并应限制其转鼓直径与转速，以防止转鼓承受高压而引起爆炸。在有爆炸危险的生产中，最好不使用离心机。

② 处理腐蚀性物料，离心机转鼓内与物料接触的部分应有防腐措施，如安装耐腐蚀衬里。

③ 应充分考虑设备自重、振动和装料量等因素，确保离心机安装稳固。在楼上安装时应用工字钢或槽钢做成金属骨架，在其上要有减振装置，并注意其内、外壁间隙。同时，应防止离心机与建筑物产生谐振。

④ 离心机开关应安装在近旁，并应有锁闭装置。盖子应与离心机启动联锁，盖子打开时，离心机不能启动。在开、停机时，不要用手帮助启动或停止，以防发生事故。不停车或未停稳严禁清理器壁，以防使人致伤。

⑤ 离心机超负荷、运转时间过长，转鼓磨损或腐蚀、启动速度过高均有可能导致事故的发生。对于上悬式离心机，当负荷不均匀时（如加料不均匀）会发生剧烈振动，不仅磨损轴承，且能使转鼓撞击外壳而发生事故。高速运转的转鼓也可能从外壳中飞出，造成重大事故。

⑥ 离心机应有限速装置，在有爆炸危险厂房中，其限速装置不得因摩擦、撞击而发热或产生火花。

⑦ 当离心机无盖或防护装置不良时，工具或其他杂物有可能落入其中，并以很大速度飞出伤人。即使杂物留在转鼓边缘，也可能引起转鼓振动造成其他危险。

⑧ 加强对离心机的巡检，注意观察润滑、发热、噪声等是否正常。同时应对设备内部定期进行检查，检查内容包括转鼓各部件材料的壁厚和硬度，转鼓上连接焊缝的完好性（可采用无损探伤），转鼓的动平衡和转速控制机构等。

【事故案例】

某厂的上悬式自动卸料离心机，在运行中转鼓（筛篮）突然爆裂，撞击离心机转鼓保护外壳，使部分外壳飞脱，击中操作台面的四名人员，造成重大伤亡事故。

事故原因 直接原因就是设备长期运转导致转鼓材料硬化和壁厚的严重减薄（磨损导致），加之在定期检查中未能及时发现。

安全措施 操作时要注意设备及其部件的使用寿命，加强定期检查。

事故简评 物料对设备的腐蚀和磨损以及设备的老化一般是较为缓慢和渐进的过程，这需要在定期检查中进行认真检查，最好能借助相关专业仪器进行。

3.4 均相混合物分离

3.4.1 概述

均相混合物是化工生产中涉及最多的一类混合物，其分离方法主要有吸收、蒸馏、萃取等。

3.4.1.1 吸收

吸收是利用液体溶剂把气体混合物中的一个或几个组分部分或全部溶于其中而分离气体混合物的操作。它是气体混合物分离的主要单元操作，其分离的依据是气体混合物中各个组分在溶剂中溶解度的差异。在化工生产中，经常在吸收的同时需要解吸（溶质和吸收剂分离的操作，是吸收的逆过程），通过解吸使溶质气体得到回收，吸收剂得以再生循环使用。解吸的原理与吸收相同。吸收广泛用于分离混合气体回收有用组分，除去有害组分以净化气体以及制备产品，如用水吸收 HCl、NO_x、SO_3 气体制取盐酸、硝酸、硫酸等。

吸收按其过程有无化学反应可分为物理吸收（吸收过程中溶质与吸收剂之间不发生明显的化学反应）和化学吸收（吸收过程中溶质与吸收剂之间有显著的化学反应）；按被吸收的组分数目可分为单组分吸收（混合气体中只有一个组分在吸收剂中有显著的溶解度，其他组分的溶解度极小可以忽略）和多组分吸收（吸收时气体混合物中有多个组分在吸收剂中有显著的溶解度）；按吸收过程有无温度变化可分为非等温吸收和等温吸收；按吸收过程的操作压强可分为常压吸收（操作压力为常压）和加压吸收。

3.4.1.2 蒸馏

蒸馏是借助于液体混合物中各组分挥发能力的差异而达到分离的目的，它是分离液体混合物或能液化的气体混合物（如空气）的一种重要方法，是工业上应用最广的传质分离操作，其历史也非常久远。蒸馏操作简单，技术成熟，可获得高纯度的产品。

蒸馏按物系的组分数可分为双组分（二元）蒸馏和多组分（多元）蒸馏；按操作方式可分为间歇精馏（主要用于实验室，小规模生产或某些有特殊要求的场合）和连续精馏（工业生产中多采用的操作，生产能力大）；按塔顶操作压强可分为常压精馏、加压精馏和减压精馏（塔顶绝压＜40kPa 的减压蒸馏又称为真空蒸馏）；按分离程度可分为简单精馏、平衡精馏和精馏。简单精馏和平衡精馏只能使液体混合物得到有限分离，而精馏是采用多次部分汽化和多次部分冷凝的方法将混合物中组分进行较完全的分离，它是工业上最常用的一种分离方法。

蒸馏操作是通过汽化、冷凝达到提浓的目的。加热汽化要耗热，汽相冷凝则需要提供冷量，因此加热和冷却费用是蒸馏过程的主要操作费用。此外，对同样的加热量和冷却量，其费用还与载热体温位有关。对加热剂，其温位越高，单位质量加热剂越贵；而对冷却剂则是温位越低，越贵。而蒸馏过程中液体沸腾温度和蒸汽冷凝温度均与操作压强有关，因此，加压或减压蒸馏一般用于以下情况。

(1) 加压精馏

① 常压下是混合液体，但其沸点较低（一般＜40℃），如采用常压蒸馏其蒸气用一般的冷却水冷凝不下来，需用冷冻盐水或其他较昂贵的制冷剂，操作费大大提高。此时采用加压操作可避免使用冷冻剂。

② 混合物在常压下为气体，如空气，则通过加压或冷冻将其液化后蒸馏。

(2) 减压精馏

① 常压下沸点较高（一般＞150℃），加热温度超出一般水蒸气的范围（＜180℃），减压蒸馏可使沸点降低，以避免使用高温载热体。

② 常压下蒸馏热敏性物料，组分在操作温度下容易发生氧化、分解和聚合等现象时，必须采用减压蒸馏以降低沸点。如 P-NCB、O-NCB 的分离。

总之，操作压强的选取还应考虑其对组分间挥发性、塔的造价和传质效果的影响以及客观条件，作出合理选择。

3.4.1.3 萃取

利用液体混合物中各组分在某溶剂中溶解度的差异而实现分离的单元操作称为液液萃取或溶剂萃取或抽提，常简称为萃取。显然，萃取是分离液体混合物的一种方法。萃取一般在常温下操作，是采用质量分离剂即溶剂（称为萃取剂）分离混合物，其能耗远低于蒸馏方法，并在萃取过程中不受物系组分相对挥发度的限制，而取决于组分溶解度的差异，因此，萃取操作在工业上应用越来越广泛，特别适合于采用常规蒸馏难以处理的物系，如液体混合物中各组分沸点非常接近，混合液在蒸馏时易形成恒沸物，热敏物系，以及从稀溶液中提取有价值的组分或分离极难分离的金属，如锆与铪、钽与铌等。目前，萃取操作已成为分离和提纯物质的重要单元操作之一。

萃取操作主要由混合、分层、萃取相分离、萃余相分离等过程构成，工业生产中所采用的萃取主要有单级和多级之分。在液液萃取操作中，两相密切接触并伴有较高的湍动，当两相充分混合后，尚需使两相再达到较为完善的分离。在吸收和蒸馏中由于气相与液相之间的密度差很大，两相分离很容易而且迅速完成，而在萃取中两个液相间的密度相差不大，因而两液相的分离比较困难。

3.4.1.4 传质分离设备

吸收、精馏和萃取同属于气（汽）液或液液相传质过程，所用设备皆应提供充分的气液或液液接触，因而有着很大的共同性。传质设备种类繁多，其中应用最广的传质设备主要有：逐级接触式传质设备［如板式塔，气（液）、液两相在塔内进行逐级接触，两相的组成沿塔高呈阶梯式变化］和连续接触式传质设备［如填料塔，气（液）、液在填料的润湿表面上进行接触，其组成沿塔高连续变化］。填料塔具有分离效率高、压降小、持液量少等优点，但它不适宜于处理易聚合或含有固体悬浮物的物料。

3.4.2 危险性分析

(1) 因溶剂及物料的挥发，存在中毒、火灾和爆炸危险

在化工生产中，无论是吸收剂、萃取剂，还是精馏过程中产生的物料蒸气，大多数都是易燃、易爆、有毒的危险化学品，这些溶剂或物料的挥发或泄漏必将加大中毒、火灾和爆炸事故发生的概率。因此，应高度重视系统的密闭性以及耐腐蚀性。此外，还应注意控制尾气中溶剂及物料的浓度。

(2) 传质分离设备运行故障

除了可能因为物料腐蚀造成设备故障外，由于气液或液液在传质分离内湍动，可能会造成部分内构件（如塔板、分布器、填料、溢流装置等）移位、变形，造成气液或液液分布不均、流动不畅，影响分离效果。

(3) 传质分离设备的爆裂

真空（减压）操作时空气的漏入与物料形成爆炸性混合物，或者加压操作使系统压力的异常升高，都有可能造成传质分离设备的爆裂。

3.4.3 安全技术

3.4.3.1 吸收

① 根据气体混合物的性质及分离要求，选取合适的吸收剂，这对分离的经济性以及安全性起到决定性的作用。应该优先选用挥发度小（因为离开吸收设备的尾气中往往为吸收剂的蒸气所饱和）、选择性高、毒性低、燃烧爆炸性小的溶剂作为吸收剂。

② 合理选取温度、压强等操作条件。低温、高压有利于吸收，但同时应兼顾经济性，并注意吸收剂物性如黏度、熔点等会随之改变，可能会引起塔内流动情况恶化，甚至出现堵塞进而引发安全事故。当然，对放热显著的吸收过程，如用水吸收 HCl 气体，需要及时移走吸收过程放出的热量。

③ 吸收塔开车时应先进吸收剂，待其流量稳定以后，再将混合气体送入塔中；停车时应先停混合气体，再停吸收剂，长期不操作时应将塔内液体卸空。

④ 操作时，注意控制好气流速度，气速太小，对传质不利；若太大，达到或接近液泛气速，易造成过量雾沫夹带甚至液泛。同样应注意吸收剂流量稳定，避免操作中出现波动，适宜的喷淋密度是保证填料的充分润湿和气液接触良好的前提。吸收剂流量减小或中断，或喷淋不良，都将使尾气中溶质含量升高，如不及时处理，容易引发中毒、火灾或爆炸事故。

⑤ 注意监控排放尾气中溶质和吸收剂的含量，避免因易燃、易爆、有毒物质的过量排放，造成环境污染和物料损失，并引发中毒、火灾或爆炸等安全事故。一旦出现异常增高现象，应有联锁等事故应急处理设施。

⑥ 塔设备应定期进行清洗、检修，避免气液通道的减小或堵塞以及出现泄漏问题。

3.4.3.2 蒸馏

① 根据被分离混合物的性质，包括沸点、黏度、腐蚀性等，合理选择操作压强以及塔设备的材质与结构形式，这是蒸馏过程安全的基础。如对于沸点较高、而在高温下蒸馏时又能引起分解、爆炸或聚合的物质（如硝基甲苯、苯乙烯等），采用真空蒸馏较为合适。

② 蒸馏过程开车的一般程序是：首先开启冷凝器的冷却介质，然后通氮气进行系统置换至符合操作规定，若为减压蒸馏可启动真空系统，开启进料阀待塔釜液位达到规定值（一般不低于 30%）后再缓慢开启加热介质阀门给再沸器升温。在此过程中注意控制进料速度和升温速度，防止过快。停车时倒过来，应首先关闭加热介质，待塔身温度降至接近环境温度后再停真空（只对减压操作）和冷却介质。

③ 采用水蒸气加热较为安全，易燃液体的蒸馏不能采用明火作为热源。

④ 蒸馏过程中需密切注意回流罐液位、塔釜液位、塔顶和塔底的温度与压强以及回流、进料、塔釜采出的流量是否正常，一旦超出正常操作范围应及时采取措施进行调整，避免出现液泛等非正常操作，继而引发物料溢出造成中毒、燃烧或爆炸事故。此外，应特别注意冷却介质不能中断或其流量显著减小（造成换热负荷下降）。否则，会有未冷凝蒸气逸出，使系统温度增高，分离效果下降，逸出的蒸气更可能引发中毒、燃烧甚至爆炸事故。对于凝固点较高的物料应当注意防止其凝结堵塞管道（冷凝温度不能偏低），使塔内压强增高，蒸气逸出而引起爆炸事故。

⑤ 对于高温蒸馏系统，应防止冷却水突然窜入塔内。否则水迅速汽化，致使塔内压力突然增高，而将物料冲出或发生爆炸。同时注意定期或及时清理塔釜的结焦等残渣，防止引发爆炸事故。

⑥ 确保减压蒸馏系统的密闭性良好。系统一旦漏入空气，与塔内易燃气混合形成爆炸性混合物，就有引起着火或爆炸的危险。因此，减压蒸馏所用的真空泵应安装单向阀，以防止突然停泵而使空气倒入设备。减压蒸馏易燃物质的排气管应通至厂房外，管道上应安装阻火器。

⑦ 蒸馏易燃易爆物质时，厂房要符合防爆要求，有足够的泄压面积，室内电机、照

明等电气设备均应采用防爆产品，且应灵敏可靠，同时应注意消除系统的静电。特别是苯、丙酮、汽油等不易导电液体的蒸馏，更应将蒸馏设备、管道良好接地。室外蒸馏塔应安装可靠的避雷装置。应设置安全阀，其排气管与火炬系统相接，安全阀起跳即可将物料排入火炬烧掉。

⑧ 应防止蒸馏塔壁、塔盘、接管、焊缝等的腐蚀泄漏，导致易燃液体或蒸气逸出，遇明火或灼热的炉壁而发生燃烧、爆炸事故。特别是蒸馏腐蚀性液体更应引起重视。

⑨ 蒸馏设备应经常检查、维修，认真搞好停车后、开车前的系统清洗、置换，避免发生事故。

3.4.3.3 萃取

① 选取合适的萃取剂。萃取剂必须与原料液混合后能分成两个液相，且对原料液中的溶质有显著的溶解能力，而对其他组分应不溶或少溶，即萃取剂应有较好的选择性；同时尽量选取毒性、燃烧性和爆炸性小以及化学稳定性和热稳定性高的萃取剂。这是萃取操作的关键，萃取剂的性质决定了萃取过程的危险性和经济性。

② 选取合适的萃取设备。对于腐蚀性强的物质，宜选取结构简单的填料塔，或采用由耐腐蚀金属或非金属材料（如塑料、玻璃钢）内衬或内涂的萃取设备。对于放射性化学物质的处理，可采用无需机械密封的脉冲塔。如果物系有固体悬浮物存在，为避免设备堵塞，可选用转盘塔或混合澄清器。如果原料的处理量较小时，可用填料塔、脉冲塔；处理量较大时，可选用筛板塔、转盘塔以及混合澄清器。此外，在选择设备时还要考虑物料的稳定性与停留时间。若要求有足够的停留时间（如有化学反应或两相分离较慢），选用混合澄清器较为合适。

③ 萃取过程有许多稀释剂或萃取剂，属易燃介质，相混合、相分离以及泵输送等操作容易产生静电，若是搪瓷反应釜，液体表层积累的静电很难被消除，甚至会在物料放出时产生放电火花。因此，应采取有效的静电消除措施。

④ 萃取剂、甚至稀释剂和有些溶质往往都是有毒、易燃、易爆的危险化学品，操作中要控制其挥发，防止其泄漏，并加强通风，避免发生中毒、火灾或爆炸事故。同时，加强对设备巡检，发现问题按操作规程及时处理。

【事故案例】

2005年11月13日，吉林某双苯厂因硝基苯精馏塔塔釜蒸发量不足、循环不畅，需排放该塔塔釜残液，降低塔釜液位，但在停硝基苯初馏塔和硝基苯精馏塔进料，排放硝基苯精馏塔塔釜残液的过程中，硝基苯初馏塔发生爆炸，造成8人死亡，60人受伤，其中1人重伤，直接经济损失6908万元。同时，爆炸事故造成部分物料泄漏通过雨水管道流入松花江，引发了松花江水污染事件。

事故原因　直接原因是由于操作工在停硝基苯初馏塔进料时，没有将应关闭的硝基苯进料预热器加热蒸汽阀关闭，导致硝基苯初馏塔进料预热器长时间超温；恢复进料时，操作工本应该按操作规程先进料、后加热的顺序进行，结果又出现误操作，先开启进料预热器的加热蒸汽阀，使进料预热器温度再次出现升温。7min后进料预热器温度就超过150℃的量程上限。这时启动硝基苯初馏塔进料泵，温度较低的粗硝基苯（26℃）进入超温的进料预热器后，出现突沸并产生剧烈振动，造成预热器及进料管线法兰松动，密封出现不严，空气吸入系统内，空气和突沸形成的气化物被抽入负压运行的硝基苯初馏塔，引发硝基苯初馏塔爆炸。随即又引发苯胺装置相继发生5次较大爆炸，造成塔、罐及部分管线破损、装置内罐区围堰破损，部分泄漏的物料在短时间内通过下水井和雨水排入口，流入松花江，造成松花江水体污染。

安全措施　严格按照操作规程进行操作，加强装置的开、停车操作训练；做好事故预案；设置必要的防护设施（如围堰、泄漏收集池等），防止事故的扩大。

事故简评　在硝基苯生产过程中涉及到苯、硝酸（硫酸）、液碱、硝基苯及硝基酚类、二硝基苯等副产物（尽管量少，但精制过程中会富集而产生爆炸危险），均为危险化学品，其中大部分为易燃、易爆及高毒物质，一旦失控将引起火灾、爆炸、毒物泄漏事故的连锁反应。其他许多化工生产过程也基本类似。涉及危化品的操作必要按程序进行，做好事故预案，并在平时加强训练，提高操作的熟练度和准确性。

3.5 干燥

3.5.1 概述

干燥（或称为固体的干燥）就是通过加热的方法使水分或其他溶剂汽化，借此来除去固体物料中湿分的操作。它是化工生产中一种必不可少的单元操作。该法去湿程度高，但过程及设备较复杂，能耗较高。

干燥按其操作压强可分为：常压干燥（操作压力为常压）和真空干燥（操作温度较低，蒸气不易外泄，故适宜于处理热敏性、易氧化、易爆或有毒物料以及产品要求含水量较低、要求防止污染及湿分蒸气需要回收的情况）。按操作方式可分为：连续干燥（工业生产中的主要干燥方式，其优点是生产能力大、热效率高、劳动条件较好）和间歇干燥（投资费用低、操作控制灵活方便，能适应于多种物料，但干燥时间较长，生产能力较小）。按热量供给方式可分为：传导干燥、辐射干燥、介电加热干燥（包括高频干燥和微波干燥）和对流干燥。对流干燥又称为直接加热干燥。载热体（又称为干燥介质如热空气和热烟道气）将热能以对流的方式传给与其直接接触的湿物料，以供给湿物料中溶剂或水分汽化所需要的热量，并将蒸气带走。干燥介质通常为热空气，因其温度和含湿量容易调节，因此物料不易过热。其生产能力较大，相对来说设备费较低，操作控制方便，应用最广泛；但其干燥介质用量大，带走的热量较多，热能利用率比传导干燥低。目前在化工生产中应用最广的是对流干燥，通常使用的干燥介质是空气，被除去的湿分是水分。

在化工生产中，由于被干燥物料的形状（如块状、粒状、溶液、浆状及膏糊状等）和性质（耐热性、含水量、分散性、黏性、酸碱、防爆性及湿态等）都各不相同；生产规模或生产能力差别悬殊；对于干燥后的产品要求（含水量、形状、强度及粒径等）也不尽相同，所以采用的干燥方法和干燥器的型式也就多种多样，每一类型的干燥器也都有其适应性和局限性。总体来说，希望干燥器具有对被干燥物料的适应性强、设备的生产能力要高、热效率高、设备系统的流动阻力小以及操作控制方便、劳动条件好等优点，当然，对于具体的某一台干燥器很难满足以上所有要求，但可以此来评价干燥设备的优劣。

3.5.2 危险性分析

(1) 火灾或爆炸

干燥过程中散发出现的易燃蒸气或粉尘，同空气混合达到爆炸极限时，遇明火、炽热表面和高温即发生燃烧或爆炸；此外，干燥温度、干燥时间如果控制不当，可造成物料分解发生爆炸。

(2) 人身伤害

化工干燥操作常处于高温、粉尘或有害气体的环境中，可造成操作人员发生中暑、烫伤、粉尘吸入过量以及中毒；此外，许多转动的设备还可能对人员造成机械损伤。因此，应设置必要的防护设施（如通风、防护罩等），并加强操作人员的个人防护（如戴口罩、手套等）。

(3) 静电

一般干燥介质温度较高，湿度较低，在此环境中物料与气流，物料与干燥器器壁等容易产生静电，如果没有良好的防静电措施，容易引发火灾或爆炸事故。

3.5.3 安全技术

① 根据所需处理的物料性质与工艺要求，合理选择干燥方式与干燥设备。间歇式干燥，物料大部分靠人力输送，操作人员劳动强度大，且处于有害环境中，同时由于一般采用热空气作为热源，温度较难控制，易造成局部过热物料分解甚至引起火灾或爆炸。而连续干燥采用自动化操作，干燥连续进行，物料过热的危险性较小，且操作人员脱离了有害环境，所以连续干燥较间歇干燥安全，可优先选用。

② 应严格控制干燥过程中物料的温度，干燥介质流量及进、出口温度等工艺条件。一方面要防止局部过热，以免造成物料分解引发火灾或爆炸事故；另一方面干燥介质的出口温度偏低，可导致干燥产品返潮，并造成设备的堵塞和腐蚀。特别是对于易燃易爆及热敏性物料的干燥，要严格控制干燥温度及时间，并应安装温度自动调节装置、自动报警装置以及防爆泄压装置。

③ 易燃易爆物料干燥时，干燥介质不能选用空气或烟道气，排气所用设备应采用具有防爆措施的设备（电机包含在设备里）。同时由于在真空条件下易燃液体蒸发速度快，干燥温度可适当控制低一些，防止了由于高温引起物料局部过热和分解，可以降低火灾、爆炸的可能性，因此采用真空干燥比较安全。但在卸真空时，一定要注意使温度降低后才能卸真空。否则，空气的过早进入，会引起干燥物燃烧甚至爆炸。如果采用电烘箱烘烤散发易燃蒸气的物料时，电炉丝应完全封闭，箱上应安装防爆门。

④ 干燥室内不得存放易燃物，干燥器与生产车间应用防火墙隔绝，并安装良好的通风设备，一切非防爆型电气设备开关均应装在室外或箱外；在干燥室或干燥箱内操作时，应防止可燃的干燥物直接接触热源，特别是明火，以免引起燃烧或爆炸。

⑤ 在气流干燥、喷雾干燥、沸腾床干燥以及滚筒式干燥中，多以烟道气、热空气为热源。必须防止干燥过程中所产生的易燃气体和粉尘同空气混合达到爆炸极限。在气流干燥中，物料由于迅速运动，相互激烈碰撞、摩擦易产生静电，因此，应严格控制干燥气速，并确保设备接地良好。对于滚筒式干燥应适当调整刮刀与筒壁间隙，并将刮刀牢牢固定，或采用有色金属材料制造刮刀，以防产生火花。利用烟道气直接加热可燃物时，在滚

筒或干燥器上应安装防爆片，以防烟道气混入一氧化碳而引起爆炸。同时，注意加料不能中断，滚筒不能中途停止回转，如有断料或停转应切断烟道气并通入氮气。

⑥ 常压干燥器应密闭良好，防止可燃气体及粉尘泄漏至作业环境中，并要定期清理设备中的积灰和结疤以及墙壁积灰。

⑦ 对易燃易爆物料，应避免粉料在干燥器内堆积，否则会氧化自燃，引起干燥系统爆燃。同时，还应注意干燥辅助系统的粉料，如袋式过滤器或旋风分离器内，可能因摩擦产生静电，静电放电打出火花，引燃细粉料，也会引起爆燃，同样会给装置安全运行带来极大的危害。

此外，当干燥物料中含有自燃点很低及其他有害杂质时，必须在干燥前彻底清除；采用洞道式、滚筒式干燥器干燥时，应有各种防护装置及联系信号以防止产生机械伤害。

【事故案例】

◇**案例 1**　1995 年，某厂干燥车间用真空干燥柜干燥废药时发生了爆炸，事故没有造成人员伤亡，但却使 338m^2 的厂房变成一片废墟，炸毁设备 12 台套，直接经济损失近 50 万元。

事故原因　经查，事故直接原因是废药成分复杂、稳定性差（因为含有甲二醇二硝酸酯和三硝胺三亚甲胺等有机物，它们在低温时很稳定，而当温度超过 60℃ 时就会自动分解放出甲醛并引起爆炸），在干燥过程中因分解而产生爆炸。而当时操作工人一个脱岗回家吃饭，另一个因故离岗，也是造成该起事故发生的另一个主要因素。

安全措施　加强操作工的劳动纪律和安全生产教育；按操作规程严密监控操作温度。

事故简评　操作人员对工艺过程及工艺物料的危险性认识不足是非常可怕的。

◇**案例 2**　2007 年 5 月 9 日，辽宁省某淀粉厂淀粉干燥车间脱水干燥塔发生粉尘燃爆事故，造成 16 人受伤，脱水干燥塔损坏。

事故原因　引发此次燃爆事故的主要原因是机体没有采取静电消除措施，致使因塔内高速流动粉体所产生的静电不能及时消除而积累，机内静电放电产生火花最终引起粉尘燃爆。此外，干燥塔泄爆口泄压面积不足，设置位置不合适，也是造成此次干燥塔内淀粉粉尘燃爆事故扩大化的主要原因。

安全措施　增设静电消除设施，重新设计干燥塔的泄爆口。

事故简评　在设备的设计和安装中应充分考虑安全问题，同时还应考虑在发生事故时如何尽量减小损失。

3.6 蒸发

3.6.1 概述

蒸发是将含非挥发性物质的稀溶液加热沸腾使部分溶剂汽化并使溶液得到浓缩的过程。它是化工、轻工、食品、医药等工业生产中常用的一种单元操作。

蒸发按其操作压强可分为：常压蒸发（蒸发器加热室溶液侧的操作压强略高于大气压强，此时系统中不凝气体依靠本身的压强排出）和真空蒸发。按蒸发器的效数可分为：单效蒸发（蒸发装置中只有一个蒸发器，蒸发时生成的二次蒸汽直接进入冷凝器而不再次利用）和多效蒸发（将几个蒸发器串联操作，使蒸汽的热能得到多次利用，通常它是将前一个蒸发器产生的二次蒸汽作为后一个蒸发器的加热蒸汽，蒸发器串联的个数称为效数，最后一个蒸发器产生的二次蒸汽进入冷凝器被冷凝）。

由于被蒸发溶液的种类和性质不同，蒸发过程所需的设备和操作方式也随之有很大的差异。如有些热敏性物料在高温下易分解，必须设法降低溶液的加热温度，并缩短物料在加热区的停留时间；有些物料有较大的腐蚀性；有些物料在浓缩过程中会析出结晶或在传热面上大量结垢等。因而蒸发设备的种类和型式很多，但其实质上是一个换热器，一般由加热室和分离室两部分组成。常用的主要有循环型蒸发器（如中央循环管式、外加热式蒸发器、强制循环蒸发器等）、膜式蒸发器（如升膜蒸发器、降膜蒸发器等）和旋转刮片式蒸发器。蒸发的辅助设备主要包括除沫器（除去二次蒸汽中所夹带的液滴）、冷凝器和疏水器等。

3.6.2 危险性分析

蒸发除与加热单元操作类似，其设备本身存在泄漏、腐蚀与结垢、堵塞以及不凝性气体集聚的危险以外，物料一侧的加热表面上更易形成污垢层。溶液在沸腾汽化、浓缩过程中常在加热表面上析出溶质（沉淀）而形成污垢层，使传热过程恶化，并可能造成局部过热，促使物料分解引发燃烧或爆炸。

3.6.3 安全技术

① 根据需蒸发溶液的性质，如溶液的黏度、发泡性、腐蚀性、热敏性，以及是否容易结垢、结晶等情况，选取合适的蒸发设备。应设法防止或减少污垢的生成，尽量采用传热面易于清理的结构形式，并经常清洗传热面。

② 对热敏性物料的蒸发，须注意严格控制蒸发温度不能过高，物料受热时间不宜过长。为防止热敏性物料的分解，可采用真空蒸发，以降低蒸发温度；或尽量缩短溶液在蒸发器内停留时间和与加热面的接触时间，可采用膜式蒸发等。

③ 对腐蚀性较强溶液的蒸发，应考虑设备的腐蚀问题，为此有些设备或部件需采用耐腐蚀材料制造。

【事故案例】

1994 年 12 月某精制盐厂精制盐生产线Ⅲ效蒸发罐集盐腿上下两个距离 7m 的视镜在试车期间同时发生爆裂，后将视镜用 20mm 厚铁板盲堵。时隔四天，再次试车时，该集盐腿底部焊口又爆开 46cm。1995 年 1 月Ⅱ效蒸发罐集盐腿视镜也发生爆裂。

事故原因 多效顺流蒸发中，溶液进入温度压强较低的下一效时会产生自蒸发。三次爆裂事故中均有大量超过沸点温度很高的过热盐溶液自静液柱底部进入低压蒸发器（Ⅲ效或Ⅱ效），引起溶剂闪发（瞬间大量汽化），即容器中进入了足够量的过热液体，这些液体在减压状态下急速汽化，导致爆裂发生。

安全措施 开车前充分分析工艺过程，开车中一旦出现异常必须查清原因。

事故简评 多效蒸发在化工生产中是常见的，各效之间的转料也是经常的，为避免类似事故，应在转料时控制好流量和温度，并注意调整好真空度，在蒸发操作的开车阶段尤其需要特别重视。

思　考　题

1. 流体输送过程中存在哪些主要危险因素？

2. 液体输送最常用的设备是什么？操作时应注意哪些安全问题？

3. 固体物料常见输送方法有哪些？从安全角度应注意哪些问题？

4. 简述传热过程的危险性，可采取哪些安全技术措施以降低其危险性？

5. 从换热的角度，试分析夹套反应釜的危险性，并提出相应的安全措施。

6. 非均相混合物的分离主要有哪些方法？它们各有哪些应注意的安全问题？

7. 均相混合物的分离主要有哪些方法？它们各有哪些应注意的安全问题？

8. 蒸发过程的危险性是什么？可采取哪些方法加以控制？

9. 干燥过程的危险性是什么？可采取哪些方法加以控制？

10. 如果化工生产中减压系统出现泄漏，吸入空气，你认为存在哪些安全隐患？请举例说明。

11. 试收集化工生产中三个以上涉及单元操作安全的事故素材，并加以分析。

参 考 文 献

[1] 陈敏恒，丛德滋，方图南等. 化工原理（上册）[M]. 第3版. 北京：化学工业出版社，2006.

[2] 陈敏恒，丛德滋，方图南等. 化工原理（下册）[M]. 第3版. 北京：化学工业出版社，2006.

[3] 王德堂，孙玉叶. 化工安全生产技术 [M]. 天津：天津大学，2009.

[4] 董文庚，苏昭桂. 化工安全工程 [M]. 北京：煤炭工业出版社，2007.

[5] 周忠元，田维金，邹德敏. 化工安全技术 [M]. 北京：化学工业出版社，1993.

[6] 田兰，曲和鼎，将永明等. 化工安全技术 [M]. 北京：化学工业出版社，1984.

[7] 上海科学技术情报研究所. 国外化工安全技术 [M]. 上海：上海科学技术情报研究所出版，1975.

[8] 陈行裘. 安全技术与防火技术 [M]. 北京：高等教育出版社，1959.

[9] 张麦秋，李平辉. 化工生产安全技术 [M]. 北京：化学工业出版社，2009.

[10] 徐龙君，张巨伟. 化工安全工程 [M]. 徐州：中国矿业大学出版社，2011.

[11] 蒋军成. 危险化学品安全技术与管理 [M]. 第2版. 北京：化学工业出版社，2009.

[12] 蒋军成. 事故调查与分析技术 [M]. 第2版. 北京：化学工业出版社，2009.

[13] 河南省安全生产监督管理局. 生产安全事故案例选编（2009—2012）[M]. 郑州：河南人民出版社，2013.

[14] 王立龙. 浮选精煤加压过滤机入料泵安全运行的措施 [J]. 煤炭加工与综合利用，2013，(6)：48-50.

[15] 杜军. 加压过滤机入料泵防爆裂安全管理 [J]. 煤，2014，23 (9)：108-110，122.

[16] 高慧敏，张平，张诚忠. 安全型换热器的研究与开发 [J]. 化工装备技术，2010，31 (3)：17-19.

[17] 尤海龙. 板式换热器的安全使用 [J]. 中国甜菜糖业，2006，(3)：45-48.

[18] 俞德昌. 热载体加热技术中的安全问题 [J]. 工业加热，2001，(2)：57-59.

[19] 中国消防协会刊物编辑工作委员会. 火灾案例分析 [M]. 上海：上海科学技术出版社，1986.

[20] 汤新文，陈海辉. 离心机转鼓爆裂事故分析 [J]. 机电工程技术，2005，34 (3)：104-105.

[21] 杨淑娟. 化工生产中传质过程的安全技术 [J]. 内蒙古科技与经济，2009，(2)：100，104.

[22] 张怀柱，费玉章. ABS装置干燥系统的安全改造 [J]. 炼油与化工，2008，19 (2)：44-46.

[23] 刘洪婕，周培松. 精制盐蒸发设备爆裂原因分析 [J]. 中国井矿盐，1996，(3)：30-32.

[24] 史长征. 一起违章所造成的爆炸事故 [J]. 兵工安全技术，1996，(2)：42-43.

[25] 赵青，夏术军，赵亦农. 某淀粉厂干燥塔粉尘燃爆事故分析 [J]. 安全，2007，28 (10)：29-30.

[26] 刘洪婕，周培松. 精制盐蒸发设备爆裂原因分析 [J]. 中国井矿盐，1996，(3)：30-32.

[27] [美] 罗伊 E. 桑德斯著. 化工过程安全——来自事故案例的启示 [M]. 第3版. 段爱军，蓝兴英，姜桂元译. 北京：石油工业出版社，2010.

第4章

化工工艺过程安全技术

化工工艺即化工技术或化学生产技术，指将原料经过化学反应转变为产品的方法和过程，包括实现这一转变的全部措施。化工工艺过程一般可概括为以下三个主要步骤。

① 原料处理　为了使原料符合进行化学反应所要求的状态和规格，根据具体情况，不同的原料需要经过净化、提浓、混合、乳化或粉碎（对固体原料）等多种不同的预处理。

② 化学反应　这是生产的关键步骤。经过预处理的原料，在一定的温度、压力等条件下进行反应，以达到所要求的反应转化率和收率。反应类型是多样的，可以是氧化、还原、复分解、磺化、异构化、聚合、焙烧等。通过化学反应，获得目的产物或其混合物。

③ 产品精制　将由化学反应得到的混合物进行分离，除去副产物或杂质，以获得符合组成规格的产品。

以上每一步都需在特定的设备中、在一定的操作条件下完成所要求的化学的和物理的转变。由第1章绪论“化学工业的特点及危险性”内容可知，在化工生产过程中，存在着诸多潜在的危险源，可以引起中毒、火灾、爆炸等安全事故。我国安监总局分两批编制的《重点监管的危险化工工艺目录》和《重点监管的危险化工工艺安全控制要求、重点监控参数及推荐的控制方案》列出了光气及光气化工艺、电解工艺、氯化工艺、合成氨工艺、裂解工艺和氧化工艺等18类危险化工工艺，并且对每种工艺都提出了安全控制要求、重点监控参数及推荐的控制方案。本章对其中的8种工艺过程安全技术进行论述。

4.1　光气及光气化工艺过程

4.1.1　概述

光气及光气化工艺包含光气的制备工艺以及以光气为原料制备光气化产品。

工业上一般是以氯气和一氧化碳为原料，用活性炭作为催化剂在光气发生器中生产光气。生产过程是连续的，常常使一氧化碳过量以保证光气反应完全。光气合成单元包括氯气和一氧化碳的发生和精制、光气的合成、光气的精制、含光气废气的处理及自控系统。

光气与一种或一种以上的化学物质进行化学反应的生产物称为光气化产品。光气化工艺分气相和液相两种。光气化下游产品可以分为氯代甲酸酯类、异氰酸酯类和碳酸酯等。光气法制造异氰酸酯工艺应用普遍。液相光气化工艺即在光气发生器生产的光气经过中间缓冲罐冷凝成液体，然后作为光气化装置原料继续使用；气相光气化工艺指光气一旦生成，便立即与脂肪族进行化学反应。大多数生产企业采用的是液相光气化工艺。

4.1.2 典型工艺危险性分析

异氰酸酯是异氰酸各种酯类的总称，是一种重要的有机中间体，主要应用于聚氨酯、涂料和染料等工业生产中。异氰酸酯分为脂肪族、脂环族及芳香族异氰酸酯。芳香族异氰酸酯最主要品种为甲苯二异氰酸酯（TDI）和二苯基甲烷二异氰酸酯（MDI）。本节以TDI为例，简要介绍采用瑞典国际化工公司（CEAB）的技术工艺流程。

(1) 间甲苯二胺（MTD）生产

在一定温度和压力下，在钯金属料浆催化剂存在下，二硝基甲苯（DNT）连续氢化生成甲苯二胺（TDA）。反应混合料依次除去催化剂、氢化水和邻位甲苯二胺（OTD）及其他杂质，制得TDI生产需要的MTD。

(2) TDI生产

本装置包括一氧化碳制备、光气合成、二氧基甲苯与光气反应制TDI和光气尾气的碱破坏等。

① 一氧化碳生产主要包括天然气压缩、天然气脱硫和转化、变压吸附提纯CO、制氢原料气压缩、变压吸附提纯氢气、氢气精制脱氧等工序。

② 光气合成采用干燥的氯气和一氧化碳按一定配比在催化剂存在下反应，生成光气。光气合成器均为管壳式固定床反应器，壳内装活性炭做催化剂。混合气在固定床层内发生合成反应，放出反应热，由壳程冷却水或热油等移走反应热。

③ TDI由MTD和光气［邻二氯苯（ODCB）作为溶剂］进行光气化反应生成。TDI生产包括溶液干燥、光气化、脱气、HCl汽提、光气回收、第一脱ODCB、脱焦、第二脱ODCB、TDI精制及干区放空系统等主要工序。光气化反应的尾气经冷溶剂吸收后分离出光气和HCl，被冷溶剂吸收的光气可回收利用，HCl作为副产品。没有被溶剂吸收的少量光气进入光气尾气碱吸收塔，经分解后高空排放大气。见图4-1。

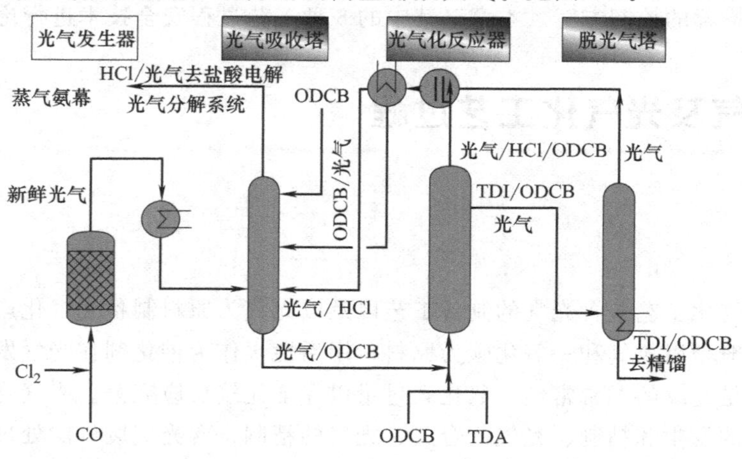

图4-1 光气法制TDI工艺流程

4.1.2.1 物料的危险性分析

TDI生产过程中主要涉及的原料、中间产品及产品有甲苯、天然气、液氯、一氧化碳、光气、TDI、间甲苯二胺（MTD）、邻二氯苯（ODCB）等。其中氯气为黄绿色、有刺激性气味的气体，助燃，对眼、呼吸道黏膜有刺激作用；而光气的相对密度比空气大，是窒息性毒气，已列入国际《禁止化学武器公约》监控化学品。光气通常有一种令人窒息的类似酶甘草的气味，低温时为黄绿色液体，工业上大多使用液态光气，其沸点为8.3℃。因此，若液态光气泄漏到大气时即可汽化，形成烟雾，主要损害动物呼吸道。光气的毒性比氯气大10倍，一旦大量泄漏，易造成严重灾害。TDI生产过程中主要危险物料及其燃爆性、毒害性见附录1。

4.1.2.2 工艺的危险性分析

TDI装置可能产生的危险、危害主要是中毒、火灾、爆炸。

(1) 火灾和爆炸

根据工艺装置特点及原料的特性，MTD装置中氢气和二硝基甲苯的火灾危险为甲类。因此，生产过程中最大危险因素是二硝基甲苯在配料过程中因碰撞或打击而产生的爆炸危险。

另一种危险物质是氢气。氢气在空气中的爆炸极限为4.1%～74.1%（体积），引燃温度在450℃左右，因此氢气压缩机的不正常运行和冷却水循环系统的故障都可能造成火灾、爆炸的潜在危险。

TDI装置中一氧化碳的火灾危险性为乙类，在空气中的爆炸极限为12.5%～74.2%（体积），一氧化碳造气工序中，一旦一氧化碳泄漏，遇火源就有可能发生火灾、爆炸事故。此外，液氯罐内如有NCl_3富集，有可能导致爆炸危险。

本装置工艺流程长，设备多。因物料性能不同，所选择设备结构和材质都有差异，因此设计时要防止因设计或选择不当，而造成生产设备的缺陷和供电供水系统的失控。任何监控系统的失控、操作失误和供电供水系统的事故，都有可能导致火灾和爆炸事故的发生。

(2) 中毒

MTD装置中的有毒有害物质主要有二硝基甲苯、二氨基甲苯、催化剂等。在生产过程中应避免直接接触。TDI装置中的有毒有害物质主要一氧化碳、氯气、光气、二氨基甲苯、邻二氯苯、氢氧化钠溶液、甲苯二异氰酸酯（TDI）等。国内外曾发生过多起因光气泄漏致人死亡事故。引起这些事故发生的原因主要有：氯气含水分过高和CO含水分过高导致设备及管道腐蚀，设备材质选择不当，监测控制系统失控，动密封设备密封不严或操作失误，维修不及时，供电供水系统事故以及冷却系统失效等。液态光气中间罐是潜在危险的重点，对此应有完善的防护措施。

4.1.3 安全措施

4.1.3.1 防火防爆措施

① 在设计和建设时，应该严格按照有关规范标准设置安全消防防护措施。例如，对处理易燃、易爆危险性物料的设备应有压力释放设施，包括安全阀、释放阀、压力控制阀等，一旦超压，可把危险物料泄放到安全的地方；对氯气、光气、一氧化碳、氢气设备和管道系统设计在线自动水分监测仪表；对可能逸出氯气、光气、一氧化碳、氢气、氮氧化

物等作业场所设计气体监测、报警和联锁系统；设计集中正压通风控制室，必须保证通风空气不受污染，空气吸气口设计以活性炭或其他吸附剂为过滤介质的过滤器等。

② 在满足工艺流程顺捷，功能分区明确等生产特点和总平面布置图的要求的同时，还须满足安全距离、采光、通风、日晒等防火、防爆、卫生及设备检修等要求。

③ 工程设计采用可靠的集散控制系统（DCS），实现生产过程的正常操作、开停车操作以及生产过程数据采集、信息处理和生产管理的集中控制。中央处理器的冗余功能增强了DCS系统的可靠性。对重要的参数设计自动调节以及越限报警和联锁系统，确保生产装置和人身安全。建议采用ESD紧急停车系统等先进的控制技术。在紧急停车、事故状态下，设事故照明电源，事故仪表空气储存，从而保证紧急事故状态的安全停车。

④ 出现故障时，消防泵应能自动连续、顺次启动，同时也可从控制室遥控启动。配备消防用水柴油发电机组，以备正常双回路出现故障时使用。

4.1.3.2 防毒措施

① 厂址选择、光气及光气化生产装置与周围居民、工厂及公共设施的安全防护距离必须满足《光气及光气化产品安全生产管理指南》的要求。

② 采用先进的工艺，光气系统的设计应遵循本质安全的原则，尽可能降低系统中光气的储存量和滞留量；优化管线配置，降低含光气管线连接长度。尽可能选用相对安全的气态光气法进行光气化反应的工艺流程，以下游生产所需的速率确定光气生产量。

③ 主体生产装置根据工艺要求，不管采用敞开式或半敞开式建（构）筑物，还是采用封闭式建（构）筑物，都必须确保生产装置安全和作业场所有害物质的浓度符合安全卫生标准。封闭式建（构）筑物采用强制排风；敞开式或半敞开式建（构）筑物，采用软管式局部排风系统。

④ 设备设计时，要保证严格的密闭性。具体的措施包括：较高的容器设计裕量；较高的管道设计等级；对关键管道，建议设计时采用高一级压力等级等。

⑤ 设置报警和安全联锁。例如，对于有毒物料，如光气、氯气、一氧化碳等，在不正常操作时的排液口、取样口、储罐阀组处等可能泄漏或聚积有毒气体的地方，设置有毒气体探测器；在控制室、配电室和分析室等与含上述有毒物料的设备相距30m以内，设置相应的有毒气体探测器等。

⑥ 设置隔离体。紧急情况下，系统可实现自动分段隔离与排净，实现系统在短时间内的泄压，排出的气体可直接进入紧急分解系统。应设置废气处理设施、软管排风设施及紧急情况下应急事故破坏系统，应急事故破坏系统的碱液循环系统应保持不间断运行，排风气经碱洗分解后排放大气。

⑦ 加强个人防护。例如，在所有人身可能接触到有害物质而引起烧伤、刺激或伤害皮肤的区域内，均设紧急淋浴器和洗眼器；对关键操作强制使用人员防护设备，例如空气呼吸面具、全身PVC防护服、手套和防护镜等。

【事故案例】

2007年，国内某TDI公司TDI车间硝化装置发生爆炸事故，造成5人死亡，80人受伤，其中14人重伤，厂区内供电系统严重损坏，附近村庄几千名群众疏散转移。

事故发生当天16时许，由于蒸汽系统压力不足，氢化和光气化装置相继停车。20时许，硝化装置由于第二硝基甲苯储罐液位过高而停车，由于甲苯供料管线手阀没有关闭，调节阀内漏，导致甲苯漏入硝化系统。22时许，氢化和光气化装置正常后，硝化装置准备开车时发现硝化反应深度不够，生成黑色的络合物，遂采取酸置换操作。该处置过程持续到第二天10时54分，历时约12h。此间，装置出现明显的异常现象：一是其中一个硝基甲苯输送泵发生多次跳车；二是第一硝基甲苯储槽温度升高（有关人员误认为仪表不准）。期间，由于第二硝基甲苯储罐液位降低，导致氢化装置两次降负荷。

当硝化装置开车，负荷逐渐提到42%时，13时02分，厂区消防队接到报警：硝基甲苯输送泵的出口管线着火，13时07分厂内消防车到达现场，与现场人员一起将火迅速扑灭。13时08分系统停止投料，现场开始准备排料。13时27分，硝化系统中的静态分离器、硝基甲苯储槽和废酸罐发生爆炸，并引发甲苯储罐起火爆炸。

事故原因 这次爆炸事故的直接原因是，在处理硝化系统异常时，酸置换操作使系统硝酸过量，甲苯投料后，导致第一硝化系统发生过硝化反应，生成本应在第二硝化系统生成的二硝基甲苯和不应产生的三硝基甲苯（TNT）。因第一硝化静态分离器内无降温功能，过硝化反应放出大量的热无法移出，静态分离器温度升高后，失去正常的分离作用，有机相和无机相发生混料。混料流入第一硝基甲苯储槽和废酸储罐，并在此继续反应，致使第一硝化静态分离器和第一硝基甲苯储槽温度快速上升，硝化物在高温下发生爆炸。

安全措施 ①严密监控工艺参数，如温度、压力和反应物质的配料比等；②异常工况时严格执行工艺操作规程，及时采取正确的技术措施。

事故简评 在处理异常状况时，按操作规程严密监控各设备的工艺参数变化，是发现事故隐患的前提；操作人员保持高度的安全意识，克服主观上的“想当然”（有关人员误认为仪表不准）是避免事故发生的重要条件；及时更换故障部件和故障仪表（内漏阀门、温度仪表），是避免误判事故的保障。

4.2 合成氨工艺过程安全技术

4.2.1 概述

合成氨是生产尿素、磷酸铵、硝酸铵等化学肥料的主要原料。现代合成氨工业以各种化石能源为原料制取氢气和氮气。制气工艺因原料不同而不同：以天然气、油田气等气态烃为原料，空气、水蒸气为气化剂的蒸汽转化法制氨工艺是最典型、最普遍的合成氨工艺；以渣油为原料，以氧、水蒸气为气化剂生产合成氨，采用部分氧化法；以煤（粉煤、水煤浆）为原料，氧和水蒸气为气化剂的制氨工艺，采用加压气化或常压煤气化法。

原料气的净化大致分为两类：烃类蒸汽转化法的原料气经CO变换、脱碳和甲烷化最终净化，称为热法净化流程；渣油部分氧化和煤加压气化生产原料气，CO变换采用耐硫变换催化剂，低温甲醇洗脱硫、脱碳，液氮洗最终净化，称为冷法净化流程。制气工艺和净化工艺的不同组合，构成各种不同的合成氨工艺流程，具代表性的大型合成氨工艺有Topsoe、Kellogg和Braun制氨工艺流程以及Kellogg、Braun和ICI-AMV低能耗工艺流程等。

4.2.2 典型工艺危险性分析

本节中以 Kellogg（凯洛格）合成氨生产工艺为例，分析生产过程中的危险有害因素。该工艺主要包括五个工序：脱硫工序，天然气经加压至 3.8MPa 进行醇胺湿法脱硫，然后经一段炉预热升温到 371℃，进行氧化锌精脱硫；转化工序，脱硫工序来的天然气与水蒸气混合进入一段转化炉，在催化剂的作用下进行甲烷转化反应，再进入二段转化炉，同时加入空气燃烧掉部分 H_2，释放热量完成甲烷二段转化反应；高低温变换工序，二段转化气经废热锅炉回收余热后，进入变换系统，在催化剂的作用下，气体中的 CO 与水蒸气反应，生成 CO_2 和 H_2；脱碳甲烷化工序，从变换系统来的工艺气体经热钾碱工艺脱除工艺气中的 CO_2，脱碳后的工艺气在催化剂的作用下，经过甲烷化反应制成氨合成原料气；压缩合成工序，合成原料气经压缩至 15.0MPa，送入合成塔进行氨的合成，采用塔后分氨技术分离出液氨产品，液氨产品采用低温常压氨罐储存（见图 4-2）。

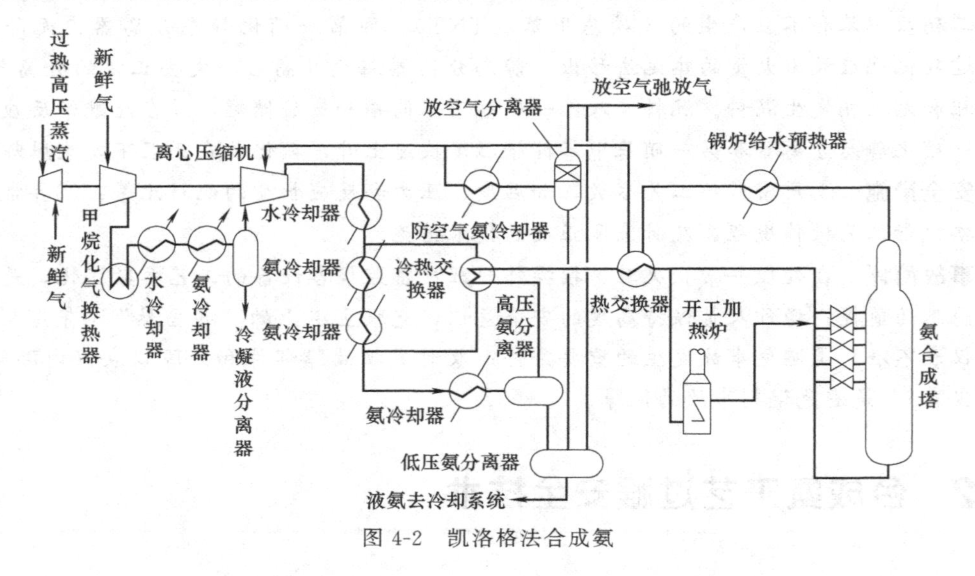

图 4-2 凯洛格法合成氨

4.2.2.1 物料的危险性分析

合成氨生产的产品、原料、中间产物中涉及到较多的危险化学物。产品氨与空气混合能形成爆炸性混合物，遇明火、高热能引起燃烧爆炸，与氟、氯等接触会发生剧烈的化学反应；氢气是易燃易爆气体，燃点 570℃，在空气中爆炸极限为 4%～74.2%，氢气与空气混合极易形成爆炸性混合气体；一氧化碳为无色无味、易燃易爆气体，燃点 610℃，爆炸极限为 12%～75%，大量吸入会造成一氧化碳中毒，严重时可致人死亡；硫化氢气体属易燃易爆毒性气体，燃烧后的二氧化硫遇水将生成硫酸，硫酸有腐蚀性，很容易造成环境污染。甲烷为易燃易爆气体，燃点 537℃，爆炸极限为 5%～15.4%。主要危险物料及其燃爆性、毒害性见附录 1。

4.2.2.2 生产过程中的危险性分析

(1) 火灾爆炸

在合成氨生产过程中压缩机、转化炉、变换炉、合成塔、工艺气管道等都存在火灾爆炸的危险。高温、高压气体物料从设备管线泄漏时会迅速与空气混合形成爆炸性混合物，遇到明火或静电火花会引发火灾和空间爆炸。气体压缩机等转动设备在高温下运行会使润滑油挥发裂解，在附近管道内造成积炭，可导致积炭燃烧或爆炸。高温、高压可加速设备金属材料发生蠕变、改变金相组织，还会加剧氢气、氮气对钢材的氢蚀及渗氮，加剧设备的疲劳腐蚀，使其机械强度减弱，引发物理爆炸。液氨大规模事故性泄漏会形成低温云团引起大范围人群中毒，遇明火还会发生空间爆炸。

(2) 窒息中毒

合成氨生产过程中涉及大量有毒、窒息性气体，如硫化氢、氨、一氧化碳、氮气等。系统若超温、超压运行容易造成设备、阀门、管道疲劳、脆变、老化。此外低温、湿度、臭氧同时对设备、阀门、管道造成锈蚀、脆变等损伤。在生产过程中如果操作不当、安全设施未设置或设置不完善，都可能发生有毒有害气体、易燃液体、易燃气体的泄漏，造成人员窒息中毒事故，给工作人员带来很大的危险。

(3) 高温灼烧

装置中转化炉、变换炉、甲烷化炉、合成塔、蒸汽管道、锅炉等都属高温设备，如保温层效果不好或绝热层有损坏，当作业人员接触又未戴手套，极有可能造成高温烫伤。过热蒸汽及热物料管道绝热层有损坏，高热介质会对人员造成烫伤。

(4) 噪声伤害

装置中各压缩机、风机、泵等转动设备是噪声发生源，超标噪声不仅影响工厂正常的工作和生产，且对人员健康和安全生产会造成一定的危害。

(5) 机械伤害

在化工生产过程中存在机械伤害的隐患，尤其是转动设备操作、检维修作业过程中，如果操作不当、不按规程操作，都极易发生机械伤害事故。

4.2.3 安全措施

针对合成氨生产过程中存在上述危险有害因素，可采取以下的技术措施和管理措施，以保证生产的安全稳定运行：

① 建立健全安全生产管理制度和操作规程，加强作业人员培训教育，严格工艺条件控制，减少人为失误。

② 加强机械设备、有毒有害介质设备管道等的维护管理，加强特种设备的定期检验，减少危险介质泄漏的发生。

③ 采用DCS集中控制系统实现自动化生产，特别应对危险工艺采用自动化控制，保证装置的稳定运行。

④ 对各工序重要参数、关键控制点的设置自动检测报警联锁及ESD紧急停车系统。

⑤ 在可能泄漏可燃气体和有毒气体的部位设置可燃有毒气体检测报警系统和火灾报警系统。

⑥ 在液氨储存和氨合成工段等涉氨区域设置喷淋洗眼器设施，设置消防水炮、事故喷淋水及事故废水收集系统。

⑦ 对可能造成机械伤害、噪声、高温等危险场所作业人员配备必要的劳动防护用品。

【事故案例】

2000年10月，某合成氨厂由于公用装置故障引起电力暂停，导致全厂装置停车。当此问题解决后，转化炉重新开启，在增压过程中，废热锅炉蒸汽包发生严重泄漏，随后又重新停车并处理泄漏问题。完成所有维修活动后，为了节省时间（大约10h），操作工临时变更操作程序，重新开启转化炉。当转化炉基本上达到60%燃烧量时，发现出口温度依然没有增加。这时操作工怀疑出口温度检测器故障，再观察转化炉，却发现大部分反应管已经熔化损坏，遂立即关闭转化炉。此后又造成了6个月停工维修。

事故原因 因为紧急停车，加之变更操作程序，加热炉在缺少氮气的情况下点燃。转化炉的出口温度显示没有增加，所以加大了加热速率。在这个阶段，对流区域温度在DCS上出现多次报警。操作人员因为忙于蒸汽包等级控制，关掉了控制面板的报警。由于没有任何物流通过转化炉，积累的热量没有被流体带出，反应管最终熔损。

安全措施 严格按照操作程序进行开、停车。转化炉在启动过程中，应定时目视检查反应管，启动前确保仪器的可靠性。

事故简评 操作人员没有正确传达或理解启动程序，就进行了变更操作。不仅没有节省时间，反而造成停工维修6个月。在化工生产中，一定要严格执行操作程序。程序发生偏离或变更时，需要主管工艺和安全的领导通过授权后才能执行。

4.3 聚合工艺过程安全技术

4.3.1 概述

聚合反应是形成高分子材料的关键步骤。聚合反应分为自由基聚合、离子型聚合及缩合聚合。自由基聚合反应在高分子合成工业有极其重要的地位。当前许多重要的高分子材料，如高压聚乙烯、聚氯乙烯、聚苯乙烯、聚丙烯腈、丁苯橡胶、ABS树脂等都是采用自由基聚合反应而成。另外本体聚合、悬浮聚合、乳液聚合、溶液聚合均可归到自由基聚合。离子型聚合分为阳离子聚合、阴离子聚合和配位聚合。缩合聚合分为熔融溶液缩聚、界面缩聚、乳液缩聚等。

高放热、高黏度是聚合工艺共同的特点。带压操作是许多聚合工艺的操作条件，少数超高压聚合工艺其反应压力甚至超过250MPa。聚合原料具有自聚和燃爆危险性，如果反应过程中热量不能及时移出，随物料温度上升，会发生裂解和暴聚，所产生的热量使裂解和暴聚过程进一步加剧，进而引发反应器爆炸。此外部分聚合助剂危险性也较大。如果反应条件控制不当，很容易引起事故。

4.3.2 典型工艺危险性分析

本节以高压聚乙烯反应为例进行危险性分析并提出安全措施。乙烯经压缩后进入反应器，在压力为100～300MPa，温度为200～300℃，并在氧或过氧化物引发剂的作用下聚合为聚乙烯。反应物经减压分离，未反应的乙烯回收循环使用，熔融状态的聚乙烯在加入

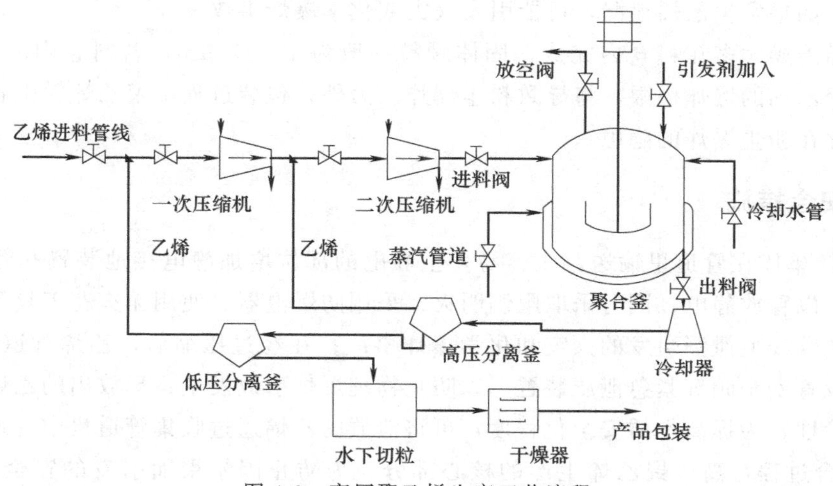

图 4-3　高压聚乙烯生产工艺流程

助剂后冷却，用挤出机造粒（见图 4-3）。

4.3.2.1　物料的危险性分析

生产聚乙烯的原料是乙烯。无色气体，带有甜味。不溶于水，微溶于乙醇，溶于乙醚、丙酮和苯。极易燃，与空气混合能形成爆炸性混合物，遇明火、高热或接触氧化剂，有引起燃烧爆炸的危险。具有较强的麻醉作用。聚乙烯为白色蜡状半透明材料，柔而韧，比水轻，无毒，具有良好的介电性能，但易燃烧。主要危险物料及其燃爆性、毒害性见附录 1。

4.3.2.2　生产过程的危险性分析

高压法生产聚乙烯重点控制的工艺参数有：聚合反应釜内温度、压力，聚合反应釜内搅拌速率；引发剂流量；冷却水流量；料仓静电、可燃气体监控等。上述参数发生异常时，生产过程中可能发生火灾、爆炸等事故。

乙烯作为介质在管道输送时，易产生静电，静电聚集放电所释放的能量可将乙烯点燃；法兰连接处易使乙烯气体发生泄漏，可燃气体遭遇静电放电，将引起火灾或者化学爆炸；同时，乙烯输送管道压力较高，一旦压力出现异常，超过了管道所能承受的压力极限，物理爆炸也可能发生；乙烯气体进入一次压缩机，压缩后温度和压力同时升高，物理爆炸、化学爆炸和火灾的危险性将增加；在进入二次压缩机时，气体压力进一步提高，乙烯的温度和压力再次提升，物理爆炸、化学爆炸和火灾风险性更高。

经二次压缩后的乙烯气体输入聚合釜，釜内温度高达 260℃，压力为 250MPa，聚合釜具有极大的物理爆炸危险性；当加入引发剂时，发生自由基聚合反应，若引发剂加入速度过快，瞬间生成大量的活性中间体，导致暴聚，堵塞放空管线，温度急剧升高，釜内压力急速上升，将发生物理爆炸事故；若聚合釜爆炸，大量的可燃气体外泄，会引起更加严重的事故后果。

另外，由于自由基聚合反应为放热反应，若冷却水冷却效率不满足生产需要，釜内聚合反应速率增加，同样会导致釜内压力上升，可能发生的事故类型同上。

聚合反应完成后，反应物进入冷却器，在高压分离器中，聚乙烯和部分未反应的乙烯气体分离，压力较高，存在着物理爆炸的可能。另外，在高压分离器和低压分离器中均有乙烯气体，如果发生乙烯泄漏，可能引发火灾或化学爆炸事故。

聚乙烯干燥大多在料仓内完成，固体颗粒一般为 1～100μm，若料仓内的粉尘飞扬，一旦达到聚乙烯的爆炸极限，将导致粉尘爆炸。另外，包装过程中聚乙烯粉尘容易飘浮在空中，也存在粉尘爆炸的隐患。

4.3.3 安全措施

① 乙烯单体在管道里输送，在容易发生静电的部位增加静电接地装置和管道防静电跨接装置，以释放静电；同时采取限制明火、采用防爆电器、使用无火花工具等措施防止乙烯在输送管线上泄漏引发的火灾和化学爆炸事故；在经过压缩后，乙烯管道压力增加，在管道上设置安全阀等紧急泄压装置，以防止物理爆炸事故发生；释放出的乙烯气体具有较大的危险性，为提高本质安全化程度，可将泄放的乙烯通过收集管道集中处理。

② 聚合过程是高压聚乙烯生产的核心部分，为防止因暴聚而引发的安全生产事故，严格控制引发剂的加量和加入速度；聚合反应所放出的热量应及时移出，控制冷却水用量，达到其冷却效率；在聚合釜设置温度报警装置，如温度超限，温度报警装置与冷却水流量、引发剂流量形成联锁，自动加大冷却水用量和切断引发剂的加入，若仍不能满足降温要求，则联锁启动聚合釜紧急泄料设施，从根本上解决因温度失控引发的事故；温度上升总伴随压力增加，为防止压力异常带来的物理爆炸，在聚合釜上设置压力报警装置，如压力超限，装置将自动打开聚合釜的通气管泄压，也可同时采取紧急泄料措施防止恶性事故发生。

③ 在干燥和包装过程中，为防止聚乙烯粉尘发生爆炸，可采用密闭干燥和密闭包装，此举不仅能够防止粉尘飞扬，也为操作员工的职业健康带来益处；另外，因引发粉尘爆炸的条件之一是具有点火源，控制点火源也是重要的安全控制措施，如控制明火使用、泄漏静电、严防撞击火花产生、采用防爆电气设备等都是较好的措施。

【事故案例】

2002 年 2 月 23 日，辽阳石化分公司聚乙烯装置发生爆炸事故，造成 8 人死亡，1 人重伤，18 人轻伤，直接经济损失高达 452.78 万元。

事故当天凌晨 3 点左右开始，因聚乙烯新线工艺参数不正常，采取降负荷生产，到早上 7 点负荷降到了 40%。7 时 20 分，当班班长发现悬浮液接受罐压力急速上升，反应速率下降，于是安排 3 名操作工到现场关闭阀门，进行停车处理。操作工到达现场后发现现场有物料泄漏，立即打电话向装置主控室报告。在班长跑向现场不到 1min，新线就发生了剧烈爆炸。

事故原因 直接原因：由于聚乙烯系统运行不正常，造成压力升高，致使劣质玻璃视镜破裂，导致大量的乙烯气体瞬间喷出，逸出的乙烯又被引风机吸入沸腾床干燥器内，与聚乙烯粉末、热空气形成的爆炸混合物达到爆炸极限，被聚乙烯粉末沸腾过程中产生的静电火花引爆，发生了爆炸。间接原因：该公司在物资采购、工程建设、生产操作和工艺管理、装置设计、用工管理等各个方面都存在问题。

安全措施 严细采购流程，严格供应商管理，严把采购质量关；严格承包商管理，严把工程施工和检维修质量关；严格工艺和操作纪律管理，严把操作关；严格“三同时”管理，严把设计审查关；严格劳动纪律管理，落实员工奖惩条例；严格用工管理，严禁无关人员进入生产现场。

事故简评 一块小小的劣质玻璃视镜就能造成严重的人员伤亡和经济损失。安全无小事，在化工企业更是如此。

4.4 氧化工艺过程安全技术

4.4.1 概述

氧化为有电子转移的化学反应中失电子的过程，即氧化数升高的过程。多数有机化合物的氧化反应表现为反应原料得到氧或失去氢。涉及氧化反应的工艺过程为氧化工艺。常用的氧化剂有：空气、氧气、双氧水、氯酸钾、高锰酸钾、硝酸盐等。

氧化工艺过程中，主要存在火灾、爆炸的危险有害因素。反应原料及产品具有燃爆危险性；反应气相组成容易达到爆炸极限，具有闪爆危险；部分氧化剂具有燃爆危险性，如氯酸钾、高锰酸钾、铬酸酐等都属于氧化剂，如遇高温或受撞击、摩擦以及与有机物、酸类接触，皆能引起火灾爆炸；产物中易生成过氧化物，化学稳定性差，受高温、摩擦或撞击作用易分解、燃烧或爆炸。

4.4.2 典型工艺危险性分析

本节以环氧乙烷生产为例进行论述。环氧乙烷（EO）是一种最简单的环醚。环氧乙烷是石油化工中的重要产品，主要用于水合制乙二醇、表面活性剂、洗涤剂、增塑剂及树脂等；在医药方面，环氧乙烷还可用作灭菌剂。

乙烯氧化生产环氧乙烷工艺是利用乙烯与空气（或氧气）在银催化剂存在的条件下反应生成环氧乙烷。整个工艺由 6 个子系统组成：乙烯氧化、环氧乙烷吸收、二氧化碳脱除、环氧乙烷汽提、环氧乙烷再吸收和环氧乙烷精制。该工艺是目前制备环氧乙烷的主流技术，工艺成熟可靠。乙烯（99.95%）和氧气（99.95%）按一定比例，在 260℃，压力 2MPa，Ag 催化剂作用下，以气相状态反应生成环氧乙烷；环氧乙烷经水吸收塔吸收与气相分离；未被吸收的气相经二氧化碳吸收塔除去反应生成的二氧化碳后，再经循环压缩机重新返回乙烯氧化反应器再反应（见图 4-4）。

环氧乙烷生产系统中的工艺设备及反应物料大部分具有易燃、易爆，有毒、有害，高温、高压，深冷、低温等特点，这决定了该生产系统中具有较大的火灾、爆炸危险性。

4.4.2.1 物料的危险性分析

乙烯在银催化剂上用空气或纯氧进行氧化，除得到产物环氧乙烷外，主要副产物是二氧化碳和水，并有少量甲醛和乙醛生成。环氧乙烷常温时为无色气体，沸点 10.4℃，可与水、醇、醚及大多数有机溶剂以任意比例混合，其蒸气易燃易爆，爆炸范围为 3%～100%。环氧乙烷有毒，如停留于环氧乙烷蒸气的环境中 10min，会引起剧烈的头痛、眩晕、呼吸困难、心脏活动障碍等。接触液体环氧乙烷会被灼伤，尤其是 40%～80%的环氧乙烷水溶液，能较快地引起严重灼伤。美国职业防护与健康局（OSHA）1984 年规定

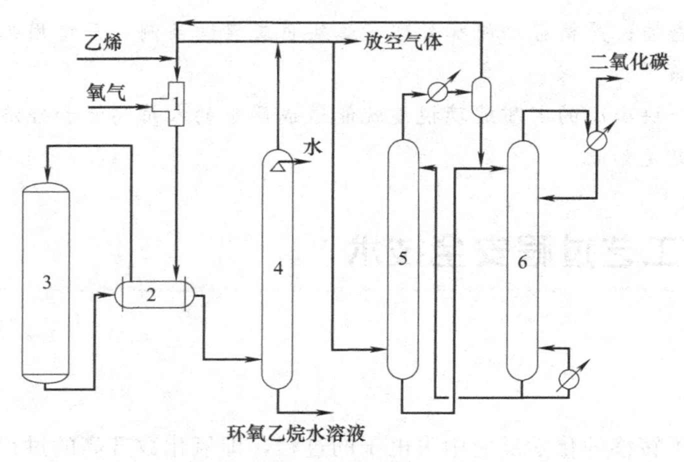

图 4-4　氧气氧化法制环氧乙烷

1—混合器；2—热交换器；3—反应器；4—环氧乙烷吸收塔；
5—二氧化碳吸收塔；6—二氧化碳吸收液再生塔

工作环境的空气中环氧乙烷的 8h 平均允许浓度为 $1mL/m^3$，废除了以前工作环境中最大允许浓度为 $50mL/m^3$ 的规定。环氧乙烷液体及其溶液属于会伤害眼睛的最危险的物质之一，如果眼睛不慎接触到环氧乙烷液体或其溶液，应马上用大量水冲洗 15min 以上，并及时就医。环氧乙烷性能参数见附录。

4.4.2.2　生产过程的危险性分析

(1) 火灾、爆炸

环氧乙烷生产工艺过程主要物料是乙烯和空气（或纯氧），反应控制条件十分严格，在操作过程中，乙烯、氧气易形成爆炸混合物。反应器的火灾爆炸危险起因于乙烯氧化反应是强放热反应，所以在生产过程中，对反应温度的控制要求非常严格。工业上对氧化反应的换热方式，一般是利用有机热载体在反应器壳程和废热锅炉之间进行循环，使热量及时移出。但采用导热油换热的环氧乙烷反应器径向温差大，导热油流动均布要求高。如果采用加压饱和水作为热载体，其传热方式为汽化潜热传热过程，传热系数大大提高，径向温度分布更易均匀；同时由于强化了传热，可以采用较粗的反应管以增加产量，所以近年来环氧乙烷反应器均采用加压饱和水换热。如果反应条件控制不当，反应过于激烈，产生的高压蒸汽压力过高，也可能使反应器发生爆炸。

系统缺水（突发性断电、控制阀关闭）、超压、超温等，导致反应器爆炸。

以下因素可能诱发火灾爆炸事故：反应器内的乙烯、环氧乙烷和空气；可能残存于反应器内的压缩机油；环氧乙烷吸收系统、空气管线的阀门内漏或未关严；乙烯空气比失调(未调试或调试不准确、仪表故障)；开、停车后乙烯氧化系统吹扫不彻底，导致在容器内残存乙烯、有机物和杂质；开、停车程序存在偏差等。

有电点火源、反应器系统水热循环热源、系统旋转构件松动或变形时碰撞产生火花、物料输送过程中产生静电和检修设备过程中使用明火等，也是火灾爆炸事故的可能诱发原因。

(2) 中毒窒息

环氧乙烷的沸点只有 10.4℃，在常温下为无色气体。操作人员在日常操作中更可能处于环氧乙烷气体环境，由于它对人的嗅觉有麻痹作用，长期接触，哪怕是长期少量接触，都会造成神经衰弱综合征和植物神经功能紊乱。环氧乙烷的蒸气密度比空气重，能在较低处扩散到相当远的地方，污染周围环境。

4.4.3 安全措施

4.4.3.1 反应系统

由于乙烯与空气易形成爆炸气体，而且爆炸极限很宽，因此必须严格控制乙烯与空气的比例，采取特殊工艺（如特殊结构的氧混合器）使得乙烯与空气能够快速混合均匀，避免乙烯局部浓度过高。在生产中对反应后气体应经常进行分析，并可采用惰性气体将气体组成调节在爆炸范围以外。

定期对系统的流量、温度、压力及联锁报警系统进行检查和校验；在系统的开、停车过程中，进行清洗、吹扫、置换和气密合格试验，防止系统残存乙烯和环氧乙烷，消除可能爆炸物；设备检修过程中，对系统进行彻底清洗，把与系统相连的物料管线彻底断开或加盲板，利用空气或氮气进行系统置换，增加对流；开车前进行乙烯空气比调校。

建立并严格执行反应器循环水系统的开、停车程序，开车之前必须对系统进行预热、建立热循环；严格控制循环给水水质标准，避免劣质水对反应器的腐蚀，加强对系统进行定期排污。

4.4.3.2 储罐

由于铁锈能引起环氧乙烷的聚合，为了防止储罐罐体生锈，其材质应优先选用合格的不锈钢。另外，由于环氧乙烷的爆炸范围广，储罐中绝不能掺入空气，应通入惰性氮气进行保护。氮封压力必须大于环氧乙烷在最高环境温度下的饱和蒸气压。

为了维持储罐内压力恒定，避免负压和超压损坏储罐，设计时必须设置压力调节系统和放空系统。当罐内压力超压时，则通过放空气体调节阀释放压力，放空气体排入放空气总管。当温度升高或其他异常原因引起进一步超压并达到放空压力时，罐顶安全阀打开，环氧乙烷的安全阀入口应有充氮接管，安全阀的排空管应连续充氮，安全阀要经常检查以保持畅通。

4.4.3.3 仪表

设置并严格调校乙烯空气比例仪、工艺进料程序控制器及高低流量开关，在开车之前，对设置的乙烯空气比例仪、高低流量控制开关，按照不同的负荷比例进行乙烯空气比实验，并对其进行校验，避免系统的乙烯空气比例失调、联锁报警系统失灵等，保证功能正常。

4.4.3.4 设备与电气系统

反应器水循环系统的循环水泵实行双电源供电，设置备用蒸汽透平循环泵，定期对锅炉给水系统的高低液位仪、高压开关报警联锁系统、水质电导仪校验和检查；对系统设置的静电接地装置连接定期检测。

4.4.3.5 管道安装

由于环氧乙烷性质活泼，能和很多物质发生反应，所以选材方面十分严格。凡是接触环氧乙烷的管道、阀门、管件、支架等设备的材质均选用不锈钢。垫片选用不锈钢和聚四氟乙烯的缠绕垫，禁止使用天然橡胶和石棉垫，因为它们能引起环氧乙烷的聚合。

为了防止泄漏，管道连接除了必要的法兰连接外，其他均采用焊接形式，不能采取螺纹连接。环氧乙烷属于甲A类液体，根据《石油化工有毒、可燃介质管道工程施工及验收规范》划分，管道等级为SHB，按《石油化工管道设计器材选用通则》规定，法兰的公称压力不宜低于2.0MPa。

储罐的出口阀门及一些经常操作的阀门不能直接放在罐底，要在不影响操作的情况下尽量远离罐，以免发生事故无法及时操作。环氧乙烷罐出口第一道阀门应该和管道上的泵联锁，一旦泵停止运行，阀门也应该立即关闭。泵入口管道要有一定长度的直管段，避免袋形，且坡向泵，以免引起泵的气蚀。

管路设计时，要保持管段步步高或步步低，以便自流放净，如果不得不出现袋形，应在低点设放净点，管线用氮气吹扫，并用大量水稀释排放物，平时所有的放净点要用管帽封堵。管道分支的根阀要尽量靠近主管，主管的吹扫阀和放净管应达到最短，以免有过多的积液，管道中阀门及管件的安装应注意使管道的死点尽量少。管路中不要长期存放停滞的物料，要及时放净吹扫，以免环氧乙烷固态聚合物堵塞管路。

4.4.3.6 泵的保护

环氧乙烷输送泵优先选用全封闭运行的屏蔽泵。输送泵应有防止空转并应设泵内液体超温报警和自动停车的联锁设施。当罐内液位到达低点时应控制停泵，以防泵空转升温。在泵密封附近，应设喷水防护设施。当发生火灾或泄漏时，喷淋系统可以自动打开。

4.4.3.7 喷淋冷却系统

低温环氧乙烷比较安全，而且很少发生大规模自聚，因此进入储罐前要使环氧乙烷的温度降至−5℃。冷却环氧乙烷要用独立于储罐的冷却器，并不能将冷却设备置于罐内；另外冷冻液须选用不能和环氧乙烷发生反应的介质，冷冻介质一般为冷冻盐水（乙二醇水溶液）。储罐及管路需要保冷，保冷材料用阻燃的闭孔泡沫玻璃纤维。

在重要的阀组、泵、装卸站台和盛有环氧乙烷的设备上必须设置喷淋冷却设施。喷淋系统由浓度信号和温度信号自动开启，如果因故不能自动开启，操作工可以在安全位置手动启动。如果有火灾或大量泄漏发生，将启动周围的消防水炮。罐区和泵区的排放系统不仅能满足平常的排放，而且还同时满足喷淋、消防、稀释污水量。污水系统不能直接进入全厂性的污水系统，而是通过管道排入附近的集水池。

4.4.3.8 事故处理设施

环氧乙烷一旦发生泄漏，会很快挥发成气体向周围扩散，遇有明火会引发爆炸，损害人体健康，所以此时最好要有大量的水来稀释它。因此，环氧乙烷罐区附近应设置水池，出现事故马上用大量的水来稀释泄漏物。水池的大小应该根据环氧乙烷的最大储量来设计，通常为最大储量的24倍，因为4%（质量分数）的水溶液要相对安全得多。水池附近设有排水泵，当水位达到高位时，用泵将污水送至污水处理厂。

在泵区、罐区以及有可能发生泄漏的操作台附近都要设有洗眼器，一旦接触环氧乙烷应立即用大量水清洗，以免造成进一步伤害。在环氧乙烷装置附近设置急救室，内备药物、呼吸器、防毒面具、供氧设施。

【事故案例】

2004 年 6 月 7 日，大连 SF 联合化工有限责任公司油剂车间缩合岗位发生爆炸，一名操作女工被当场烧死。

事故原因 油剂车间缩合岗位操作员在为环氧乙烷计量罐备料时精力不集中，未能及时关闭进料阀和放空阀，造成环氧乙烷计量罐充满后，环氧乙烷蒸气从放空阀逸至排风管道系统，与空气混合形成了爆炸性混合物；用于化工生产的设备存在缺陷，环氧乙烷计量罐无液位报警装置，放空管与主排风系统连接；加之生产系统未安装静电接地装置，造成静电积聚放电，产生火花，导致逸至排风管道系统的环氧乙烷蒸气发生爆炸。

安全措施 严格执行操作规范；环氧乙烷计量罐安装液位报警装置，放空管单独排放；生产系统安装静电接地装置。

事故简评 这是一起由于违章作业、设备有缺陷及安全管理不善等造成的安全生产责任事故。

4.5 加氢工艺过程安全技术

4.5.1 概述

加氢是在有机化合物分子中加入氢原子的反应，涉及加氢反应的工艺过程为加氢工艺，主要包括不饱和键加氢、芳环化合物加氢、含氮化合物加氢、含氧化合物加氢、氢解等。

加氢工艺过程中，主要存在火灾、爆炸的危险有害因素。反应物料具有燃爆危险性，氢气的爆炸极限为 4%～75%，具有高燃爆危险特性；加氢为强烈的放热反应，氢气在高温高压下与钢材接触，钢材内的碳分子易与氢气发生反应生成碳氢化合物，使钢制设备强度降低，发生氢脆；催化剂再生和活化过程中易引发爆炸；加氢反应尾气中有未完全反应的氢气和其他杂质，在排放时易引发着火或爆炸。

4.5.2 典型工艺危险性分析

加氢精制是油品在氢压下进行改质的一个总称。加氢装置的技术特点为既有高温高压，又有化学反应，物料多为甲类危险品，生产过程中产生有毒气体硫化氢、氨等，所以易发生事故，设备故障率也较高。加氢精制工艺装置有石脑油加氢、煤油加氢、柴油加氢、润滑油加氢和石蜡加氢等主要类型。本节以柴油加氢装置为例，分析其危险性，提出安全措施。

柴油加氢精制是指油品在加氢精制催化剂、氢气和一定压力、温度条件下，将柴油中所含的硫、氮、氧等非烃化合物转化成易于除去的硫化氢、水和氨，使不安定的烯烃和某些芳烃饱和，从而改进油品的安定性能、腐蚀性能、燃烧性能和其他使用性能，提高柴油标准等级。柴油加氢装置由反应进料加热炉、加氢反应、循环氢脱硫、氢气压缩机、产品分馏、尾气脱硫和膜分离等部分组成（见图 4-5）。

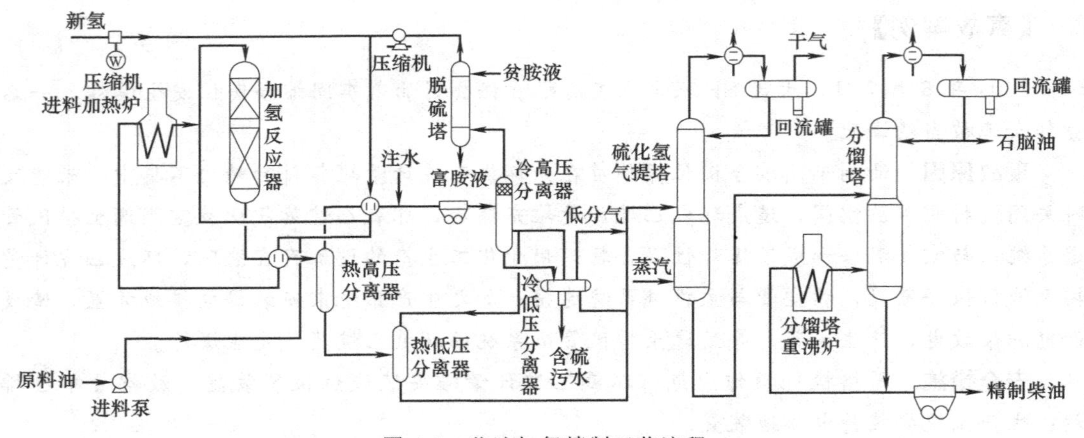

图 4-5　柴油加氢精制工艺流程

4.5.2.1　物料的危险性分析

加氢装置的原料和产品多为易燃、易爆物质，且处于高温、高压、临氢的操作条件下，给装置带来一定的运行风险，由于装置处理原料所含组分和氢气对设备材质具有腐蚀性，因此，当泄漏温度超过其自燃点、遇静电或热源就可能引发火灾、爆炸事故。加氢装置主要物料危险特性，见附录1。

4.5.2.2　生产过程的危险性分析

(1) 装置主要工艺危险特点

柴油加氢为高温、高压下的放热反应，涉及的介质主要是在400℃左右反应的柴油、压力约为8.0MPa的氢气，还有汽油等轻烃物质。加氢反应系统和反应油气热、冷高分离过程是最危险工艺控制点。加氢装置主要工艺危险特点如下。

① 加氢反应器入口温度通过调节加热炉燃料气压力和流量来控制，加氢反应为放热反应，若反应器温度失控，注急冷氢流量不稳或氢气输送管道不合理、管线不通畅及处理不当将发生反应器飞温超压，引起火灾、爆炸。

② 加氢反应系统压力由新氢加入量控制，若新氢或循环氢压缩机故障停车，加氢反应器应及时切断热源或原料油供料，若处理不当，反应系统将发生高温结焦或反应器超温而引起火灾、爆炸。

③ 热高分离器操作压力约8MPa，热低分离器操作压力约3MPa，生产过程中若高分离器液面控制过低，易发生高压气窜入低压分离器，而导致设备破坏或引起重大事故。

④ 若循环氢脱硫塔液位控制失控，易发生高压氢气窜入氨液系统事故。

⑤ 原料油流量低或中断，易发生反应器超温、超压而引发事故。

⑥ 压缩机设备润滑油温度高、压力低、轴位移、轴震动等若处理不及时或处理不当，将损坏设备，影响装置正常生产。

⑦ 当装置出现泄漏或突发性故障时，应紧急泄放反应系统压力，否则会扩大事故。

(2) 火灾、爆炸危险性分析

柴油加氢装置属甲类火灾危险性装置，生产过程中的原料柴油、石脑油、氢气等大多为易燃、易爆物质。在高温、高压和催化剂存在情况下，装置原料油中所含的硫会与氢气反应生成易燃、有毒和具有腐蚀性的硫化氢。辅助物料二甲基二硫亦为易燃物质。在临氢的条件下，高温、高压的富氢介质会对钢铁材质的设备产生氢蚀。一旦因设备设计、制造、安装等方面存在缺陷，或因腐蚀和操作不当等原因造成物料泄漏，遇火花或静电等点火源，有发生火灾、爆炸的可能性。

(3) 中毒窒息危害性分析

柴油加氢装置在生产过程中会产生硫化氢剧毒气体。硫化氢主要分布在加氢反应区、脱硫区、分馏区等，另外装置的含硫污水中、尾气中均含有一定浓度的硫化氢，硫化氢可能在密闭的空间及局部范围积聚，通过呼吸进入人体。加氢装置作为硫化剂使用的二甲基二硫（DMDS）为剧毒品，主要存在于加氢反应区。若作业人员接触这些有毒物质，可能导致中毒。油气等虽为低毒物质，但如果浓度超标，也可对人体皮肤及黏膜产生刺激作用。装置中用到氮气，如果容器中氮气置换后氧含量不足，人进入就可能造成氮气窒息事故。

(4) 腐蚀危害分析

加氢装置中产生的硫化氢，在反应器温度和压力较高且存在氢气的情况下，会对设备产生化学腐蚀、电化学腐蚀、氢腐蚀、应力腐蚀。另外，高温可使金属材料发生蠕变，改变金相组织，增加腐蚀性介质的腐蚀性，增强氢对金属的氢蚀作用，降低设备的机械强度，导致泄漏。加氢反应热的大量积聚，会加速钢材的 H_2S-H_2 腐蚀，使钢材强度降低，增大设备发生物理性爆炸次生火灾的可能性。

4.5.3 安全措施

4.5.3.1 工艺、设备方面安全措施

① 加氢装置的混氢点、注水点，一定要有专用的高液位报警开关，应设置止逆阀，并确保设备的完好。

② 对装置原料油罐，为减少原料油在换热器、加热炉炉管和反应器中结焦，避免原料油与空气接触生成聚合物，设计时应考虑对原料罐采用氮气保护措施，并设压力控制系统及安全排放设施（安全阀），以防止原料油倒窜影响系统安全生产。

③ 为防止高、低压分离器之间发生高压窜低压的事故，应在高压分离器安装可靠的液位检测系统、超低液位报警和联锁装置。安全联锁装置中的快速切断阀应安装在高压分离器去低分压分离器的管线上。

④ 为防止装置在停水、停电、停汽时或操作出现异常时发生物料倒流，应在设备、管道设置自动切断阀、止回阀等安全设施。

⑤ 在设计时应对混氢点、高低压分离、氢压机、高压注水、注胺以及氮气等系统采用有效防止高压窜低压的安全措施。

⑥ 装置尾气、酸性气、可燃气、液体采样应设计为密闭循环采样方式，密闭采样器应时刻保持完好。

⑦ 设计时应提供装置在事故状态下，泄压设施和安全阀泄压至火炬最大量的计算数据；同时在设计中应考虑火炬沿线凝液积存问题；除在装置边界设置分液罐外，沿线管线要尽量减少 U 形弯，分液罐的容积应能满足排放要求，以防止装置在紧急排放时带液。

⑧ 装置中的低温、低压设备，如塔、气液分离罐和汽提塔塔顶回流罐等设备都有氢

和硫化氢的存在，选用材质还应考虑湿环境下硫化氢对设备的腐蚀问题，以及低温时硫化氢的露点腐蚀问题。

⑨ 装置中的压力容器应按安全设施配置要求，配备安全阀、压力表、液面计等安全附件，安全设施的设置应满足定期检查和鉴定要求。

4.5.3.2 自动控制措施

① 依据《国家安全监管总局关于公布首批重点监管的危险化工工艺目录的通知》的规定，柴油加氢装置为危险化工工艺。按文件要求应对柴油加氢装置原料油的加热炉、高压加氢的反应系统、反应物质的冷却分离系统、循环氢压缩系统、原料供给系统和紧急泄压等工艺过程进行重点监控。自控设备的选型应严格满足防爆、防腐和控制等要求。

② 装置自动控制应采用先进可靠的DCS控制系统。对操作中变化较大、较重要的工艺参数应设有越限报警装置等自动控制和联锁保护系统，确保在误操作或非正常状况下对危险物料的安全控制。为提高装置生产的安全性，在装置内应设安全仪表系统（SIS），SIS系统应独立于DCS系统设置，在紧急情况下，系统将自动关停威胁装置安全的泵或阀门。压缩机组应单独设置自动报警和自动联锁保护系统，当发生误操作或意外事故时可自动关停危及安全的压缩机。

③ 为了操作人员和控制设备的安全，控制室应设计为抗爆结构的建筑物。

4.5.3.3 电气及自控仪表安全措施

① 按GB 50160—2008《石油化工企业设计防火规范》要求，柴油加氢装置的变配电站和机柜间应位于爆炸危险区范围以外；变配电站和机柜间应布置在较高的地平面上。

② 装置工艺介质易燃易爆，在进出装置处的易燃易爆介质工艺管线应设静电接地。

③ 对现场重要仪表和进入机柜室的电动信号设置防雷击、浪涌保护器，减少雷击对仪表和系统造成的损失。

④ 科学合理地设置可燃气体检测报警设备和硫化氢报警仪，氢压缩机厂房内应按国家标准要求安装氢气检测报警器。

4.5.3.4 事故应急救援和安全管理措施

① 在装置设备的制造和安装过程中加强监造和施工管理。

② 装置建成后，除了进行必要的工程质量、施工质量等方面的验收外，还必须经公安消防部门对消防设施和建筑防火设计审核合格；经具有检测资质的部门对装置的避雷及防静电设施检测合格；经具有国家安全评价资质的评价机构进行安全验收评价，报请国家主管部门审批后，方可投入正常生产。

③ 在装置运行时加强温度、压力等指标的控制，防止系统超温、超压；在设备维护上加强监控，如反应器定期测厚，必要时进行在线监测；生产管理上要加强职工巡检，对设备、管线按时进行检查，避免发生泄漏，最好能够进行远程实时监控。

④ 企业应对可能出现的重大事故进行详尽的研究，明确危险部位，制定出现火灾、爆炸、毒气泄漏等事故的应急处理预案，建立完善的应急救援体系，并加强演习，增强应急预案的可操作性。

⑤ 针对毒性风险，应在作业现场和相应场所设置事故处置柜，配备完善的安全防护用品、器具和急救物品。

【事故案例】

2014年，某石化公司炼油厂加氢车间，运行中的润滑油泵由于电机机械故障卡死不转，当工作泵停止后，备用泵应在润滑油压力降低后自启。从压缩机润滑油的压力降低到报警值至备用泵自启，需要一个过程。而当天压缩机润滑油低压联锁没有延时，备用油泵根本来不及启动以补充所需正常油压，最终导致压缩机紧急停车。

事故原因 事后检查油泵出现故障的原因是电机轴和轴承压盖存在严重摩擦导致电机不转，而供电系统和电器保护系统正常。这是因为运行泵没有停机信号，即电机没有失电，所以电气失电互动保护装置没有起作用。正常情况应当是：当运行油泵失电的同时备用油泵应立即自启，以补充所需正常油压。

安全措施 加强对关键机泵检查维修；加强润滑油泵的切换频次。

事故简评 氢气压缩机是柴油加氢装置最重要的设备之一，压缩机停机后会造成进料中断，反应加热炉停炉，装置改打循环，这将给装置的安全生产带来重大影响。

4.6 裂解工艺过程安全技术

4.6.1 概述

裂解是指石油烃类原料在高温条件下，发生碳链断裂或脱氢反应，生成烯烃及其他产物的过程。产品以乙烯、丙烯为主，同时副产丁烯、丁二烯等烯烃和裂解汽油、柴油、燃料油等产品。

烃类原料在裂解炉内进行高温裂解，产出组成为氢气、低/高碳烃类、芳烃类以及馏分为288℃以上的裂解燃料油等裂解混合气。经过急冷、压缩、激冷、分馏、干燥和加氢等方法，分离出目标产品和副产品。

石油裂解过程中，同时伴随缩合、环化和脱氢等反应，由于所发生的反应复杂，通常把反应分成两个阶段。第一阶段，原料裂解为乙烯、丙烯，称为一次反应。第二阶段，一次反应生成的乙烯、丙烯继续反应转化为炔烃、二烯烃、芳烃、环烷烃，甚至最终转化为氢气和焦炭，称为二次反应。裂解产物往往是多种组分的混合物。影响裂解的基本因素主要为温度和反应时间。

裂解过程主要存在火灾、爆炸的危险有害因素。在高温（高压）下进行反应，装置内的物料温度一般超过其自燃点，若泄漏会立即引起火灾；炉管内壁结焦会使流体阻力增加，影响传热，当焦层达到一定厚度时，必须进行清焦，否则会因壁温过高烧穿炉管，导致裂解气外泄，引起裂解炉爆炸；如果断电或引风机机械故障而使引风机突然停转，则炉膛内很快变成正压，会从窥视孔或烧嘴等处向外喷火，严重时会引起炉膛爆炸；如果燃料系统大幅度波动，燃料气压力过低，则可能造成裂解炉烧嘴回火，烧坏烧嘴，甚至会引起爆炸；有些裂解工艺产生的单体会自聚或爆炸，需要向生产的单体中加阻聚剂或稀释剂等。

4.6.2 典型工艺危险性分析

重油催化裂化工艺是将重质油轻质化，目的产品是汽油、柴油和液化气。由于转化率高，产品质量好，重油催化裂化已成为炼油工业深度加工和汽油生产的主导工艺。催化裂化所用重油经加热或换热后，进入提升管反应器，与来自再生器的高温再生催化剂接触，立即汽化反应，在提升管出口设有旋风分离器，使催化剂和油气快速分离，减少二次反应。含有极少量催化剂的油气经沉降器内的集气室去分馏塔进行产品分离。待生催化剂由沉降器落入下面的汽提段，经蒸汽汽提脱除吸附油气后由再生斜管进入再生器。再生器的作用是用空气烧去催化剂上的积炭，使催化剂的活性得以恢复。再生后的催化剂经再生斜管去提升管反应器。再生烟气经旋风分离器分离出夹带的催化剂后，去废热炉回收能量，然后经烟囱排至大气。反应油气进入分馏塔，分割出几个中间产品，塔顶为稳定汽油及富气，侧线产品有轻柴油、重柴油等，塔底产品是油浆（见图 4-6）。

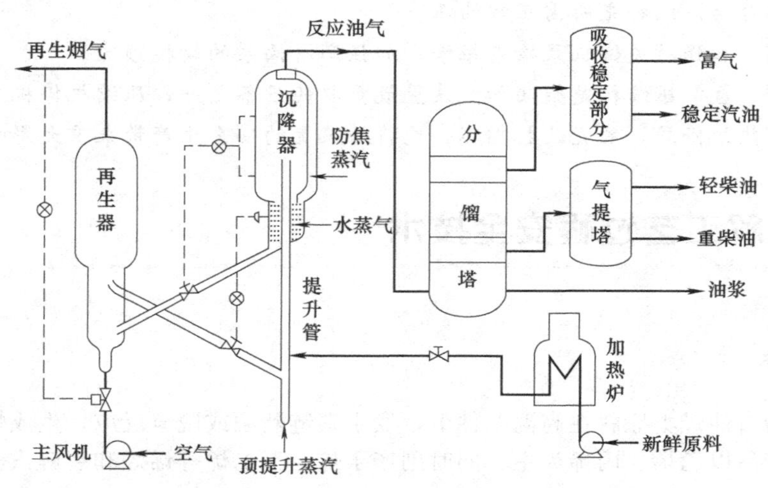

图 4-6　重油催化裂化工艺流程

4.6.2.1　物料的危险性分析

生产过程中的原料主要是>300℃馏分烃类，含有 0.2%～0.6%的硫和<0.3%的氮，属于丙类可燃液体，闪点较高（>100℃），但自燃点较低（250℃左右）。催化剂使用的是 Al_2O_3 和 SiO_2 并含有少量稀土金属元素，基本上无毒。产品汽油常温下为液体，馏程 40～200℃，C_4～C_{12} 烃类混合物，易挥发、易燃液体，甲类物质，爆炸极限 1.1%～5.9%（体积）。柴油常温下为液体，馏程 200～350℃，C_{12}～C_{20} 烃类混合物，丙类可燃液体，闪点 65℃，自燃点在 300℃左右。汽油、柴油的危险性见附录。

4.6.2.2　生产过程的危险性分析

生产过程中主要存在火灾、爆炸的危险有害因素。

催化裂解反应条件苛刻，高温高压操作，最高反应温度可达到 750℃左右。操作中一旦温度失控，存在发生火灾的风险。若反应中进料的速度太快或太慢，造成反应速率失控导致装置过热或空炉加热，进而引发火灾爆炸事故；原料的泄漏也会引起外部火灾和污染；活化催化剂不正常时，可能产生一氧化碳气体，也容易引起火灾。

4.6.3　安全措施

① 将引风机电流与裂解炉进料阀、燃料油进料阀、稀释蒸汽阀之间形成联锁关系，

一旦引风机故障停车，则裂解炉自动停止进料并切断燃料供应，但应继续供应稀释蒸汽，以带走炉膛内的余热。

② 将燃料油压力与燃料油进料阀、裂解炉进料阀之间形成联锁关系，燃料油压力降低，则切断燃料油进料阀，同时切断裂解炉进料阀。

③ 分离塔应安装安全阀和放空管，低压系统与高压系统之间应有逆止阀并配备固定的氮气装置、蒸汽灭火装置。

④ 将裂解炉电流与锅炉给水流量、稀释蒸汽流量之间形成联锁关系，一旦水、电、蒸汽等公用工程出现故障，裂解炉能自动紧急停车。

⑤ 裂解反应压力在正常情况下由压缩机转速控制，在开工及非正常工况下由压缩机入口放火炬控制。

⑥ 催化剂再生压力由烟机入口蝶阀和旁路滑阀（或蝶阀）分程控制。再生、待生滑阀正常情况下分别由反应温度信号和反应器料位信号控制，一旦滑阀差压出现低限，则转由滑阀差压控制。

⑦ 催化剂再生温度由外加热器中催化剂循环量或流化介质流量控制。

⑧ 外取热汽包和锅炉汽包液位采用液位、补水量和蒸发量三冲量控制。

⑨ 带明火的锅炉设置熄火保护控制。

⑩ 大型机组设置相关的轴温、轴震动、轴位移、油压、油温、防喘振等系统控制。

⑪ 在装置存在可燃气体、有毒气体泄漏的部位设置可燃气体报警仪和有毒气体报警仪。

【事故案例】

循环氢压缩机厂房爆燃事故。2007 年，某炼油厂催化重整装置当班压缩机操作工陈某听到运行的循环氢压缩机声音异常，立即汇报当班班长张某。张班长带领操作工董某、刘某赶到氢压机房，确认声音异常后，决定立即切换备用压缩机。同时，陈某到隔音室联系钳工。操作工董某关闭备用压缩机放空阀后，去一楼检查冷却水系统，刘某在班长指挥下打开备用压缩机入口阀门。稍后，运行压缩机附近出现异常声音，班长决定将备用压缩机入口阀门关闭。此时，异常声音突然增大，运行压缩机南侧入口缓冲罐附近发生泄漏。张班长意识到现场已经极其危险，无法进行机组切换，马上组织现场人员跑步回到操作室，对装置进行紧急停工处理。此时，氢压机厂房发生闪爆着火。

事故原因　直接原因是违章作业。经过调查，该装置 40 多年来一直沿用氢气直接置换氢压机系统内空气的操作方法，从来没有发生过事故。因此，车间一直没有执行该厂批准的《催化重整车间操作规程》中的氢压机启动前要用氮气置换的规定。并且认为车间制定的《重整装置压缩机岗位循环机操作卡》才真实反映了生产运行的实际情况。过去 40 年中之所以没有发生事故，是因为一直没有同时具备下面 3 个条件：用氢气直接置换氢压机系统内的空气；氢气和系统存在的空气形成了爆炸性气体混合物；同时存在一定能量的点火源。而这次恰恰同时具备了这 3 个条件。

氢压机入口缓冲罐内，氢气携带微量硫化氢，硫化氢与管道、容器的金属铁反应产生高自燃物硫化亚铁，硫化亚铁长时间积聚，在一定条件下，有可能引起自燃。

另外，用氢气置换氢压机系统内的空气，如果置换速度过快，容易产生静电火花。切换操作发生在凌晨2时，人的生理和心理都处于极度疲惫状态，而且在氢压机已经存在故障的情况下，操作工急于切换备用氢压机，置换速度过快，导致产生静电火花，引发爆炸。

安全措施 严格按照操作规程进行岗位操作；在间歇使用的公用工程管道上应设置管道切断阀，并在两阀间设置检查阀。

事故简评 习惯不能带来安全；严格按照操作规程进行作业，是防范事故发生的必要条件。

4.7 硝化工艺过程安全技术

4.7.1 概述

硝化是有机化合物分子中引入硝基（—NO_2）的反应，最常见的是取代反应。硝化方法可分成直接硝化法、间接硝化法和亚硝化法，分别用于生产硝基化合物、硝胺、硝酸酯和亚硝基化合物等。涉及硝化反应的工艺过程为硝化工艺。

硝化工艺过程中主要存在火灾爆炸的危险有害因素。生产中大多数硝化反应在非均相中进行，其反应速率快，放热量大。反应组分的不均匀分布容易引起局部过热导致危险，尤其在硝化反应开始阶段，停止搅拌或由于搅拌叶片脱落等造成搅拌失效是非常危险的，一旦搅拌再次启动，就会突然引发局部剧烈反应，瞬间释放大量的热量，引起爆炸事故；反应物料具有燃爆危险性；硝化剂具有强腐蚀性和强氧化性，与油脂、有机化合物（尤其是不饱和有机化合物）接触能引起燃烧或爆炸；硝化产物、副产物具有爆炸危险性。

4.7.2 典型工业危险性分析

本节主要以混酸制硝基苯为例介绍硝化工艺的危险性。

将98%硝酸、98%硫酸和68%硝化稀硫酸按一定比例在配酸釜中配制成合格的混酸，将混酸与酸性的苯及循环稀硫酸连续送入硝化反应釜，并通过溢流方式依次流向后续若干硝化釜继续进行反应；反应后的物料溢流至硝化分离器，经过重力沉降以实现连续分离酸性硝基苯和硝化稀硫酸；硝化稀硫酸中的大部分用于系统内循环，少部分进入萃取釜，经萃取分离器分离出酸性苯和稀硫酸，萃取后的稀硫酸分别用于混酸配制、稀酸提浓和硫基肥生产；酸性硝基苯经中和、水洗、分离等操作，得到中性粗品硝基苯；粗硝基苯经初馏塔除去轻组分（包括苯和水）后进入精馏塔除去重组分（主要是硝基酚、硝基酚钠、二硝基苯、硫酸钠和硝酸钠等杂质），最终可得到成品硝基苯（见图4-7）。

4.7.2.1 物料的危险性分析

硝基苯生产中涉及的主要物料有硝酸、硫酸、氢氧化钠、苯、硝基苯、多硝基苯以及硝基酚（盐）等物质。它们都属于危险化学品，并且具有毒性、腐蚀性、可燃性甚至爆炸的危险性。主要物质的危险性见附录。

4.7.2.2 生产过程的危险性分析

生产过程中主要存在火灾、爆炸的风险。

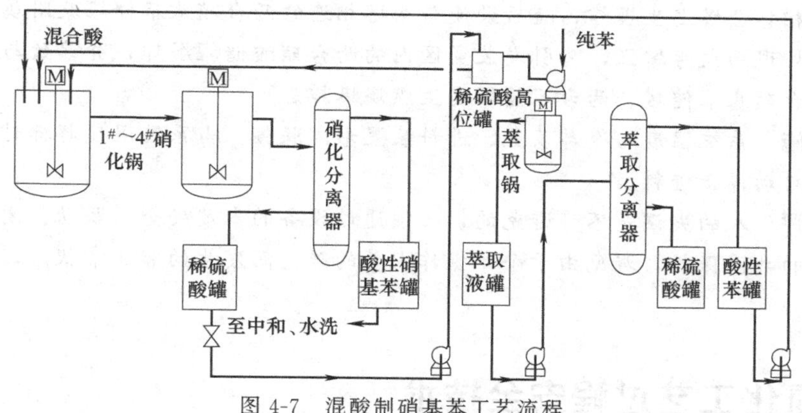

图 4-7　混酸制硝基苯工艺流程

混酸配制过程中，将浓硝酸和硝化稀硫酸按一定的比例送入配酸釜，此过程必须严格控制原料酸的加料顺序和加料速度，配酸温度要控制在 40℃以下。如果监测系统故障或循环冷却水中藻类等杂质附着在蛇管管壁上会严重影响换热，混酸达到 85℃以上时，硝酸将部分发生分解，生成氮氧化物和水，假如有部分硝基物生成，高温时就有可能引起爆炸性反应。

苯硝化为硝基苯生产的核心过程。当混酸与苯进行硝化反应时，反应剧烈，放热量大，工艺过程反应温度较高，并伴有深度氧化等副反应的发生。釜式硝化反应器若因夹套或蛇管焊缝腐蚀而使冷却水漏入硝化液中，硝化液遇水则温度急剧上升，反应速率迅速增加，将分解产生大量气体物质而引起爆炸。

4.7.3　安全措施

① 制备混合酸时，应严格控制温度和混酸的配比，并保证充分的搅拌和冷却条件，严防因温度猛升而造成冲料或爆炸。

② 不能把未经稀释的浓硫酸和硝酸混合。稀释浓硫酸时，不可将水注入硫酸中。

③ 必须严格防止混合酸与纸、棉、布、稻草等有机物接触，避免因强烈氧化而发生燃烧或爆炸。

④ 将硝化反应釜内温度与釜内搅拌、硝化剂流量、硝化反应釜夹套冷却水进水阀形成联锁关系，在硝化反应釜处设立紧急停车系统，当硝化反应釜内温度超标或搅拌系统发生故障，系统可自动报警并自动停止加料。

⑤ 将分离系统温度与加热、冷却形成联锁，温度超标时，能停止加热并紧急冷却。

⑥ 硝化反应系统应设有泄爆管和紧急排放系统。

【事故案例】

2005 年，中国石油吉林石化公司双苯厂发生爆炸事故，造成 8 人死亡，60 多人不同程度受伤，直接经济损失 6908 万元，同时造成松花江严重污染，此次爆炸事故也成为一起跨省际、跨国界的重大环境污染事故。

事故原因　直接原因是：当班操作工停车时，疏忽大意，未将应关闭的阀门及时关闭，导致进料系统温度持续超高，最终引起管路爆裂，随之空气被抽入负压操作的 1 塔，引起1塔和相邻2塔发生爆炸，随后致使与两塔相连的两台硝基苯储罐及附属设备相继爆炸。随着爆炸现场火势增强，又引发装置区内的两台硝酸储罐爆炸，并导致与该车间相邻的罐区内一台硝基苯储罐、两台苯储罐发生燃烧爆炸。

安全措施 系统温度与冷却装置、进料装置形成联锁，当系统温度超标时，能紧急实施冷却，并自动停止进料。

事故简评 人的失误是不可避免的，必须通过设备的本质安全，联动、闭锁控制系统和防爆装置的共同保护，避免由于个体操作人员的疏忽而发生的非正常状态，以保证生产的安全进行。

4.8 氯化工艺过程安全技术

4.8.1 概述

氯化是化合物的分子中引入氯原子的反应，包含氯化反应的工艺过程称为氯化工艺，主要包括取代氯化、加成氯化、氧氯化等。

氯化工艺过程中主要存在火灾、爆炸和中毒的危险有害因素。氯化反应是一个放热过程，尤其在较高温度下进行氯化，反应更为剧烈，速度快，放热量大；所用的原料大多具有燃爆危险性；常用的氯化剂——氯气为剧毒化学品，氧化性强，储存压力较高；多数氯化工艺采用液氯为原料，液氯先汽化再进行氯化反应，氯气一旦泄漏危险性较大；氯气中的杂质，如水、氢气、氧气、三氯化氮等，在使用中易发生危险，特别是三氯化氮积累后，容易引发爆炸危险；生成的氯化氢气体遇水后腐蚀性强；氯化反应尾气可能形成爆炸性混合物。

4.8.2 危险性分析

4.8.2.1 物料的危险性分析

常用的氯化剂有：液态或气态氯、气态氯化氢和各种浓度的盐酸、磷酸氯（三氯氧化磷）、三氯化磷（用来制造有机酸的酰氯）、硫酰氯（二氯硫酰）、次氯酸酯等。其中氯气属于剧毒类化学品，储存压力高，一旦泄漏将带来危险。空气中氯气最高允许浓度为 $1mg/m^3$，若高致 $90mg/m^3$ 将引起剧烈咳嗽，达到 $3000mg/m^3$ 时，深吸少许即引起死亡。氯气氧化性极强，能与可燃气体如甲烷、乙烷等形成爆炸性混合物。反应过程中所用的原料大多是有机易燃物和强氧化剂，生产过程中具有着火爆炸危险。

氯化反应产物大多数具有毒性，一旦发生泄漏，可发生中毒事故。氯乙烯气体对人体有麻醉性和致癌性。在20%～40%浓度下，会使人立即致死。在10%浓度下，于1h内人的呼吸器官由激动而逐渐变得缓慢，最后可以导致呼吸停止。

氯化反应产物大多是易燃物和可燃物，一旦泄漏有发生火灾爆炸的危险。

气态氯化氢和盐酸具有强烈的腐蚀性，可对设备造成损害。

4.8.2.2 反应过程的危险性分析

氯化反应是放热反应，温度越高，氯化反应速率越快，放出的热量越多，极易造成温度失控而爆炸。如环氧氯丙烷生产中，丙烯预热至300℃左右氯化，反应温度可升至500℃。因此一般氯化反应设备必须有良好的冷却系统，并严格控制氯气的流量，以免因流量过快，温度剧升而引起事故。

在氯化反应中，原料不纯，易发生火灾、爆炸事故。在乙炔气相与氯化氢氯化生产氯乙烯过程中，如原料中含有氧，由于乙炔有很宽的爆炸极限，氧气和乙炔气混合后可能形成爆炸性混合物；如氯化氢中含有游离氯，乙炔和游离氯发生激烈反应而生成氯乙炔，可导致爆炸事故发生；三氯化磷、三氯氧磷等氯化剂遇水猛烈分解，会引起冲料或爆炸事故；在此类反应过程中，冷却剂最好不要使用水，以免氯化氢气体遇水生成盐酸，腐蚀设备，造成泄漏。

液氯储罐、气化器、缓冲罐和管路如不及时排污、清洗，可造成三氯化氮积聚。三氯化氮是一种爆炸性物质，与许多有机物接触或加热至90℃以上以及被撞击，可发生剧烈的分解爆炸（见图4-8）。

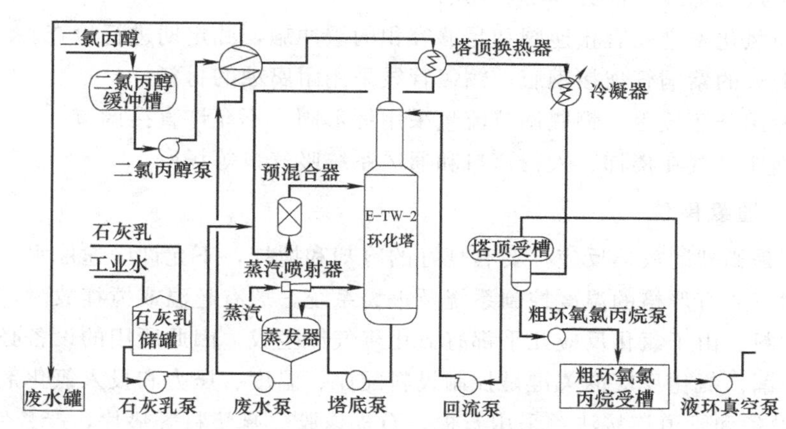

图4-8　氯丙烯法环氧氯丙烷生产工艺流程

4.8.3　安全措施

4.8.3.1　原料储存

原料储存场所的检查重点是氯气的存放。氯气储存要严格遵守《氯气安全规程》。

① 液氯钢瓶储存在专用的库房内。液氯储罐露天布置时必须采取遮阳措施，用非燃材料作为顶棚。

② 液氯钢瓶储存场所设置应急碱池，液氯储罐设置液碱喷淋装置或洗消装置。

③ 做到剧毒品的“五双”管理。

④ 安装有毒气体泄漏检测报警仪。

⑤ 储罐20 m范围内无易燃、可燃物品；储罐区应有空罐作为应急备用。

⑥ 液氯钢瓶堆放不超过二层；液氯重瓶存放期不得超过三个月。

⑦ 采用储罐（大于1t）储存的，每年必须对基础下沉进行测定。

⑧ 储罐输入和输出管道必须设置两个以上截止阀。

⑨ 储存场所设有安全标志。

⑩ 附近无人口稠密的活动场所。

4.8.3.2 气化岗位

储罐中的液氯在进入氯化器使用之前，必须先进入蒸发器使其气化。对于一般氯化器应装设氯气缓冲罐，防止氯气断流或压力减小时形成倒流。选用普通不锈钢材质的仪表阀门，禁用钛质的仪表阀门。虽然钛耐氯化物的腐蚀，但在干燥的氯气中，钛不仅不耐腐蚀，而且有着火的危险。某化工厂曾因仪表工疏忽，将用在二氧化氯管线的钛质压力阀门安装到氯气管线上，造成阀门烧坏报废。

① 液氯气化器、蒸发器安装压力表、液位计、温度计。

② 钢瓶配有称重器、膜片压力表、调节阀。

③ 严禁使用明火、蒸汽直接加热。一般采用汽水混合办法进行升温，热水温度<45℃。

④ 气化压力不得超过 1MPa。

⑤ 钢瓶附近无棉纱、油类等易燃物品。

⑥ 钢瓶与氯化釜之间有止逆阀和足够容积的缓冲罐，并定期进行检查。

⑦ 采用退火的紫铜管连接钢瓶，输氯管线采用耐腐蚀的材料。

⑧ 采用专用开瓶扳手，钢瓶调节流量采用针形阀，不允许直接调节。

⑨ 液氯钢瓶设置在楼梯、人行道口和通风系统吸气口等场所。

4.8.3.3 通氯岗位

氯化反应是剧烈的放热反应，要有良好的冷却和搅拌，不允许中途停水、断电及搅拌系统发生故障。要有严格的温度控制系统及报警系统，遇有超温或搅拌故障，可自动报警并自动停止加料。由于氯化反应几乎都有氯化氢气体生成，因此所用的设备必须防腐，且设备应严密不漏。氯化反应的关键是控制投料配比、温度、压力和投入氯化剂的速度。

① 氯化设备和管道连接法兰采用石棉、石棉橡胶、氟塑料等垫片，严禁使用橡胶垫。

② 氯化釜的搅拌器不能使用与氯气反应的润滑剂。

③ 反应釜的温度计、压力表、安全阀、放空管等一定要齐全、可靠。

④ 氯气流量计安装在易于观察、固定可靠的场所，气、液相管路设置根部控制阀。

⑤ 冷却水（盘管）夹套无破裂、渗漏现象，防止冷却水漏入反应釜中。

⑥ 设备、管道采用耐腐蚀材料，并定期检查。

⑦ 尾气回收排放管道上必须安装自动信号分析器。

⑧ 设置备用冷却水系统，配有自启式的备用应急电源，防止冷却和搅拌突然中止而引发事故。

⑨ 有定期排放三氯化氮的记录。

⑩ 氯化设备大多数为特种设备，禁止在有效期外使用。

4.8.3.4 防护设施

氯化反应所用装置不但在材质和设计上应符合安全生产要求，还要配备相应的防护设施，以确保生产的安全进行及在事故发生时能将人员伤亡或经济损失降到最低。

① 配备常用的防护用品（防毒面罩、防护服、防护手套、防护靴等），并在有效期内使用。

② 生产、使用、储存岗位配备自给式呼吸器等应急救护器材。

③ 室内电气设备整体达到防爆要求。

④ 消防器材配置符合法规要求。

⑤ 准备充足的碱液（液碱、石灰乳液）。

⑥ 职工的操作控制台（室）设置在方便疏散的地点

【事故案例】

2009年，内蒙古某氯碱厂氯化氢合成装置的循环槽发生爆炸。当天的气温为－20℃，操作人员发现循环槽冒氯气，同时氯化氢合成炉火焰呈黄色，表明氯气过量。操作人员及时降氯，共经3次调整，但每次调整2～3s后氯化氢合成炉火焰又变黄；同时，发现氢气流量计显示流量逐步减小，由1545m^3/h降至730m^3/h；压力表显示，进合成炉的氢气压力正在下降；氢气分配台的排空阀开度在增加。岗位操作人员立即用蒸汽加热氢气调节阀，但发现循环槽仍在跑氯。于是，要求中控室操作人员降氯增氢。氯气流量由1565m^3/h降到最低值310m^3/h。在降氯的过程中，同时开启氢气调节阀，8min后循环槽发生爆炸。

事故原因 氢气管路调节阀和氯气排空管线结冰堵塞。由于天气寒冷，氢气中的水进入合成装置，调节阀冻结，进合成炉的氢气流量减小，造成合成炉的氯气和氢气配比不当。循环槽内有排空管线，可将过量的氯气和氢气及时排到外部，本不应发生爆炸，但爆炸还是发生了。分析其原因，过量的氯气和氢气都堆积在循环槽内，加之排空管线不畅，过量氯气没有顺利地通过放空烟囱排走，具备了爆炸条件，导致事故发生。

安全措施 在寒冷条件下，降低氢气含水量或提高氢气温度，防止氢气管路结冰堵塞；循环槽放空管线安装须垂直或倾斜度大于45°以保证冷凝水不能停留在管路中间并冻结堵塞管路。

思考题

1. 光气化生产过程中的危险性有哪些？
2. 合成氨生产过程中的危险性有哪些？
3. 聚合工艺生产过程中存在哪些危险有害因素？
4. 环氧乙烷生产过程的安全防护措施有哪些？
5. 柴油加氢生产过程中存在哪些危险有害因素？
6. 裂解工艺有哪几类？除了书中提到的工艺外，其他裂解工艺的危险性有哪些？
7. 硝化工艺中常见的物料危险性有哪些？
8. 氯化工艺过程中的安全措施有哪些？

参考文献

[1] 刘桂玲等. 光气及光气化生产装置安全评价软件开发及应用 [J]. 上海安全生产，2006，04.

[2] 沈郁. 异氰酸酯生产过程中危险有害因素及安全防护措施 [J]. 中国安全科学学报，2010，20 (2)：143-149.

[3] 沈郁. 甲苯二异氰酸酯装置危险有害因素分析及安全控制措施 [J]. 安全、健康和环境，2005，5 (1)：34-35.

[4] 刘骥等. 甲撑二苯基二异氰酸酯 (MDI) 生产过程中危险有害因素及对策措施 [J]. 中国安全科学学报，2002，12 (5)：51-54.

[5] 刘化章. 合成氨工业：过去、现在和未来——合成氨工业创立100周年回顾、启迪和挑战 [J]. 化工进展，2013，32 (9)：1995-2005.

[6] 王光全. 大型合成氨装置危险有害因素识别及安全运行管理措施 [J]. 化工管理，2014，4：76.

[7] 吴玫. 合成氨生产危险因素的分析辨识 [J]. 内江科技，2010，11：36.

[8] 蔡华伟. 聚合工艺重点参数的监控及安全控制 [J]. 化工管理. 2014，5：186-188.

[9] 王林元等. 高压聚乙烯树脂生产的危险性分析及安全控制措施研究 [J]. 塑料工业，2012，40 (8)：17-19.

[10] 姚雁等. 环氧乙烷生产装置的安全分析与评价 [J]. 安全与环境学报，2005，5 (1)：92-96.

[11] 高海英. 环氧乙烷的危险性分析及其安全措施 [J]. 石油化工设计，2008，25 (2)：62-64.

[12] 徐鑑亮等. 环氧乙烷相关事故案例的调查报告 [J]. 日用化学品科学，2014，37 (9)：41-44.

[13] 沈郁等. 柴油加氢装置危害因素分析与安全控制 [J]. 安全、健康和环境，2013，13 (11)：37-39.

[14] 王涛. 化工企业加氢装置运行风险识别及安全管控措施 [J]. 安全，2014，11：32-35.

[15] 钱恕涛等. 80 万 t/a 催焦柴油加氢装置压缩机联锁停机事故分析及改进措施 [J]. 化学工程与设备，2015，6：236-237.

[16] 姜剑. 化工行业中几种反应过程的安全隐患及对策 [J]. 辽宁化工，2011，40 (5)：490-492.

[17] 张进春. 重油催化裂化系统安全分析与关键风险评价研究 [D]. 长沙：中南大学.

[18] 王犇. 苯硝化生产硝基苯工艺危险性分析及爆炸事故热安全研究 [D]. 青岛：青岛科技大学.

[19] 冯振民. 吉化公司爆炸事故中应急预案的经验与教训 [J]. 劳动保护，2006，2：54-55.

[20] 王辉等. 氯化工艺过程危险性及安全检查要点 [J]. 精细化工原料及中间体，2012，12：38-40.

[21] 徐艳龙等. RS-1100 催化剂在柴油加氢装置上的工业应用 [J]. 石油炼制与化工，2013，44 (10)：49-52.

[22] 王新龙等. 负压条件下环氧氯丙烷反应器的设计 [J]. 热固性树脂，2008，23 (1)：52-54.

[23] 刘晓勤. 化学工艺学 [M]. 北京：化学工业出版社，2010.

[24] 陈兆麟. 光气安全评价与管理 [M]. 上海：华东理工大学出版社，2011.

第5章

化工设备安全技术

5.1 化工设备安全技术概述

化工设备（chemical equipment）是化学工业生产中所用的机器和装备的总称。化工生产中为了将原料加工成一定规格的成品，往往需要经过原料预处理、化学反应以及反应产物的分离和精制等一系列化工过程，实现这些过程所用的机械，常常都被归属为化工设备。

化工设备通常可分为两大类：

① 化工机器，指主要作用部件为运动的机械，如各种过滤机、破碎机、离心分离机、旋转窑、搅拌机、旋转干燥机以及流体输送机械等。

② 化工装备，指主要作用部件是静止的或者只有很少运动的机械，如各种容器（槽、罐、釜等）、普通窑、塔器、反应器、换热器、普通干燥器、蒸发器、反应炉、电解槽、结晶设备、传质设备、吸附设备、流态化设备、普通分离设备以及离子交换设备等。

化工设备的划分并不是严格的，一些流体输送机械（如泵、风机和压缩机等）在化工部门常被称为化工机械，但同时它们又是各种工业生产中的通用机械。

对于流程工艺而言，需要多种设备的有效组合才能实现相关的工艺流程，因而这些设备是否安全，对整个化工工艺有着决定性的作用。

5.1.1 化学工业对化工设备安全的要求

近代化工设备的设计和制造，除了依赖于机械工程和材料工程的发展外，还与化学工艺和化学工程的发展紧密相关。

化工产品的质量、产量和成本很大程度上取决于化工设备的完善程度，而化工设备本身的特点必须能适应化工过程中经常会遇到的高温、高压、高真空、超低压、易燃、易爆以及强腐蚀性等特殊条件。

近代化学工业要求化工设备具有以下特点：

① 具有连续运转的安全可靠性；

② 在一定操作条件下（如温度、压力等）具有足够的机械强度；

③ 具有优良的耐腐蚀性能；

④ 密封性好；

⑤ 高效率和低能耗。

5.1.2 化工设备安全管理技术及发展趋势

长期以来，重大工业事故的不断发生促进了过程安全技术的发展与应用。这些事故的发生，一方面引起了欧美等国家政府部门的高度重视，相继颁布有关的法规用于预防和遏制重大事故的发生，如美国职业安全卫生局针对危险性化学物质运作所颁布的过程安全管理法规（process safety management，PSM)，这一工业标准的颁布将 PSM 的理念推向了整个石油及石油化工界。另一方面表明了单纯应用工程技术，无法有效杜绝意外事故的发生，必须依靠完整的管理制度配合，以弥补安全技术应用的不足。

5.1.2.1 过程安全管理与技术

过程安全（process safety，PS）是指为避免在处理、使用、制造及存储危险性化学物质工艺过程中所产生重大意外事故的操作方式，过程安全管理是利用管理的原则和系统的方法来辨识、掌握和控制化工过程的危害，确保设备和人员的安全。须考虑技术、物料、人员与设备等动态因素，其核心是一个化工过程应能安全操作和维护，并长期维持其安全性。

(1) 国外的立法和标准

美国职业安全卫生局的过程安全管理法规，因考虑周详、立法严谨，到目前为止是化工过程安全最具体可行的做法。该法规包括 14 个要素：员工参与、过程安全信息、过程危害分析、操作程序、培训、承包商管理、开车前安全审查、设备完整性、动火作业许可、变更管理、事故调查、紧急响应计划、安全审核、商业秘密。

美国石油协会针对美国职业安全卫生局的 PSM，制定相应的标准过程危险管理，这一工业标准的颁布将 PS 的理念推向整个石油及石油化工界，其标准包括 14 个要素，与美国职业安全卫生局的 PSM 完全对应。

美国化学工程师协会过程安全中心在总结了 PSM 实施经验的基础上，出版了《化工过程安全管理指南》（以下简称“指南”），使 PSM 的管理理念能更好地应用到全世界的化工与石化工业生产过程中。“指南”针对过程设计、制造、试车、操作、维修、变更及停车 7 个不同阶段制定了 12 类操管制度，包括 68 项要素。

(2) 过程安全的新思路

从过去的事故案例看，单一的管理或技术途径无法有效地避免安全事故的发生。对一个复杂的化工过程而言，涉及化学品安全、工艺安全、设备安全和作业环境安全多个方面，要防止因单一的失误演变成重大灾难事故，就必须从过程控制、人员操控、安全设施、紧急响应等多方面构筑安全防护体系，即建立完备的保护层 LOPA（layer of protect analysis)。

因此，作为过程安全工作的重点就是通过以下三方面内容建立完备的保护层并维持其完整性和有效性。

① 技术　首先要考虑的是只要可行就必须选择危害性最小或本质安全的技术，并从技术上保证设备本体的安全。

② 设施　硬件上的安全考虑应包括：安全控制系统、安全泄放系统、安全隔离系统、备用电力供应等。

③ 员工　最后的保护措施是员工适当的训练，提高应对紧急情况的能力。

(3) 过程安全技术的发展

目前过程安全技术发展的热点是采用管理与技术整合的方式来解决过程安全问题，重在安全技术的系统化、体系化，形成成套的技术，而不是单一的专项技术。

5.1.2.2　设备完整性管理与技术

过程安全管理极其重要的一环是相关设备的设计、制造、安装及保养，不符合规格或规范的设备是造成化学灾害及安全事故的主要原因之一。设备完整性管理技术是指采取技术改进措施和规范设备管理相结合的方式，来保证整个装置中关键设备运行状态的完好性。其特点如下。

① 整体性　设备完整性是指一套装置或其系统的所有设备的完整性。

② 重要程度性　单个设备的完整性要求与设备在装置或系统内的重要程度有关。运用风险分析技术，即对系统中的设备按风险大小排序，对高风险的设备需要加以特别的照顾。

③ 覆盖全过程　设备完整性覆盖从设计、制造、安装、使用直至报废的全过程。

④ 技术管理相结合　设备资产完整性管理采取技术改进和加强管理相结合的方式来保证设备运行状态的良好性，其核心是在保证安全的前提下，以整合的观点处理设备的作业，并保证每一作业的落实与品质保证。

⑤ 动态性　设备的完整性状态是动态的，设备完整性需要持续改进。

(1) 设备完整性管理体系

设备完整性管理是以风险为导向的管理系统，以降低设备系统的风险为目标，在设备完整性管理体系的构架下，通过基于风险技术的应用而达到目的，即基于时间、条件、正常运行情况或故障情况下的维护。其核心是利用风险分析技术识别设备失效的机理、分析失效的可能性与后果，确定风险的大小；根据风险排序制定有针对性的检维修策略，并考虑将检维修资源从低风险设备向高风险设备转移；以上各环节的实施与维持用体系化的管理加以保证。设备完整性管理体系见图 5-1。

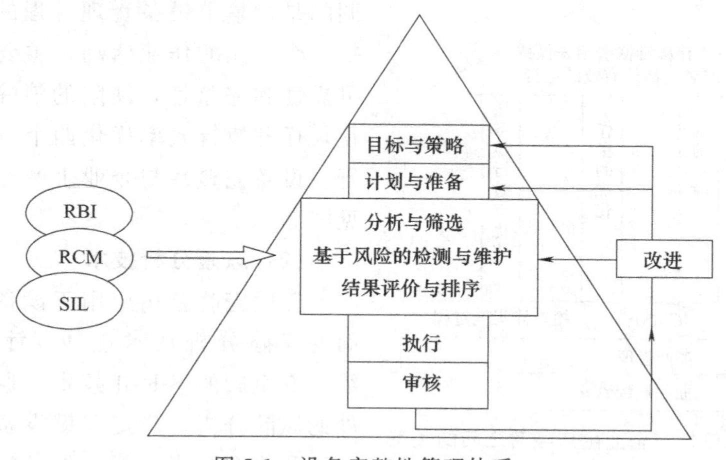

图 5-1　设备完整性管理体系

(2) 基于风险的检验技术 RBI

RBI 技术可用于所有承压设备的检验，分析所有可能导致静设备及管线无法承压的损伤机理及失效后果，例如均匀腐蚀或局部腐蚀等。目前工业标准有美国石油学会（API）制定、用于炼油厂和化工厂的基于风险的检验（RBI）方法——API RP580 及 API 581。

(3) 以可靠性为中心的维修技术 RCM

RCM 技术依据可靠性状况，应用逻辑判断方法确定维修大纲，达到优化维修的目的。第一个得到认可的可用于所有工业领域的商用标准是汽车工程师协会的 JA101-1 RCM 工艺评价准则。

(4) 安全完整性水平分析技术 SIL

SIL 技术是针对工厂中的车间、系统、设备的每一安全系统进行风险分析的基础上做出评估，并依据这个准则来确定最低的设计要求和测试间隔。通用工业标准为 IEC 61508，石化行业的工业标准为 IEC 61511。

(5) 保护层分析技术 LOPA

LOPA 技术是一种半定量风险分析方法，是利用已有的过程危险分析技术，去评估潜在危险发生的概率和保护层失效的可能性的一种方法。LOPA 是一种确保过程风险被有效缓解到一种可接受水平的工具，能够快速有效地识别出独立保护层，降低特定危险事件发生的概率和后果的严重度。LOPA 提供专用标准和限制性措施来评估独立保护层，消除定性评估方法中主观性，同时降低定量风险评估的费用。

5.1.2.3 壳牌（Shell）的设备完整性管理技术

美国壳牌公司在过程安全管理、设备完整性管理、风险分析和检测等技术方面已形成了自己的管理体系和专有技术，并通过长期的应用为业界所认同。在设备管理上采用基于风险的设备完整性管理技术包括管理体系、风险分析技术和检测技术三个方面。

(1) 管理体系

整个设备完整性管理包括装置和设备的运行管理、检维修管理和检测管理，为企业的检维修过程和企业的经营提供了平台。该技术主要根据维护措施、状态监控和技术保障措施等来制定基于风险的决策系统。该技术强调的是对整个设备管理过程的优化，而不是每一个具体的作业活动。主要是通过设备的可靠性和完整性，缺陷的消除，工作量的优化，任务执行效率优化四个方面的分析来进行。设备完整性与企业生产经营之间的关系见图 5-2。

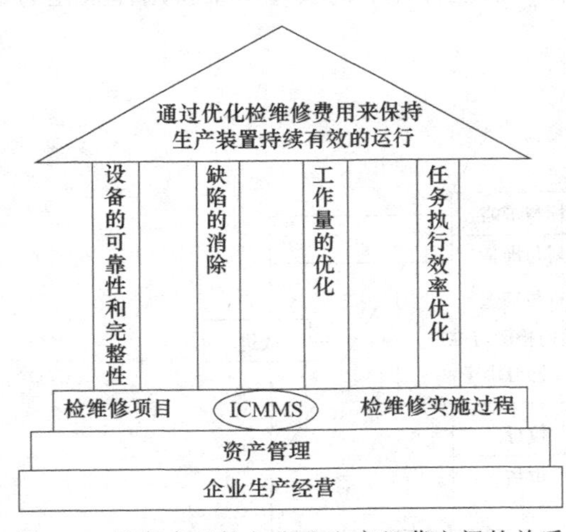

图 5-2 设备完整性与企业生产经营之间的关系

(2) 风险分析技术

美国壳牌公司应用于设备完整性管理方面的风险分析技术包括：针对静设备、管线、安全阀的 S-RBI 技术（通过对设备或部件的风险分析，确定关键设备和部件的破坏机理和检查技术，优化设备检查计划和备件计划)；针对动设备的S-RCM技术（以可靠性和风险性为依据，制定出设备或装置的必要维修程序)；针对安全仪表系统的IPF技术（利用以前的工程经验、危险案例与可操作性的分析结果，对仪表保护系统进行安全设计、安全保护系统的实施和维护策略)，三者构成美国壳牌公司特有的风险与可靠性管理系统 RRM（risk and reliability management)。根据美国壳牌公司的应用经验，采用RBI技术后，一般可减少设备检查和维护费用15%～40%。壳牌风险管理技术见图5-3。

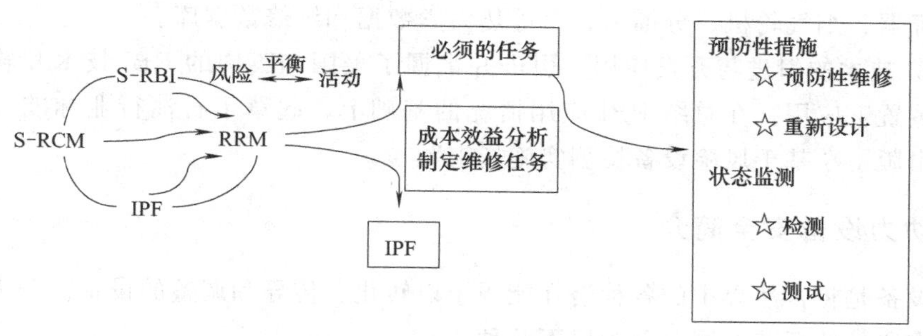

图5-3 壳牌风险管理技术

(3) 检测技术

无论是RBI技术还是RCM技术的实施都要结合一些先进的设备检测技术来进行。在美国壳牌公司中，这些先进的设备检测技术有：

① 脉冲涡流检测仪 通过把一定信号特征的瞬态响应时间和参比值比较来计算出金属的平均厚度。通过该仪器可以在设备运行状态下不拆除绝缘层（如绝热层、防护层、绝缘层等）来对设备进行检测。

② 工艺腐蚀检控技术 识别工厂的腐蚀风险，帮助企业制定一个明确的腐蚀控制方案，明确具体的腐蚀部位，识别引起非计划停工的主要失效因素，制定检测策略。

③ 无损检测仪 能够指导制定在线的无损检测方案，并提供相应的历史案例和无损检测方案的信息，该仪器还配备了一个无损检测信息的数据库。

④ 炉管检测仪 能够迅速评估出乙烯加热炉管由于渗碳引发的劣化水平，仪器能够帮助预测炉管的剩余寿命，还可以对焊缝进行检测。

⑤ 原油评价技术 可以对单种原油或混合原油进行全面的评价，评价硫和环烷酸等腐蚀介质在各个组分中的分布，以及加工该种原油对生产装置造成的腐蚀程度，从而决定该装置是否可以加工该种原油。

5.1.2.4 中国石化设备完整性管理技术研发与应用

近年来，中国石化集团安全工程研究院开展了一系列设备完整性管理技术的研发工作。

① 加氢裂化装置设备完整性管理技术 其目的在于建立中国石化企业设备完整性管理模式，并解决实施设备完整性管理过程中的一些关键技术问题，如加氢裂化装置设备风险分析技术、设备可靠性数据库、基于风险的检测等。

② 常减压及乙烯装置延长检测周期技术 其目的在于系统分析常减压和乙烯装置的腐蚀状况和其他失效状况；评估装置设备风险，分析设备风险的分布和变化趋势；分析企业现采用检测技术的有效性，采用先进的无损检测技术，制订有针对性的检测计划；提出其他风

险管理措施建议，包括日常设备维护工作目标和关键监控参数，制定常减压及乙烯装置完整的设备风险管理策略。结合石化特点开发了适用于炼油、石化和化工企业的 RBI 软件。

③ 催化裂化装置长周期安全运行的保障技术　通过催化裂化装置最弱环模型分析，确定重点设备、优化检修方案，包括催化裂化生产工艺流程分析、关键设备故障产生的原因及分类、工艺系统的故障树分析方法、静设备腐蚀失效规律分析、腐蚀检测；催化裂化装置检维修计算机管理系统；安全运行基本数据库的建立，包括反应器、再生器、三旋分离器、沉降器、烟气轮机、分馏塔、泵等热力学数据和维修数据库。

④ RBI 技术的引进与开发应用　引进并掌握了美国和英国的 RBI 技术和软件，已开始在石化装置上应用。在总结 RBI 应用情况的基础上，起草了石油行业标准，由中国石化出版社出版了“基于风险设备检测实施指南”。

5.1.3 动力设备安全简介

动力设备是将自然界中的各种潜在能源予以转化、传导和调整的设备。动力设备按在动力体系中所处的环节不同，分为以下几种：

① 动力发生设备，如蒸汽锅炉、蒸汽机、汽轮机、汽油机、柴油机、发电机等；

② 动力输送及分配设备，如变压器、配电盘、整流器、压缩机、泵等；

③ 动力消费设备，如电动机、电炉、电解槽、风镐、电焊机、电气器械等。

动力设备的特点：动力的生产与消费同时发生在同一个过程中，它的生产是以消费量为转移的；为了获得生产中直接消耗的某种动力，必须使能量发生一系列转变，将一种能改变为另一种能。

如压缩机属于典型的动力设备，它是一种用于压缩气体、提高气体压力和输送气体的机械，活塞式压缩机见图 5-4。泵是把原动机的机械能转变成被抽送液体的压力能和动能的机械，离心泵的结构见图 5-5。这类设备能否良好工作，对流体的压缩和输送起决定作用。

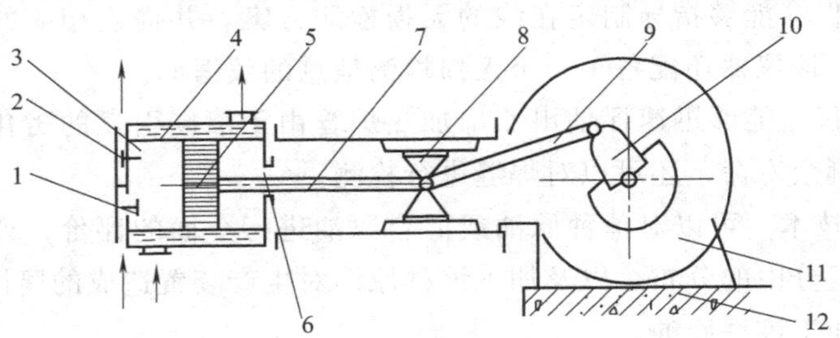

图 5-4　活塞式压缩机结构示意

1—吸气阀；2—排气阀；3—汽缸；4—水套；5—活塞；6—填料函；7—活塞杆；8—十字头；9—连杆；10—曲轴；11—机身；12—基础

5.1.3.1 动力设备的安全运行

动力设备安全运行涉及以下四个方面：

① 动力站房　动力站房及其辅助设施的布置、设计、施工及动力设备的工艺布置必须符合有关规范的要求；动力设备的生产能力和动能质量必须能满足企业生产的需要，动力管线必须布局合理，运行可靠；动力设备与管线系统的安装调试必须符合有关规程的要求，并经过严格的检查验收。

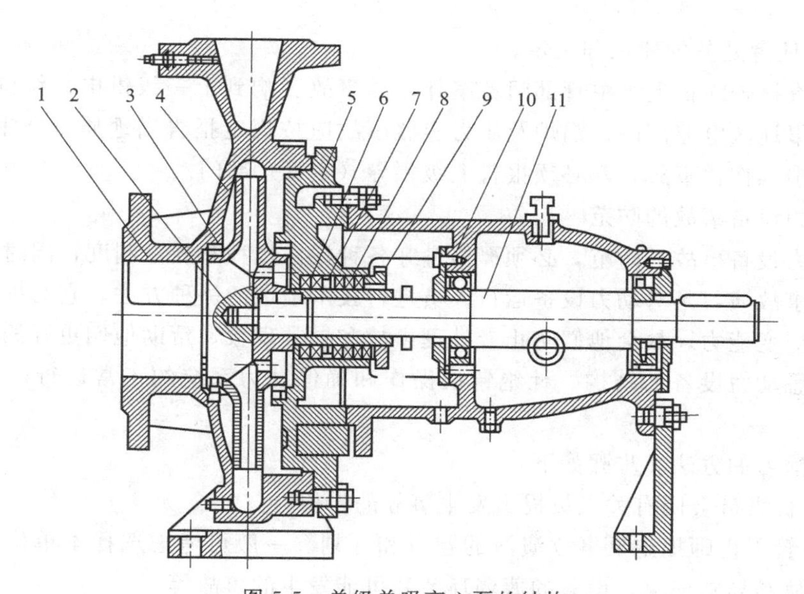

图 5-5 单级单吸离心泵的结构

1—泵体；2—叶轮螺母；3—密封环；4—叶轮；5—泵盖；6—轴套；
7—填料环；8—填料；9—填料压盖；10—悬架轴承部件；11—轴

② 管理机构 有健全的动力设备管理机构，配备数量适当、素质较高的管理人员、技术人员、运行操作人员和设备操作人员。

③ 检查制度 有严格的安全检查、设备技术状态检查和设备维护修理制度，预防和控制事故的发生。

④ 责任制度 有严格的安全操作规程和完善的责任制度，如各种安全工作规程、运行操作规程、各种运行管理制度以及进行预防性试验的项目、期限与技术标准等，以保证动力设备安全运行。

5.1.3.2 动力设备事故的处理和防范

由于动力设备安全事故的后果比较严重，故须采取各种得力措施严加防范。一旦发生事故，要按照“三不放过”的原则严肃认真地及时处理。

(1) 动力设备事故的处理

动力设备事故发生后，应立即停止运行，采取有效措施保护好现场，防止事故扩大，并立即上报主管部门。

一般事故由事故发生单位负责组织有关人员，在调查分析的基础上进行处理。重大事故要由主管厂长组织事故发生单位和动力、安技、保卫部门，并请当地质量技术监督部门等参加，进行调查分析，在24h内上报主管部门备案。对隐瞒事故不报或弄虚作假的单位和个人，应加重处罚并追究领导责任。

(2) 事故调查报告应说明下列内容

① 事故发生和扩大的原因，设备损坏的程度及人员伤亡情况。

② 事故发生和扩大的具体责任者。

③ 事故造成的损失。

④ 防止类似事故发生的措施。

⑤ 对责任者处分的建议和决定。

事故调查报告除报上级主管部门备案外，如事故影响到上一级供电系统的开关动作，要将报告抄报地区电业部门；锅炉及压力容器事故应按规定报告当地质量技术监督部门；所有触电、中毒伤亡事故，都必须报告上级领导（主管）部门。

(3) 动力设备事故的防范

搞好动力设备事故的防范，必须严格遵守各种操作规程和规章制度，同时要开展反事故演习。反事故演习是对动力设备运行人员进行技术培训的一种方法，它对提高定期检查值班人员的应变能力，教会他们防止或处理事故和异常现象，帮助他们更好的掌握运用操作规程、熟悉动力设备的结构、杜绝错误操作和确保动力系统的正常运行，具有积极的意义。

反事故演习的方法和步骤如下：

① 由运行人员会同有关人员提出发生事故的设想。

② 由主管工程师拟定反事故演习的题目和计划。一般可考虑选择本单位和其他单位发生过的事故和异常现象，设备的薄弱环节和可能发生的事故等。

③ 确定演习现场和时间，演习应尽可能在备用设备和管线上进行，并指定有经验的值班长和工程技术人员担任演习监护人，监视判断演习人员的动作是否正确、迅速，如发现演习人员违反演习制度，监护人应立即制止。

④ 反事故演习开始前，应将设备及系统运行情况告诉演习人员。演习人员进入岗位后，演习负责人应按照计划规定的顺序，将演习开始情况和“事故”发生、发展情况依次告知演习人员，由演习人员报出所应采取的动作名称，并模拟动作的操作方法，但禁止演习人员触动操作机构。

⑤ 演习结束后，先由演习人员进行自我评议，再由负责运行的工程师或动力科（处）长进行评定和总结。运行工程师要将整个过程及评语记人安全活动记录簿，并作为对运行人员的考核依据。

5.1.3.3 动力设备的预防性检查

为了确保动力设备及管线系统的安全、正常运行，预防和控制事故的发生，必须采取各种方法和手段，监督和掌握其技术状态，并逐步实现以设备状态为基础的维修方式。

掌握动力设备及管线系统技术状态的主要方法是巡回检查和预防性试验。

(1) 动力设备及管线的巡回检查

巡回检查包括做好动力设备及管线系统的巡回检查、日常点检、定期检查，建立信息反馈制度，健全运行、维修和故障情况记录与统计分析工作，以便及时掌握动力设备的技术状况。对检查中发现的问题和隐患，要及时处理和排除。

开展点检工作既能做好动力设备的巡回检查，又能了解设备缺陷的真实情况，为开展设备检修或大修提供可靠的依据。同时，点检记录也反映了检修工作量、检修时间，可提高操作人员参加检修和排除故障的积极性，为确保设备状态完好打下基础。

(2) 动力设备的预防性试验

预防性试验包括：动力设备的预防性试验、预防性维修和继电保护装置的定期试验与检查工作，以便掌握它们的技术状态，及时消除故障，保证动力设备安全经济的正常运行。

对热力和动能发生设备，要按规定时间进行耐压试验和严密性试验，并定期检验有关的仪表仪器。

对锅炉设备，要定期检查本体内外是否有磨损、腐蚀、裂纹、鼓包、变形、渗漏等现象，炉墙是否有损坏，拉撑是否有断裂等。

对变电所的操作防护用品，如绝缘棒、绝缘手套、绝缘靴、验电笔、接地棒等，要定期（每半年或一年）试验绝缘性能，避雷器、接地电阻要定期测定，继电保护装置和安全指示装置要进行定期试验等。

对重点、关键的动力设备，要严格实行重点维护保养、监察预防试验制度，严禁超负荷运行、超规范使用。

5.2 压力容器安全技术

5.2.1 压力容器分类及安全技术

5.2.1.1 广义压力容器的定义

化工、炼油、医药、食品等生产所用的各种设备外部的壳体都属于容器。不言而喻，所有承受压力的密闭容器都称为压力容器，或者称为受压容器。

容器所盛装的、或在容器内参加反应的物质，称为工作介质。常用压力容器的工作介质是各种气体、水蒸气或液体，按气体介质的压力来源可以分为来自容器内或容器外两类。

容器的气体压力产生于器外时，其压力源一般是气体压缩机或蒸汽锅炉。工作介质为压缩气体的压力容器，其可能达到的最高压力为气体压缩机出口的气体压力。蒸汽锅炉是利用燃料燃烧放出的热量将水加热蒸发而产生水蒸气的一种设备。由于在相同压力下水蒸气的体积是饱和水的1000多倍，因而压力增大明显。

5.2.1.2 压力容器界限

在此讨论的压力容器主要是指那些容易发生事故，并按规定的技术管理规范进行制造和使用的压力容器。划分压力容器的界限时，主要从事故发生的可能性与事故危害性的大小两个方面考虑。目前国际上对压力容器的界限范围尚无完全统一的规定。

工作介质是液体的压力容器，由于液体的压缩性极小，容器爆破时其膨胀功，即所释放的能量小，危害性也小。而介质是气体的容器，因气体具有很大的压缩性，容器爆破时瞬时所释放的能量很大，危害性也就大。所以一般不把介质为液体的容器列入作为特殊设备的压力容器范围内。值得注意的是，这里所说的液体，是指常温下的液体，不包括最高工作温度高于其标准沸点（即标准大气压下的沸点）的液体。

我国目前完全纳入《压力容器安全技术监察规程》适用范围的压力容器必须同时具备下列三个条件：最高工作压力≥0.1MPa（不含液体静压力）；内直径（非圆形截面指断面最大尺寸）≥0.15m，且容积≥0.025m^3；介质为气体、液化气体或最高工作温度≥标准沸点的液体。

5.2.1.3 压力容器分类

(1) 按使用特点和安全管理方面考虑

按压力分：低压容器（0.1MPa $\leqslant p <$ 1.57MPa），中压容器（1.57MPa $\leqslant p <$ 9.807MPa），高压容器（9.807MPa $\leqslant p <$ 98.07MPa），超高压容器（$p \geqslant$ 98.07MPa）。

按用途分：反应容器（如聚合釜、氨合成塔）、盛装容器（如存储罐、槽）、换热容器（如冷却器、蒸发器）、分离容器（如分馏塔、吸收塔）。

按是否移动分：固定式容器，即有固定的安装和使用地点，操作人员相对固定，如合成塔、蒸球、管壳式余热锅炉、热交换器、分离器等；移动式容器，如气瓶、汽车槽车、铁路槽车等，其主要用途是装运有压力的气体，这类容器无固定使用地点，一般也没有专职的使用操作人员，使用环境经常变迁，管理比较复杂，较易发生事故。

(2) 按管理与安全监察权限划分三类压力容器

① 一类容器　非易燃或无毒介质的低压容器；易燃或有毒介质的低压分离容器和换热容器。

② 二类容器　中压容器；剧毒介质的低压容器；易燃或有毒介质的低压反应容器和储运容器；内径小于1m的低压废热锅炉。

③ 三类容器　高压、超高压容器；剧毒介质且压力与容积的乘积等于或大于196.1L·MPa的低压容器或剧毒介质的中压容器；易燃或有毒介质且压力与容积的乘积等于或大于4903.3L·MPa的中压反应容器，或压力与容积的乘积等于或大于4903.3L·MPa的中压储运容器；中压废热锅炉或内径大于1m的低压废热锅炉。

(3) 剧毒、有毒、易燃介质

剧毒介质是指进入人体量小于50g即会引起肌体严重损伤或致死的介质；有毒介质是指进入人体量大于或等于50g即会引起人体正常功能损伤的介质；易燃介质是指与空气混合的爆炸下限小于10%，或爆炸上限与下限之差大于20%的介质。

5.2.1.4 压力容器的基本要求、设计、制造、安装

(1) 压力容器的基本要求

① 强度　金属抵抗永久变形和断裂的能力。强度是涉及安全的主要问题，常用的强度判据有屈服强度、抗拉强度。

② 刚度　刚度是在外力作用（制造、运输、安装与使用）下产生不允许的弹性变形，如法兰（密封）、管板等对刚度的要求很高，因而达到刚度的要求必然满足强度的要求；但满足强度要求的部件未必达到刚度的要求。

③ 稳定性　在外力作用下防止突然失去原有形状的稳定性，如外压及真空容器。

④ 耐久性。

⑤ 密封性。

(2) 压力容器的设计

强度确定：屈服强度、抗拉强度和应力等的计算；材料选用：碳钢、普通低合金钢、特殊用钢等；合理的结构：防止结构上的突变、避免局部应力叠加、特殊条件下使用的容器用钢、对开孔的形状、大小及位置的限制等。

(3) 压力容器的制造

国家规定凡制造和现场组焊压力容器的单位必须持有人力资源和社会保障部颁发的制

造许可证，制造单位必须按批准的范围制造或组焊。压力容器质量优劣取决于材料质量、焊接质量和检验质量。压力容器的制造质量除钢材本身质量外，主要取决于焊接质量。压力容器制成后必须进行压力试验，包括耐压试验和气密性试验。耐压试验包括液压试验和气压试验。压力试验要严格按照试验安全规定进行，防止试验中发生事故。

(4) 压力容器的安装

压力容器的专业安装单位必须经劳动部门审核批准才可以从事承压设备的安装工作，安装作业必须执行国家有关安装的规范，安装过程中应对安装质量实行分段验收和总体验收，验收由使用单位和安装单位共同进行；总体验收时，应有上级主管部门参加，压力容器安装竣工后，施工单位应将竣工图、安装及复验记录等技术资料及安装质量证明书等移交给使用单位。

5.2.2 压力容器的基本结构及安全附件

5.2.2.1 压力容器结构概述

压力容器一般是由筒体（又称壳体）、封头（又称端盖）、法兰、接管、人孔、支座、密封元件、安全附件等组成。它们统称为过程设备零部件，这些零部件大都有标准。其典型过程设备有换热器、反应器、塔式容器、球形容器等，几种典型压力容器说明如下。

(1) 换热器

换热器行业涉及暖通、压力容器、水处理设备等 30 多种产业，相互形成产业链条。在石油、化工、轻工、制药、能源等工业生产中，常常把低温流体加热或者把高温流体冷却，把液体汽化成蒸气或者把蒸气冷凝成液体。换热器（见图 5-6）既可是一种单元设备，如加热器、冷却器和凝汽器等；也可是某一工艺设备的组成部分，如氨合成塔内的换热器、搅拌釜中的换热蛇管。换热器是化工生产中重要的单元设备，根据统计，换热器的吨位约占整个工艺设备的 20%，有的甚至高达 30%，其重要性可想而知。

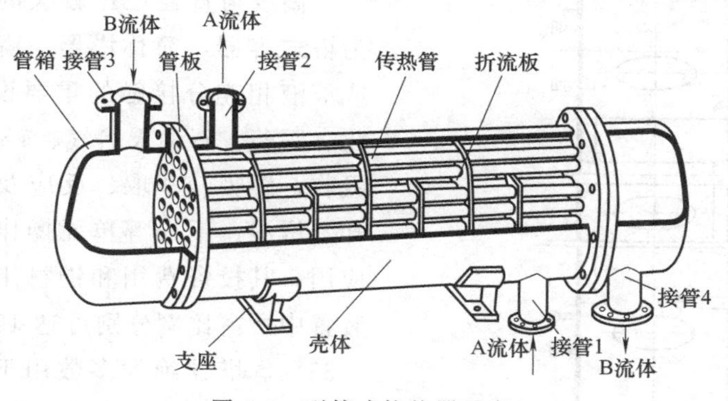

图 5-6 列管式换热器示意

常用换热器设计标准有：美国的 TEMA（Tubular Exchanger Manufactures Association）标准；我国的 GB 150—2011《压力容器》、GB/T 151—2014《热交换器》。

(2) 反应器

由搅拌器和釜体组成。搅拌器包括传动装置、搅拌轴（含轴封）、叶轮（搅拌桨）；釜体包括筒体、夹套和内件、盘管、导流筒等。工业上应用的搅拌釜式反应器有成百上千种，按反应物料的相态可分成均相反应器和非均相反应器两大类。研究表明，超过 50%

的化工反应过程是在搅拌反应器中进行的间歇操作，在中小型化工企业中这个比例更高。因此搅拌釜设计和操作水平的提高对化工生产的生产过程、安全、产品质量和能耗有重大影响。搅拌釜式反应器常用于微生物发酵、化学合成等研究与应用。搅拌釜式反应器示意见图 5-7，实际设备的外观见图 5-8。

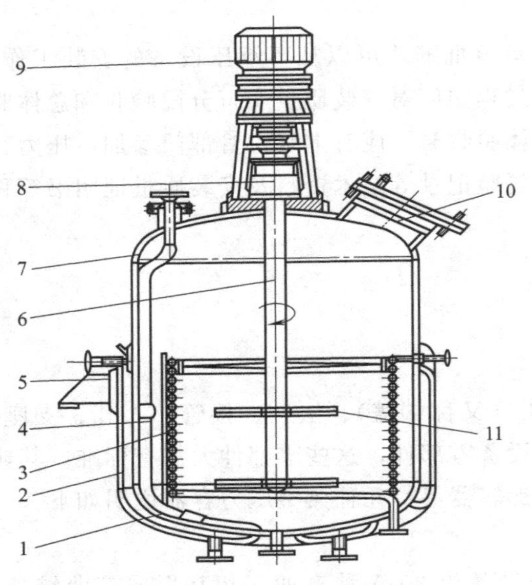

图 5-7　搅拌釜式反应器示意

1—内筒；2—夹套；3—盘管；4—压出管；5—支座；6—搅拌轴；7—封头；8—联轴器；9—电机和传动装置；10—视镜或人孔；11—搅拌器

图 5-8　搅拌釜式反应器外观

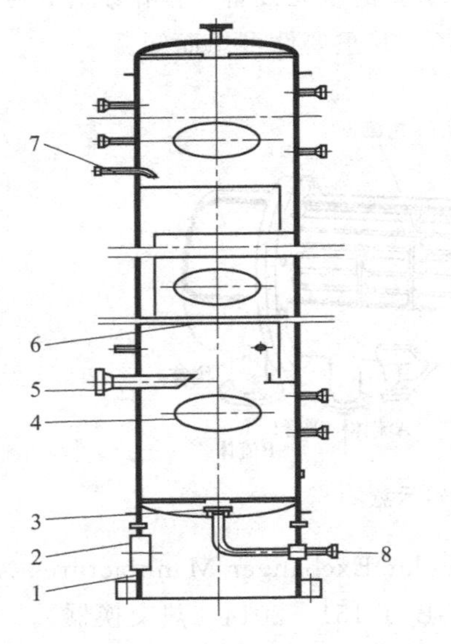

图 5-9　板式塔结构示意

1—群座；2—群座入口；3—防涡流挡板；4—人孔；5—蒸汽入口；6—塔盘；7—进料口；8—液体出口

(3) 塔式容器

高度与直径之比较大的直立容器均可称为塔式容器，简称塔器。塔器是实现气液相或液液相充分接触的重要设备，在化工、石化、医药、石油天然气、轻纺等行业的蒸馏、吸收、解吸、萃取、反应及气体的洗涤、冷却、增湿、干燥等单元操作中获得了广泛的应用，其投资费用和钢材用量在上述行业的装置中所占比例分别可达 15%～45%和 25%～55%。塔器绝大多数用于气、液两相间的传质与传热，塔器的操作性能对整套装置的生产能力、产品质量、消耗定额和环保指标往往产生显著的影响，因而塔器的合理设计是过程设备设计中颇受关注的课题。图 5-9 为板式塔结构示意。

(4) 球形容器

球形容器又称球罐，壳体呈球形（见图

5-10)。球罐是储存和运输各种气体、液体、液化气体的一种有效、经济的压力容器。与圆筒形容器相比其主要优点是：受力均匀；在同样壁厚条件下，球罐的承载能力最高，在相同内压条件下，球形容器所需要的壁厚仅为同直径、同材料的圆筒形容器壁厚的1/2（不考虑腐蚀裕度）；在相同容积条件下，球形容器的表面积最小，由于壁厚、表面积小等原因，一般要比圆筒形容器节约30%～40%的钢材，其主要缺点是制造施工比较复杂。

5.2.2.2 压力容器结构设计

压力容器结构设计的基本要求是安全、方便制造与检验。其设计质量对安全与经济性影响极大，任何结构都不是万能的，需合理设计与选择。

(1) 筒体结构

① 筒体结构分为整体式结构和组合式结构。

整体式结构即满足强度、刚度与稳定性需要的厚度（不含耐蚀层），由一整块连续钢材构成。常见整体式结构有：单层焊接（应用最广）、锻造（主要用于超高压）、锻焊（用于大型重要工况）、无缝管（小容器）。

组合式结构即满足强度、刚度与稳定性需要的厚度（不含耐蚀层），由板-板、板-带、板-丝组合而成，主要用于高压容器。

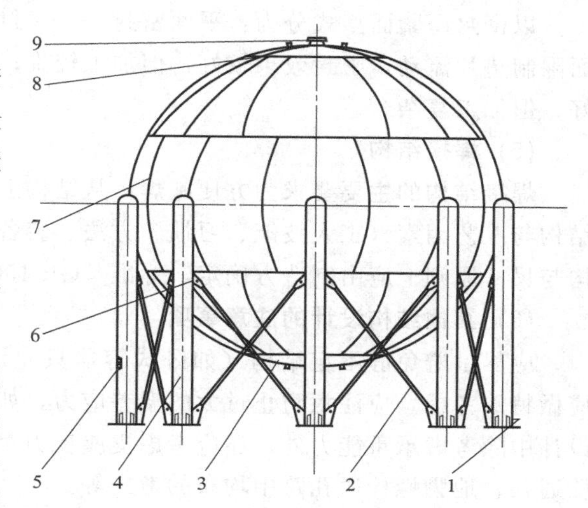

图 5-10 球形容器结构示意

1—接地板；2—拉杆；3—下级接口；4—支柱；5—防火隔热层；6—球壳；7—耳板；8—上级接口；9—人孔

② 整体式与组合式比较　在安全性方面组合式优于整体式，理由如下：以薄攻厚，中厚板、薄板性能优于厚板；缺陷只能在本层内扩展；危险的纵缝（整体包扎含环缝）化整为零，各层均布；预应力增加安全裕度。组合式工艺复杂，生产周期长，且不适于做热容器。

(2) 封头结构

封头分为凸形封头、锥形封头、平盖封头三大类。

① 凸形封头　依形状（受力）分为半球、椭圆、碟形、球冠，受力前优于后，制造方便后优于前。

② 锥形封头　主要用于变速或方便卸料；依半顶角分为30°（无折边）、45°（大端折边）、60°（大、小端折边）；主要制造方法为卷焊。

③ 平盖封头　包括平盖和锻造平底封头等，与筒体连接分为可拆与固接，制造方法多为锻造。

(3) 开孔补强结构

开孔补强结构有三种结构形式：补强圈、厚壁管补强、补强元件。

补强圈加工方便，但补强效果有限，使用范围有一定限制；厚壁管补强与补强元件通常采用锻件补强，受力好，将角度改为对接易保证焊接质量，但加工复杂。

(4) 法兰与密封

法兰与密封垫、紧固件合为一个结构整体，属可拆结构，其基本功能是连接与密封，法兰结构与设计、计算应三位一体综合考虑。

法兰按其整体性程度分为三种：整体法兰——法兰、法兰颈与容器（或接管）合为一整体，强度与刚度好，连接与密封效果好，但加工困难；松式法兰——法兰未能与容器（或接管）有效合为一整体，连接与密封效果较差，但加工方便；任意式法兰——介于前二者之间。

以密封压紧面型式分为：平面密封——密封效果差，但加工方便；凹凸面密封——单面限制垫片流动，密封效果较好，但加工较难；榫槽密封——双面限制垫片流动，密封性好，但加工复杂。

(5) 焊接结构

焊接结构的主要要求为方便施焊，从结构上保证焊透，且尽量减小焊接工作量。焊接结构与工艺因素（工人技能、习惯、方法、装备等）关系密切，设计者可提要求，具体结构与尺寸原则上应由制造方确定，标准（GB 150—2011）为强制性，其要求必须执行。

(6) 其他结构设计的注意事项

应尽量避免静不定结构（如卧式容器只允许双鞍座），对静不定结构（如球罐支承）应做特殊考虑。应注意防止过大的温差应力，如膨胀节的设置、支承中的活动支承。支承设计中除考虑承重能力外，还应考虑支座反力对壳体的影响，决定是否加垫板。对法兰螺栓通孔、地脚螺栓通孔跨中均布的考虑等。

5.2.2.3 压力容器安全附件

根据压力容器的使用特点及其内部介质的化学工艺特性，往往需要在容器上设置一些安全装置（安全附件）和测量、控制仪表，来监控工作介质的参数和设备运行状况。安全附件是为了使压力容器安全运行而安装在设备上的一类安全装置，包括安全阀、爆破片装置、紧急切断装置、压力表、液面计、测温仪表、易熔塞等。

(1) 安全附件分类

压力容器的安全附件按使用性能或用途来分，可以包括以下四种：

① 泄压装置　压力容器超压时能自动排放压力的装置，如安全阀（见图 5-11）、爆破片（外观见图 5-12 和图 5-13）和易熔塞等。

② 计量装置　是指能自动显示容器运行中与安全有关的工艺参数的器具，如压力表（外观见图 5-14）、液面计等。

③ 报警装置　指容器在运行中出现不安全因素致使容器处于危险状态时能自动发出音响或其他明显报警信号的仪器，如压力报警器、温度检测仪（见图 5-15）等。

④ 联锁装置　是为了防止操作失误而设的控制机构，如联锁开关、联动阀等，见图 5-16 和图 5-17。

(2) 安全附件的特点

在压力容器安全附件中，最常用而且最关键的就是安全泄压装置、压力表等。

① 安全阀　其特点是当压力容器在正常工作压力情况下，保持严密不漏，当容器内压力一旦超过规定，它就能自动迅速排泄容器内介质，使容器内的压力始终保持在允许范围之内。安全阀可分为弹簧式安全阀、杠杆式安全阀、脉冲式安全阀。一般情况下，安全阀尽量安装在容器本体上，液化气要装在气相部位，同时要考虑到排放的安全。

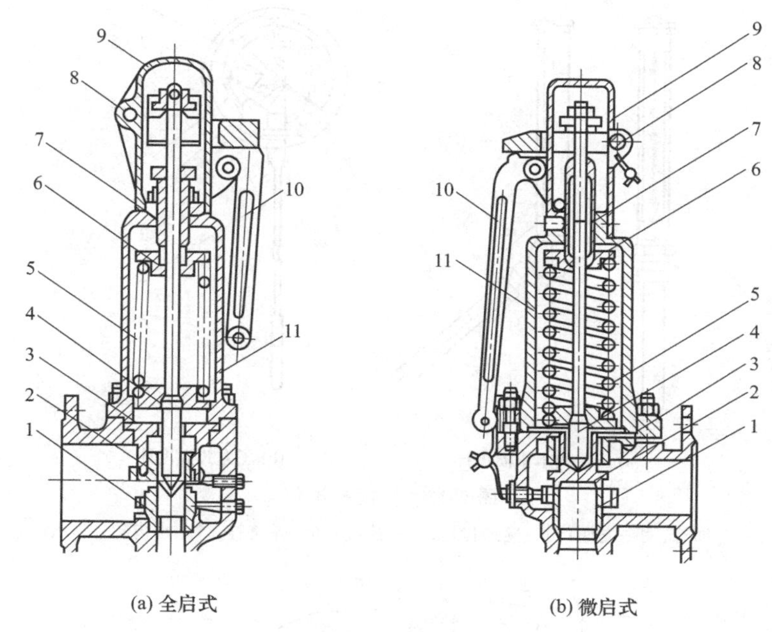

图 5-11　弹簧式安全阀

1—阀座；2—阀芯；3—阀盖；4—阀杆；5—弹簧；6—弹簧压盖；
7—调整螺母；8—销子；9—阀帽；10—手柄；11—阀体

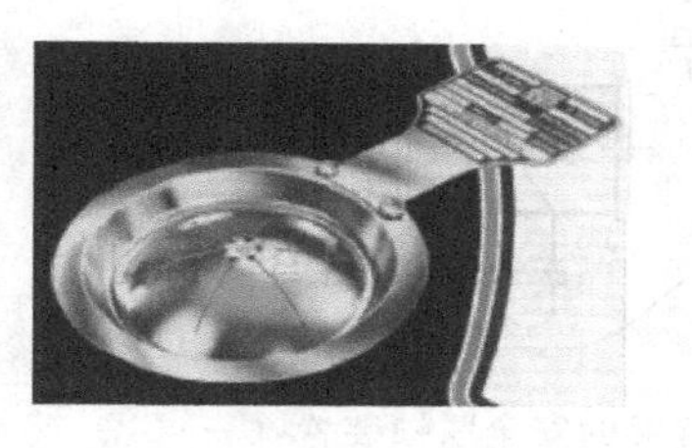

图 5-12　爆破片外观（一）

图 5-13　爆破片外观（二）

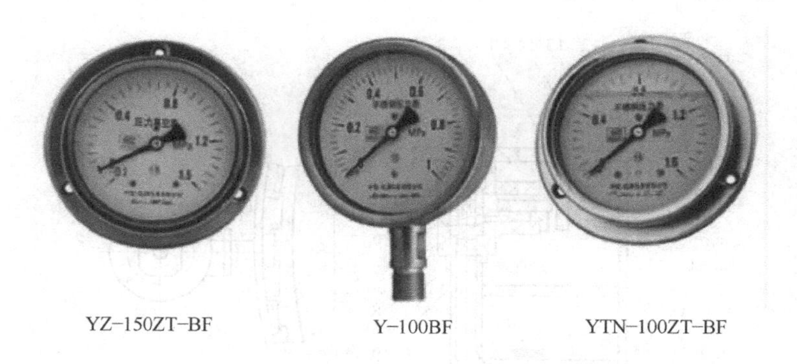

图 5-14　压力表外观

② 爆破片　又称防爆膜，是一种断裂型安全装置，具有密封性能好，泄压反应快等特点。一般用在高压、无毒的气瓶上，如空气、氮气。气瓶上的爆破片压力一般取大于气瓶充装压力，小于气瓶设计最高温升压力。

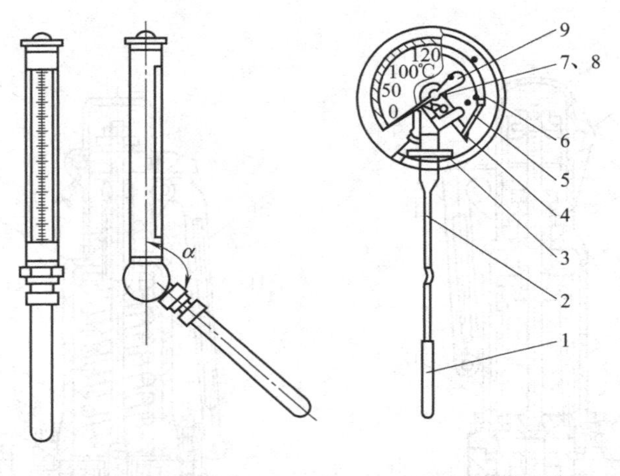

图 5-15　温度检测仪

1—温包；2—毛细管；3—支座；4—扇形齿轮；5—连杆；6—弹簧管；7—小齿轮；8—游丝；9—指针

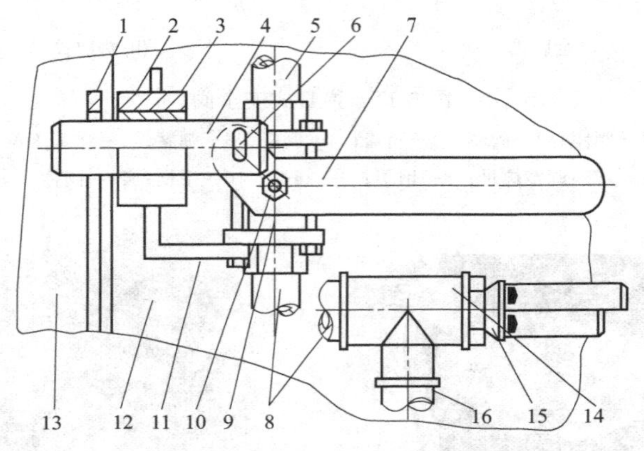

图 5-16　齿轮式快开装置的安全联锁装置（一）

1—固定板；2—导向套；3—衬套；4—固定销；5—进气管；6—滑柱；7—手柄；8—出气管；9—球阀；10—阀芯旋转杆；11—基础；12—筒体；13—齿圈；14—三通；15—警告圈；16—排空管

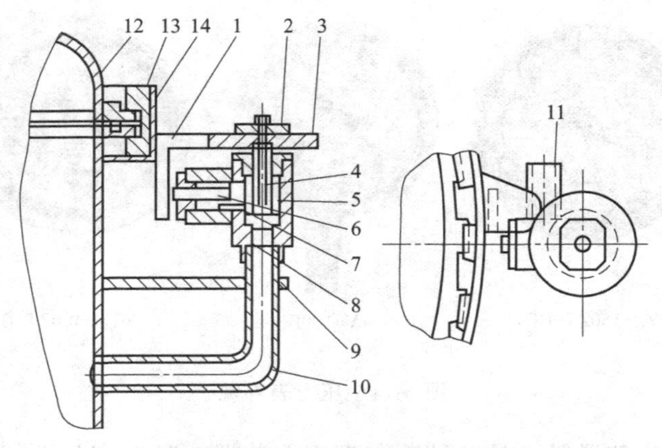

图 5-17　齿轮式快开装置的安全联锁装置（二）

1—角尺挡块；2—旋盖；3—圆形止推盘；4—主阀芯；5—主阀；6—副阀芯；7—橡胶密封圈；8—副阀；9—固定板；10—进气管；11—排气管；12—快开门盖；13—卡箍；14—旋转环

③ 易熔塞　是利用装置内的低熔点合金在较高的温度下即熔化、打开通道使气体从原来填充的易熔合金的孔中排出来泄放压力，其特点是结构简单，更换容易，由熔化温度而确定的动作压力较易控制。一般用于气体压力不大，完全由温度的高低来确定的容器，如低压液化气氯气钢瓶上的易熔塞的熔化温度为65℃。

④ 三种安全装置比较　安全阀开启排放过高压力后可自行关闭，容器和装置可以继续使用，而爆破片、易熔塞排放过高压力后不能继续使用，容器和装置也要停止运行。在选择安全阀和易熔塞时要考虑安全排放量，爆破片要考虑到泄放面积、厚度的计算等。

⑤ 压力表　是压力容器上用以测量介质压力的仪表，可分为：弹簧式压力表，适用于一般性介质的压力容器；隔膜式压力表，适用于腐蚀性介质的压力容器。

5.2.3　压力容器的安全使用

压力容器的使用单位，在压力容器投入使用前，应按人力资源和社会保障部颁布的《压力容器使用登记管理规则》的要求，向地、市劳动部门锅炉压力容器安全监察机构申报和办理使用登记手续；同时应在工艺操作规程中明确提出压力容器安全操作要求；对其操作人员进行安全教育和考核，操作人员应持安全操作证上岗。使用单位应在压力容器的购置与验收、安装和登记、使用管理、检验、修理与改造等各个环节加强压力容器的安全技术管理。

5.2.3.1　压力容器的破坏形式和缺陷修复

(1) 压力容器破裂

压力容器及其承压部件在使用过程中，其尺寸、形状或材料性能发生改变，完全失去或不能良好实现原定功能，继续使用会失去可靠性和安全性，需要立即停用修复或更换，称为压力容器及其承压部件的失效。

① 韧性破裂　容器壳体承受过高的应力，以致超过或远远超过其屈服极限和强度极限，使壳体产生较大的塑性变形，最终导致破裂，见图5-18和图5-19。

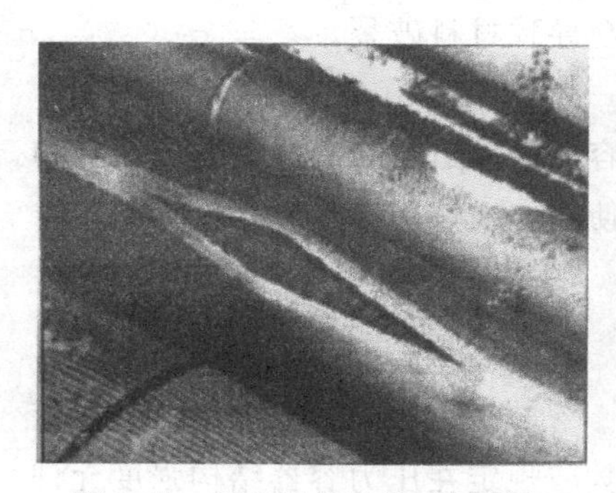
图5-18　压力设备韧性破坏形态

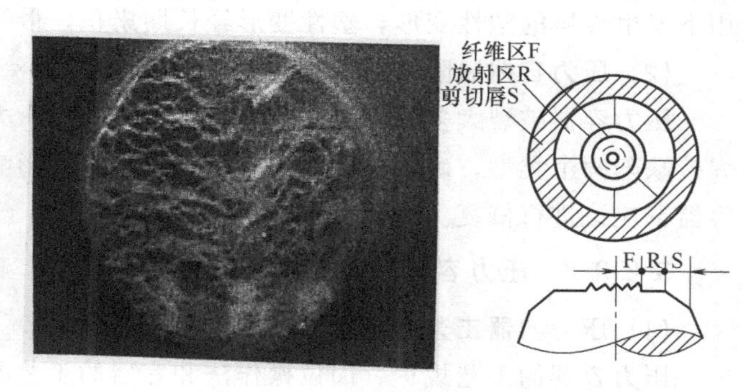

图5-19　韧性破坏断口形貌

② 脆性破裂　从压力容器的宏观变形观察，并不表现出明显的塑性变形，常发生在截面不连续处，并伴有表面缺陷或内部缺陷，即常发生在严重的应力集中处，见图5-20。

③ 疲劳破裂　压力容器长期在交变载荷作用下运行，其承压部件发生破裂或泄漏。

与脆性破裂一样，容器外观没有明显的塑性变形，而且也是突发性的，见图 5-21。

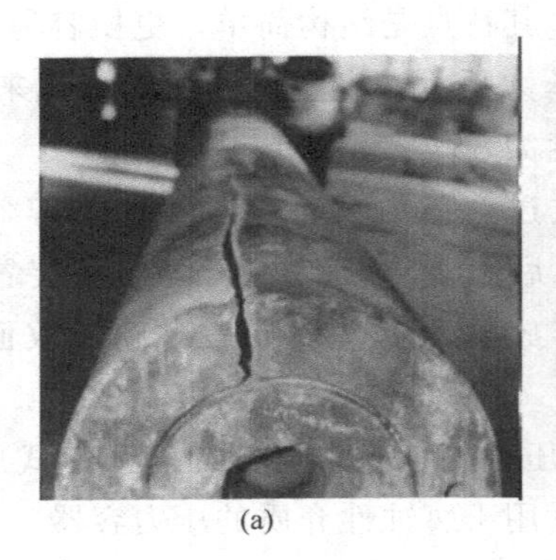

(a)

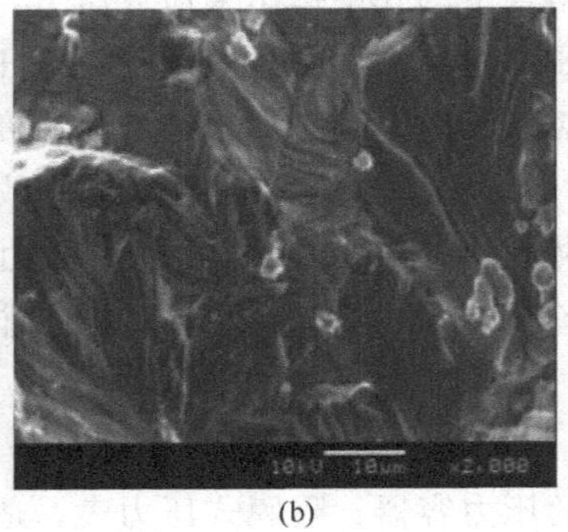

(b)

图 5-20 压力容器的脆性破裂外观（a）与断口形貌（b）

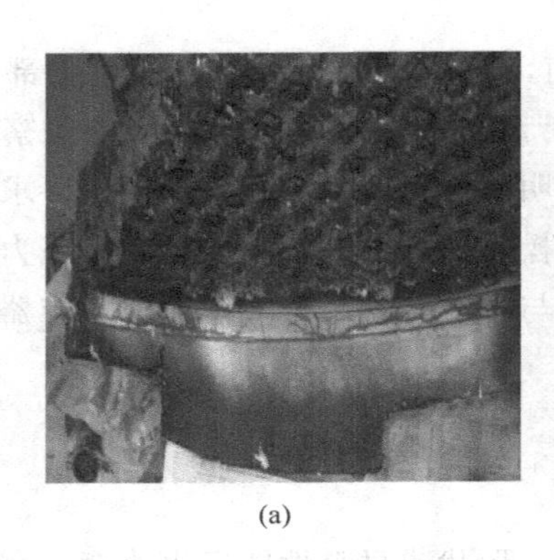

(a)

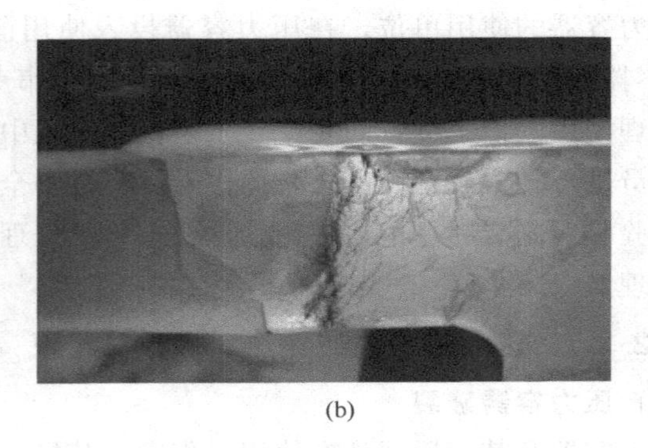

(b)

图 5-21 换热器壳程筒体与管板间焊缝附近裂纹（a）与横截面（b）

④ 应力腐蚀破裂 指容器材料在特定的介质环境中，在拉应力作用下，经一定时间后发生开裂或破裂的现象。

⑤ 蠕变破裂 在高温下运行的压力容器，当操作温度超过一定限度，材料在应力作用下发生缓慢的塑性变形，塑性变形经长期累积，最终会导致材料破裂。

(2) 压力容器缺陷修复

压力容器破裂大多是由于制造质量较差所致，压力容器的制造缺陷有成型组装缺陷和焊接缺陷两个类型，确认材质无劣化或劣化甚微不影响使用，或可用焊接方法修复的压力容器，应该进行修复。

5.2.3.2 压力容器的安全操作与维护

(1) 压力容器工艺参数选定原则

压力容器的工艺规程、岗位操作法和容器的工艺参数应规定在压力容器结构强度允许的安全范围内。使用单位不得任意改变压力容器设计工艺参数，严防在超温、超压、过冷和强腐蚀条件下运行。操作人员必须熟知工艺规程、岗位操作法和安全技术规程，通晓容器结构和工艺流程，经理论和实际考核合格者方可上岗。

(2) 压力容器操作维护

压力容器的维护保养工作一般包括防止腐蚀，消除跑、冒、滴、漏和做好停运期间的保养。

① 应从工艺操作上制定措施，保证压力容器的安全经济运行。如完善平稳操作规定，通过工艺改革，适当降低工作温度和工作压力等。

② 应加强防腐蚀措施，如喷涂防腐层、加衬里，添加缓蚀剂，改进净化工艺，控制腐蚀介质含量等。

③ 根据存在缺陷的部位和性质，采用定期或状态监测手段，查明缺陷有无发展及发展程度，以便采取措施。

④ 注意压力容器在停运期间的保养。

(3) 异常情况处理

为了确保安全，压力容器在运行中，发现下列情况之一者应停止运行：

① 容器工作压力、工作壁温、有害物质浓度超过操作规程规定的允许值，经采取紧急措施仍不能下降时；

② 容器受压元件发生裂纹、鼓包、变形或严重泄漏等，危及安全运行时；

③ 安全附件失灵，无法保证容器安全运行时；

④ 紧固件损坏、接管断裂，难以保证安全运行时；

⑤ 容器本身、相邻容器或管道发生火灾、爆炸或有毒有害介质外逸，直接威胁容器安全运行时；

⑥ 在压力容器异常情况处理时，必须克服侥幸心理和短期行为，应谨慎、全面地考虑事故的潜在性和突发性。

5.2.3.3 压力容器的定期检测

压力容器是一种特殊设备，在运行和使用中损坏的可能性比较大。因压力容器内部的介质具有很高的压力，有一定的温度和不同程度的腐蚀性，介质处于运动状态，持续地对压力容器产生各种物理的、化学的作用，因而使容器产生腐蚀、变形、裂纹、渗漏等缺陷。因此，即使压力容器的设计合理，制造质量很好，在使用过程中也会产生缺陷。无论是原有缺陷还是在使用过程中产生的缺陷，如不及时发现并消除，势必在使用过程中导致严重事故。因此，压力容器的定期检验，是保证压力容器安全运行必不可少的措施。

压力容器的使用单位，必须认真安排压力容器的定期检验工作，按照《在用压力容器检验规程》的规定，由取得检验资格的单位和人员进行检验。并将年检计划报主管部门和当地的锅炉压力容器安全监察机构，锅炉压力容器安全监察机构负责监督检查。

定期检测内容包括：外部检验、内外部检验、全面检验、耐压试验。

外部检验期限：每年至少一次。内外部检验期限分为：安全状况等级为 1～3 级的，每隔 6 年至少一次；安全状况等级为 3、4 级的，每隔 3 年至少一次；根据具体情况需适当缩短或延长内外部检验期限，并确定是否做耐压试验。

5.2.4 锅炉的安全技术

锅炉是通过燃烧产生的热能把水加热或变成蒸汽的热力设备。锅炉的种类虽繁多，但都是由“锅”和“炉”以及保证“锅”和“炉”正常运行所必需的附件、仪表及附属设备三大部分组成，如图 5-22、图 5-23 所示，外观见图 5-24。

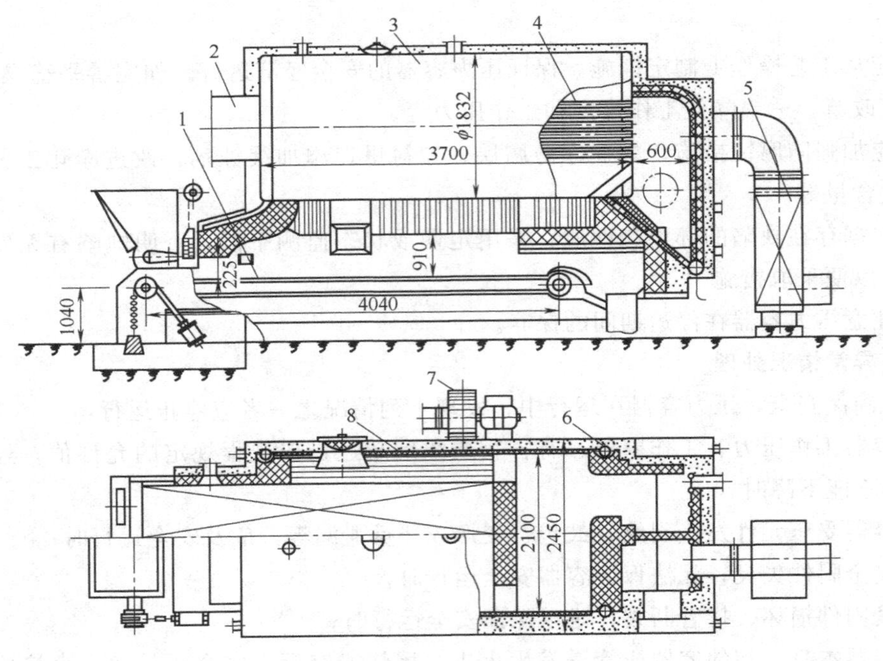

图 5-22 快装锅炉

1—链条炉排；2—前烟箱；3—锅筒；4—烟管；5—省煤器；
6—下降管；7—送风机；8—水冷壁管

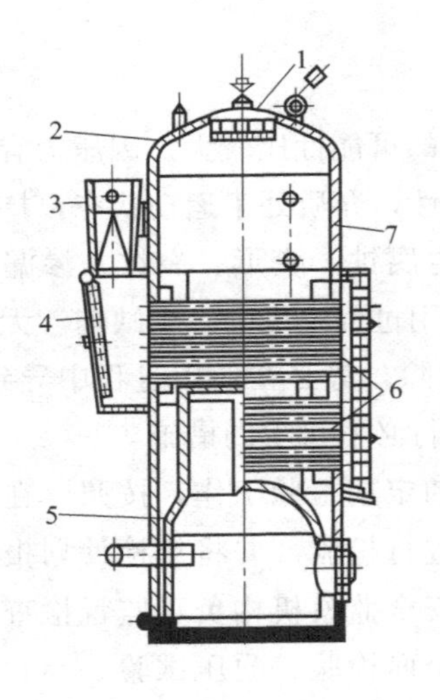

图 5-23 立式火管锅炉示意

1—人孔；2—封头；3—煤出口；4—煤箱；
5—炉胆；6—煤管；7—锅壳

图 5-24 立式工业锅炉外观

(1) 锅炉的安全附件

① 安全阀　安全阀是锅炉的重要安全附件之一，它能自动防止锅炉的蒸汽压力超过预定的允许范围，保证锅炉安全运行。

② 压力表　工业锅炉常用的压力表是弹簧管式压力表，它具有结构简单、使用方便和准确可靠等优点。压力表必须准确、灵敏、可靠，符合 TSG G0001—2012《锅炉安全

技术监察规程》的要求。

③ 水位表　水位表内显示的水位，表示锅筒内锅水的水位。司炉人员依此进行正确操作，保证锅炉安全运行。

(2) 锅炉的水质处理

① 水质标准　水质指标是表示水的质量好坏的技术指标，根据用水要求和杂质的特性制定，内容为：悬浮物、硬度、pH 值、碱度、含盐量等。

② 炉内水处理　通过向锅炉给水投加一定量软水剂（防垢剂），使锅炉给水中的结垢物质软化成为泥垢（水渣），通过排污把泥垢从锅炉内排出，从而达到减缓或防止水垢生成的目的。

③ 炉外水处理　对进入锅炉之前给水预先进行的各种处理，是锅炉水质处理的主要方式。

(3) 锅炉运行的安全管理

① 锅炉启动的安全要点　全面检查、上水、烘炉和煮炉、点火与升压、暖管与并气。

② 锅炉运行中的安全要点　锅炉运行中，保护装置与联锁不得停用；需要检验或维修时，应经有关主要领导批准；锅炉运行中，安全阀每天人为排汽试验一次，电磁安全阀电气回路试验每月应进行一次；安全阀排汽试验后，其起座压力、回座压力、阀瓣开启高度应符合规定，并记录；锅炉运行中，应定期进行排污试验。

③ 锅炉停炉时保养

a. 干法保养：干法保养只用于长期停用的锅炉，停炉后，经清理和烘干，放入干燥剂，而后密闭锅炉，并定期检查、更换干燥剂。

b. 湿法保养：适用于长期停用的锅炉，停炉后清扫内外表面，然后进软水，将适量氢氧化钠或磷酸钠溶于水后加入锅炉，并控制其碱度在 5～12mg/L 范围。

c. 热法保养：适用于停用时间在 10 天左右的锅炉，停炉后使炉温缓慢下降，保持锅炉气压在大气压以上（即水温在 100℃以上）即可。

5.2.5　气瓶的安全技术

气瓶是指在正常环境下（－40～60℃）可重复充气使用的，公称工作压力为 0～30MPa（表压），公称容积为 0.4～1000L 的盛装永久气体、液化气体或溶解气体等的移动式压力容器，气瓶外观见图 5-25 和图 5-26。

图 5-25　低压气瓶外观

图 5-26　高压气瓶外观

5.2.5.1 气瓶安全技术基本概念

(1) 气瓶的分类

按充装介质的性质分类：永久气体气瓶、液化气体气瓶、溶解气体气瓶。

按制造方法分类：钢制焊接气瓶、缠绕玻璃纤维气瓶、钢制无缝气瓶。

按公称工作压力分类：高压气瓶（30MPa、20MPa、15MPa、12.5MPa、8MPa）、低压气瓶（5MPa、3MPa、2MPa、1.6MPa、1MPa）。

(2) 气瓶的安全附件

① 安全泄压装置　主要有爆破片和易熔塞两种。爆破片装在瓶阀上，其爆破压力略高于瓶内气体的最高温升压力，爆破片多用于高压气瓶，《气瓶安全监察规程》对是否必须装设爆破片，未做明确规定。易熔塞一般装在低压气瓶的瓶肩上，当周围环境温度超过气瓶的最高使用温度时，易熔塞的易熔合金熔化，瓶内气体排出，避免气瓶爆炸。

② 其他附件　防震圈、瓶帽、瓶阀。

(3) 气瓶的颜色

国家标准《气瓶颜色标记》对气瓶做了严格的规定，常见气瓶的颜色见表 5-1。

表 5-1　主要气瓶颜色标记

序号	气瓶名称	化学式	外表面颜色	字样	字样颜色	色环
1	氢	H_2	深绿	氢	红	$p=14.7$MPa,不加色环 $p=19.6$MPa,黄色环一道 $p=29.4$MPa,黄色环二道
2	氧	O_2	天蓝	氧	黑	$p=14.7$MPa,不加色环 $p=19.6$MPa,白色环一道 $p=29.4$MPa,白色环二道
3	氨	NH_3	黄	液氨	黑	
4	氯	Cl_2	草绿	液氯	白	
5	空气		黑	空气	白	$p=14.7$MPa,不加色环 $p=19.6$MPa,白色环一道 $p=29.4$MPa,白色环二道
6	氮	N_2	黑	氮	黄	$p=14.7$MPa,不加色环 $p=19.6$MPa,白色环一道 $p=29.4$MPa,白色环二道
7	二氧化碳	CO_2	铝白	液化二氧化碳	黑	$p=14.7$MPa,不加色环 $p=19.6$MPa,黑色环一道
8	乙烯	C_2H_4				$p=12.2$MPa,不加色环 $p=14.7$MPa,白色环一道 $p=19.6$MPa,白色环二道

5.2.5.2 气瓶的安全管理

(1) 气瓶的充装安全

气瓶充装过量是气瓶破裂爆炸的常见原因之一，为保证气瓶在充装过程和使用过程中不因环境温度升高而处于超压状态，必须对气瓶的充装量严格控制。确定压缩气体及高压液化气体气瓶的充装量时，要求瓶内气体在最高使用温度下的压力不超过气瓶的最高许用压力。

对低压液化气瓶，则要求瓶内液体在最高使用温度下不会膨胀至瓶内满液，在瓶内始终保留有一定气相空间。在气瓶充装时，属下列情况之一的，应先进行处理，否则严禁充装。

① 钢印标记、颜色标记不符合规定及无法判定瓶内气体的；

② 改装不符合规定或用户自行改装的；

③ 附件不全、损坏或不符合规定的；

④ 瓶内无剩余压力的；

⑤ 超过检验期的；

⑥ 外观检查存在明显损伤，需进一步进行检查的；

⑦ 氧化或强氧化性气体气瓶沾有油脂的；

⑧ 易燃气体气瓶的首次充装，事先未经置换和抽空的。

(2) 气瓶的储存安全

气瓶储存过程中应注意以下事项。

① 气瓶的储存应有专人负责管理。管理人员、操作人员、消防人员应经安全技术培训，了解气瓶、气体的安全知识。

② 气瓶的储存，空瓶、实瓶应分开（分室储存）。如氧气瓶、液化石油气瓶，乙炔瓶与氧气瓶、氯气瓶不能同储一室。

③ 气瓶库（储存间）应符合 GB 50016—2014《建筑设计防火规范》，采用二级以上防火建筑，与明火或其他建筑物应有符合规定的安全距离。易燃、易爆、有毒、腐蚀性气体气瓶库的安全距离不得小于 15m。

④ 气瓶库应通风、干燥，防止雨（雪）淋、水浸，避免阳光直射，要有便于装卸、运输的设施。库内不得有暖气、水、煤气等管道通过，也不准有地下管道或暗沟，照明灯具及电器设备应是防爆的。

⑤ 地下室或半地下室不能储存气瓶。

⑥ 瓶库有明显的“禁止烟火”“当心爆炸”等各类必要的安全标志。

⑦ 瓶库应有运输和消防通道，设置消防栓和消防水池。在固定地点备有专用灭火器、灭火工具和防毒用具。

⑧ 储气的气瓶应戴好瓶帽，最好戴固定瓶帽。

⑨ 实瓶一般应立放储存。卧放时，应防止滚动，瓶头（有阀端）应朝向一方。垛放不得超过 5 层，妥善固定。气瓶排放应整齐，固定牢靠。数量、号位的标志要明显。要留有通道。

⑩ 实瓶的储存数量应有限制，在满足当天使用量和周转量的情况下，应尽量减少储存量。

⑪ 容易起聚合反应气体的气瓶，必须规定储存期限。

⑫ 瓶库账目清楚，数量准确，按时盘点，账物相符。

⑬ 建立并执行气瓶进出库制度。

(3) 气瓶的使用安全

① 使用气瓶者应学习气体与气瓶的安全技术知识，在技术熟练人员的指导监督下进行操作练习，合格后才能独立使用。

② 使用前应对气瓶进行检查，确认气瓶和瓶内气体质量完好，方可使用。如发现气

瓶颜色、钢印等辨别不清，检验超期，气瓶损伤（变形、划伤、腐蚀），气体质量与标准规定不符等现象，应拒绝使用并做妥善处理。

③ 按照规定，正确、可靠地连接调压器、回火防止器、橡胶软管、缓冲器、气化器、焊割炬等，检查、确认没有漏气现象。连接上述器具前，应微开瓶阀吹除瓶阀出口的灰尘、杂物。

④ 气瓶使用时，一般应立放（乙炔瓶严禁卧放使用）。不得靠近热源。与明火距离、可燃与助燃气体气瓶之间距离不得小于 10m。

⑤ 使用易起聚合反应气体气瓶，应远离射线、电磁波、振动源。

⑥ 防止日光曝晒、雨淋、水浸。

⑦ 移动气瓶应手搬瓶肩转动瓶底；移动距离较远时可用轻便小车运送，严禁抛、滚、滑、翻和肩扛、脚踹。

⑧ 禁止敲击、碰撞气瓶。绝对禁止在气瓶上焊接、引弧。不准用气瓶做支架和铁砧。

⑨ 注意操作顺序。开启瓶阀应轻缓，操作者应站在阀出口的侧后；关闭瓶阀应轻而严，不能用力过大，避免关得太紧、太死。

⑩ 瓶阀冻结时，不准用火烤。可把瓶移入室内或温度较高的地方或用 40℃以下的温水浇淋解冻。

⑪ 注意保持气瓶及附件清洁、干燥，禁止沾染油脂、腐蚀性介质、灰尘等。

⑫ 瓶内气体不得用光用尽，应留有剩余压力（余压），余压不应低于 0.05MPa。

⑬ 要保护瓶外油漆防护层，既可防止瓶体腐蚀，也是标示和标记，可以防止误用和混装。瓶帽、防震圈、瓶阀等附件都要妥善维护、合理使用。

⑭ 气瓶使用完毕，要送回气瓶库或妥善保管。

(4) 气瓶的检验

气瓶的定期检验，由取得检验资格的专门单位负责进行，未取得资格的单位和个人不得从事气瓶的定期检验。各类气瓶的检验周期如下。

① 盛装腐蚀性气体的气瓶，每两年检验一次。

② 盛装一般气体的气瓶，每三年检验一次。

③ 液化石油气气瓶，使用未超过 20 年的，每五年检验一次，超过 20 年的，每两年检验一次；盛装惰性气体的气瓶，每五年检验一次。

【事故案例】

◇**案例 1** 20 世纪 90 年代美国发生了一起丁二烯铁路罐车灾难性爆炸事故。罐车容积 127m^3，安全阀设置压力 1.93MPa，材料相当于 20Mn。该罐车在 3 个月前的例行维修中未进行最后填充氮气的处理，即事故前罐车内是存有空气的。一列罐车在丁二烯储运场开始充装丁二烯，该罐车处在最后充装位置，环境温度－5.6℃，约 1.5h 后，罐内压力达到 0.79～0.83MPa。为了释放过高的压力，将罐车与放空管道相连，放空管道通向放空火炬装置，该装置可以点燃释放的气体。在打开放空管道时，现场人员看到一个小火炬点燃，但是只有几秒钟便熄灭。随后听到两个爆炸声从放空火炬装置传出，同时又听到一个爆炸声从该罐车传出，并伴有一个铅笔状火焰从安全阀急剧升起，高度达 15m。随即该罐车剧烈爆炸，60 余个碎片飞出，最远达 195m，总重约 5227kg。爆炸时，罐内丁二烯蒸气占有的空间为20%（约$25m^3$）。

事故原因 分析结论认为，罐车设计、材料选用、加工制造、维护与使用均存在缺陷。爆炸是在安全阀打开（压力为1.93MPa）后，但是明显低于正常承载能力（2.76MPa）时发生的，显然与人孔-罐体连接结构不合理造成高度应力集中以及材料存在缺陷有关。此外，如果罐车内没有空气存在，也不会引起丁二烯的爆炸。爆炸点火应当是打开放空管道时的静电火花引起。

安全措施 ①改善人孔-罐体连接结构设计，增加圆锥形过渡段，减少应力集中；②严格控制材料冶金质量；③防止违章操作，充装丁二烯以前罐车内一定要充氮气，进行惰性处理，并且充装丁二烯的压力不能大于827kPa。

事故简评 一般而言，压力容器的爆炸事故涉及多个原因，本案例中说明“罐车设计、材料选用、材料缺陷、加工制造、维护与使用等均与丁二烯化学爆炸事故有关”。此案例具有代表性，只有在各个环节绷紧安全这根弦，才可能减少事故的发生。

◇**案例2** 某化工厂合成氨塔净化系统的煤气换热器，1976年投入运行。换热器进口端蒸汽温度220℃，出口端温度350℃，压力3.2MPa。换热器介质重油裂化煤气加蒸汽，换热器管内为含有氯离子（4～30mg/L）和氧的湿蒸汽。1980年9月，该换热器进口端距法兰连接处2m的管道发生开裂。管道材料为1Cr18Ni9Ti，尺寸为ϕ32mm×8mm。开裂成扇形板状，展开宽度尺寸最大部位相当于该管的周长，开裂长度为1.2m。起裂位置在进口端环焊缝的焊接缺陷处。事故后进行检查发现，换热器封头（第一筒节）有长度为17.5～26mm，深度为3mm的裂纹，第二筒节纵向焊缝亦有相似的裂纹。在出口端法兰与接管连接的环焊缝两侧内壁有许多垂直焊缝相互平行的轴向裂纹。

事故原因 试验分析结果：①化学成分、力学性能正常；②材料有好的抗晶间腐蚀性能；③裂纹由管道内表面向外表面扩展，明显分岔，呈树枝状，均为穿晶型；④打开裂纹后，观察断口裂纹源区有致密的腐蚀产物，宏观特征为脆性，微观特征为解理加二次裂纹；⑤没有发现氢损伤现象；⑥通过模拟试验，说明在焊缝附近存在较大的残余应力。

结论 裂纹属于应力腐蚀开裂，起因于焊接残余应力较大和存在氯离子、氧、H_2S、连多硫酸$H_2S_xO_6$、CO_2介质。

事故简评 由本案例可以看出，事故原因的调查和取证具有很强的专业性，需要多专业和学科配合，且需要做大量的技术性工作，才能得出让人信服的结论！由于应力腐蚀开裂而导致的爆炸事故，发生事故前通常没有明显的征兆，且各项技术指标在正常范围内。

5.3 压力管道安全技术

5.3.1 化工压力管道

从广义上理解，压力管道是指所有承受内压或外压的管道，无论其管内介质如何。压力管道是管道中的一部分，管道由管子、管件、法兰、螺栓连接、垫片、阀门、其他组成件或受压部件和支承件组成的装配总成，见图5-27，对于需要保温的化工压力管道，可以采用图5-28的结构。

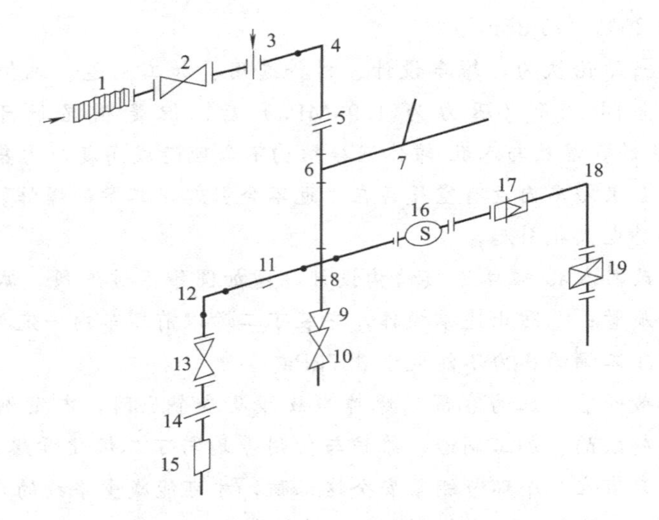

图 5-27　压力管道结构

1—波纹管；2,10,13—阀门；3—“8”字形盲桶板；4,12,18—弯头；5—节流孔板；
6—三通；7—斜接三通；8—四通；9—异径管；11—滑动支架；14—两端用活接头；15—疏水器；
16—视镜；17—过滤器；19—阻火器

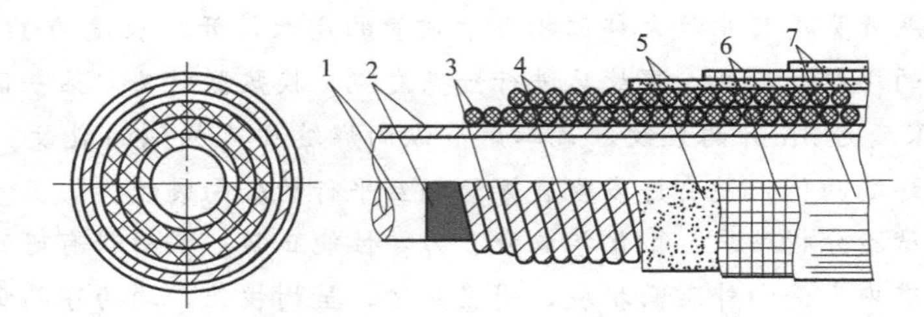

图 5-28　石棉绳缠绕式保温结构

1—管子；2—红丹防蚀层；3—第一层石棉绳；4—第二层石棉绳；5—胶泥层；6—铁丝网；7—保护层

5.3.1.1　压力管道的行业规定

从中国颁发《压力管道安全管理与监察规定》以后，“压力管道”便成为受监察管道的专用名词。在《压力管道安全管理与监察规定》第二条中，将压力管道定义为：“在生产、生活中使用的可能引起燃爆或中毒等危险性较大的特种设备。”

国家质检总局 2014 年 10 月 30 日发布的《质检总局关于修订〈特种设备目录〉的公告（2014 年第 114 号）》所附特种设备目录 8000 项中该定义改为：“压力管道，是指利用一定的压力，用于输送气体或者液体的管状设备，其范围规定为最高工作压力大于或者等于 0.1MPa（表压），介质为气体、液化气体、蒸汽或者可燃、易爆、有毒、有腐蚀性、最高工作温度高于或者等于标准沸点的液体，且公称直径大于或者等于 50mm 的管道。公称直径小于 150mm，且其最高工作压力小于 1.6MPa（表压）的输送无毒、不可燃、无腐蚀性气体的管道和设备本体所属管道除外。”

5.3.1.2　压力管道

(1) 管道特点

① 压力管道是一个系统，相互关联相互影响，牵一发而动全身。

② 压力管道长径比很大，极易失稳，受力情况比压力容器更复杂。

③ 压力管道内流体流动状态复杂，缓冲余地小，工作条件变化频率比压力容器高（如高温、高压、低温、低压、位移变形、风、雪、地震等都有可能影响压力管道受力情况）。

④ 管道组成件和管道支承件的种类繁多，各种材料各有特点和具体技术要求，材料选用复杂。

⑤ 管道上的可能泄漏点多于压力容器，仅一个阀门通常就有五处。

⑥ 压力管道种类多，数量大，设计、制造、安装、检验、应用管理环节多，与压力容器不同。

(2) 压力管道级别划分标准

压力管道按所承受压力分为：低压管道 $0 \leqslant p \leqslant 1.6$MPa，中压管道 $1.6 < p \leqslant 10$MPa，高压管道 $10 < p \leqslant 100$MPa，超高压管道 $p > 100$MPa。

管道级别划分如下。

① 长输管道为 GA 类。符合下列条件之一的长输管道为 GA1 级：

a. 输送有毒、可燃、易爆气体介质，设计压力 $p > 1.6$MPa 的管道；

b. 输送有毒、可燃、易爆液体介质，输送距离（输送距离指产地、储存库、用户间的用于输送商品介质管道的直接距离）≥200km 且管道公称直径 DN≥300mm 的管道；

c. 输送浆体介质，输送距离≥50km 且管道公称直径 DN≥150mm 的管道。

符合下列条件之一的长输管道为 GA2 级：

a. 输送有毒、可燃、易爆气体介质，设计压力 $p \leqslant 1.6$MPa 的管道；

b. GA1 b 范围以外的长输管道；

c. GA1 c 范围以外的长输管道。

② 公用管道为 GB 类。划分为：GB1 燃气管道；GB2 热力管道。

③ 工业管道为 GC 类。符合下列条件之一的工业管道为 GC1 级：

a. 输送 GB Z 230—2010《职业性接触毒物危害程度分级》中，毒性程度为极度危害介质的管道；

b. 输送 GB 50160—2008《石油化工企业设计防火规范》及 GB 50016—2014《建筑设计防火规范》中规定的火灾危险性为甲、乙类可燃气体或甲类可燃液体介质且设计压力 $p \geqslant 4.0$MPa 的管道；

c. 输送可燃流体介质、有毒流体介质，设计压力 $p \geqslant 4.0$MPa 且设计温度大于等于400℃的管道；

d. 输送流体介质且设计压力 $p \geqslant 10.0$MPa 的管道。

符合下列条件之一的工业管道为 GC2 级：

a. 输送 GB 50160—2008《石油化工企业设计防火规范》及 GB 50016—2014《建筑设计防火规范》中规定的火灾危险性为甲、乙类可燃气体或甲类可燃液体介质且设计压力 $p < 4.0$MPa 的管道；

b. 输送可燃流体介质、有毒流体介质，设计压力 $p < 4.0$MPa 且设计温度≥400℃的管道；

c. 输送非可燃流体介质、无毒流体介质，设计压力 $p < 10.0$MPa 且设计温度≥400℃

的管道；

d. 输送流体介质，设计压力 $p<10.0$MPa 且设计温度<400℃的管道。

5.3.2 压力管道安全技术

压力管道的作业一般都在室外，敷设方式有架空、沿地、埋地，甚至是高空作业，环境条件较差，质量控制要求较高。而焊接是压力管道施工中的一项关键工作，其质量的好坏、效率的高低直接影响工程的安全运行和制造工期，因此过程质量的控制显得更为重要。根据压力管道的施工要求，必须在人员、设备、材料、工艺文件和环境等方面强化管理，才能保证压力管道的焊接质量。

5.3.2.1 压力管道的焊接

压力管道的焊接是非常重要的，有严格的技术要求和许多专业设备，见图 5-29 和图 5-30。

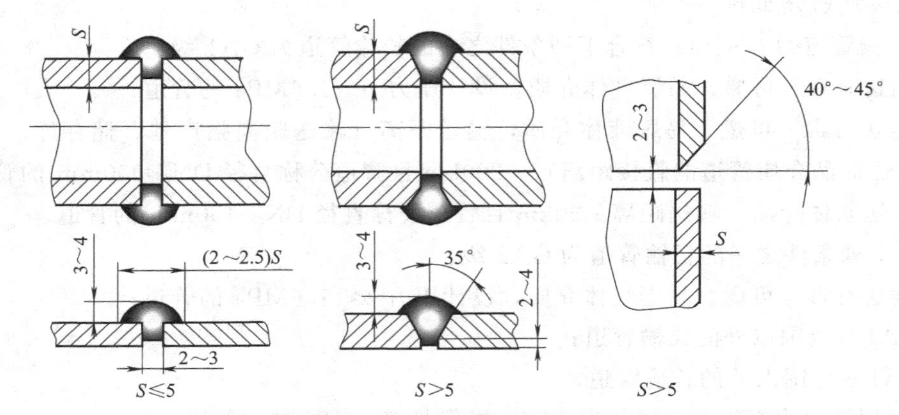

图 5-29 电弧焊接的管端坡口

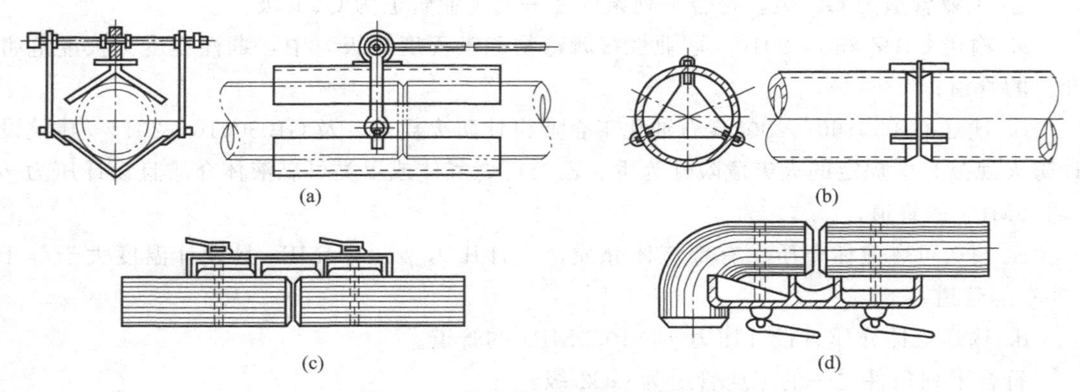

图 5-30 管子组对接用定心夹持器

(1) 对压力管道的焊接人员的素质要求

对压力管道焊接而言，主要责任人员有焊接责任工程师、质检员、探伤人员及焊工。

① 焊接责任工程师是管道焊接质量的重要负责人，主要负责一系列焊接技术文件的编制及审核签发。如焊接性试验、焊接工艺评定及其报告、焊接方案以及焊接作业指导书等。因此，焊接责任工程师应具有较为丰富的专业知识和实践经验、较强的责任心和敬业

精神。

② 质检员和探伤人员都是直接进行焊缝质量检验的人员，他们的每一项检验数据对评定焊接质量的优劣都有举足轻重的作用。因此质检员和探伤员首先必须经上级主管部门培训考核取得相应的资格证书，持证上岗，并应熟悉相关的标准、规程规范。还应具有良好的职业道德，秉公执法，严格把握检验的标准和尺度，不允许感情用事、弄虚作假。

③ 焊工是焊接工艺的执行者，也是管道焊接的操作者，因此，焊工的素质对保证管道的焊接质量有着决定性的意义。焊工要通过考试取得相应的焊接资格，还须具有良好的职业道德、敬业精神，具有较强的质量意识，才能自觉按照焊接工艺中规定的要求进行操作。

④ 作为管理部门人员，应建立持证焊工档案，除了要掌握持证焊工的合格项目外，还应重视焊工日常业绩的考核。可定期抽查，将每名焊工所从事的焊接工作，包括射线检测后的一次合格率的统计情况，存入焊工档案。同时制定奖惩制度，对焊接质量稳定的焊工予以嘉奖。对那些质量较好较稳定的焊工，可以委派其担任重要管道或管道中重要工序的焊接任务，使焊缝质量得到保证。

(2) 焊接设备

焊接设备的性能是影响管道焊接的重要因素，其选用一般应遵循以下原则：

① 满足工件焊接时所需要的必备的焊接技术性能要求。

② 择优选购有国家强制 CCC 认证的厂家生产的设备。

③ 考虑效率、成本、维护保养、维修费用等因素。

④ 从降低焊工劳动强度、提高生产效率考虑，尽可能选用综合性能指标较好的专用设备。

(3) 焊接材料

焊接材料对焊接质量的影响是不言而喻的，特别是焊条和焊丝是直接进入焊缝的填充材料，将直接影响焊缝合金元素的成分和力学性能，必须严格控制和管理。焊接材料的选用应遵循以下原则：

① 应与母材的力学性能和化学成分相匹配。

② 应考虑焊件的复杂程度、刚性大小、焊接坡口的制备情况和焊缝位置及焊件的工作条件和使用性能。

③ 操作工艺性、设备及施工条件、劳动生产率和经济合理性。

另外，焊接材料按压力管道焊接的要求，应设焊材一级库和二级库进行管理。对施工现场的焊接材料储存场所及保管、烘干、发放、回收等应按有关规定严格执行。确保所用焊材的质量，保证焊接过程的稳定和焊缝的成分与性能符合要求。

(4) 焊接工艺

① 焊接工艺文件的编制　焊接工艺文件是指导焊接作业的技术规定或措施，主要有焊接性试验与焊接工艺评定、焊接工艺指导书或焊接方案、焊接作业指导书等内容。焊接性试验一般是针对新材料或新工艺进行的，任何焊接工艺评定均应在焊接性试验合格或掌握了其焊接特点及工艺要求之后进行。经评定合格后的焊接工艺，其工艺指导书方可直接用于指导焊接生产。对重大或重要的压力管道工程，也可依据焊接工艺指导书或焊接工艺评定报告编制焊接方案，全面指导焊接施工。

② 焊接工艺文件的执行　由于焊接工艺指导书及焊接工艺评定报告是作为技术文件进行管理的，一般由技术人员保存管理。因此在压力管道焊接时，往往还须编制焊接作业指导书，将所有管道焊接时的各项原则及具体的技术措施与工艺参数都解释清楚，让全体焊工在学习掌握其各项要求之后，在实际施焊中切实贯彻执行。为了保证压力管道的焊接质量，除了在焊接过程中严格执行设计规定及焊接工艺文件的规定外，还必须按照有关国家标准及规程的规定，严格进行焊接质量的检验。焊接质量的检验包括焊前检验（材料检验、坡口尺寸与质量检验、组对质量及坡口清理检验、施焊环境及焊前预热等检验）、焊接中间检验（定位焊质量检验、焊接线质量的实测与记录、焊缝层次及层间质量检验）、焊后检验（外观检验、无损检测）。只有严格把好检验与监督关，才能使工艺纪律得到落实，使焊接过程始终处于受控状态，从而有效保证压力管道的焊接质量。

(5) 施焊环境

施焊环境因素是制约焊接质量的重要因素之一。施焊环境要求有适宜的温度、湿度、风速，才能保证所施焊的焊缝组织获得良好的外观成型与内在质量，具有符合要求的力学性能与金相组织。因此施焊环境应符合下列规定：

① 焊接的环境温度应能保证焊件焊接所需的足够温度和使焊工技能不受影响。当环境温度低于施焊材料的最低允许温度时，应根据焊接工艺评定提出预热要求。

② 焊接时的风速不应超过所选用焊接方法的相应规定值。当超过规定值时，应有防风设施。

③ 焊接电弧 1m 范围内的相对湿度应不大于 90%（铝及铝合金焊接时不大于 80%）。

④ 当焊件表面潮湿，或在下雨、刮风期间，焊工及焊件无保护措施或采取措施仍达不到要求时，不得进行施焊作业。

5.3.2.2　压力管道的检验

对压力管道的检验检测工作包括：外观检验、测厚、无损检测、硬度测定、金相、耐压试验等，详细内容见 5.3.3.4 高压管道技术检验。

5.3.2.3　压力管道事故与防范

(1) 压力管道事故原因

① 设计问题　设计无资质，特别是中小厂的技术改造项目设计往往自行设计，设计方案未经有关部门备案。

② 焊缝缺陷　无证焊工施焊；焊接不开坡口，焊缝未焊透，焊缝严重错边或其他超标缺陷造成焊缝强度低下；焊后未进行检验和无损检测查出超标焊接缺陷。

③ 材料缺陷　材料选择错误；材料质量差，有重皮等缺陷。

④ 阀体和法兰缺陷　阀门失效、磨损，阀体、法兰材质不合要求，阀门公称压力、适用范围选择不对。

⑤ 安全距离不足　压力管道与其他设施距离不合规范，压力管道与生活设施安全距离不足。

⑥ 操作人员安全意识和安全知识缺乏　思想上对压力管道安全意识淡薄，对压力管道有关介质（如液化石油气）安全知识贫乏。

⑦ 违章操作　无安全操作制度或有制度不严格执行。

⑧ 腐蚀　压力管道超期服役造成腐蚀，未进行在用检验评定安全状况。

(2) 压力管道事故防范措施

① 大力加强压力管道的安全文化建设　压力管道作为危险性较大的特种设备正式列入安全管理与监察范围。许多人对压力管道安全意识淡薄，已发生的事故给人们敲了警钟。就事故预防而言，不能简单地就事故论事故，而必须给予文化高度的思考，即在观念上确立文化意识，在工作中大力加强压力管道的安全文化建设，通过安全培训、安全教育、安全宣传、规范化的安全管理与监察，不断增强人们安全意识，提高职工与大众安全文化素质。

② 严格新建、改建、扩建的压力管道竣工验收和使用登记制度　新建、改建、扩建的压力管道竣工验收必须有劳动行政部门人员参加，验收合格使用前必须进行使用登记，这样可以从源头把住压力管道安全质量关，使得新投入运行的压力管道必须经过检验单位的监督检验，安全质量能够符合规范要求，不带有安全隐患。

③ 新建、改建、扩建的压力管道实施规范化的监督检验　检验单位作为第三方，监督安装单位安装施工的压力管道工程的安全质量，使其必须符合设计图纸及有关规范标准的要求。压力管道安装安全质量的监督检验是一项综合性、技术要求高的工作。监督检验人员既要熟悉有关设计、安装、检验的技术标准，又要了解安装设备的特点、工艺流程，这样才能在监督检验中正确执行有关标准规程规定，保证压力管道的安全质量。从事故统计原因比例知道，通过压力管道安全质量的监督检验可以控制事故原因的80%。从锅炉压力容器监检成功经验来看，实施公正、权威、第三者监督检验，对降低事故率，起到了十分积极的作用。

实践证明：即使有的压力管道工程设计安装有资质，在实际监检过程中还是发现不少问题，监督检验控制内容有两方面，即安装单位的质量管理体系和压力管道安装安全质量。其中安装安全质量主要控制点是：

a. 安装单位资质；

b. 设计图纸、施工方案；

c. 原材料、焊接材料和零部件质量证明书及它们的检验试验；

d. 焊接工艺评定、焊工及焊接控制；

e. 表面检查，安装装配质量检查；

f. 无损检测工艺与无损检测结果；

g. 安全附件；

h. 耐压、气密、泄漏量试验。

实施规范化的监督检验是物质安全文化在压力管道领域的具体体现。

5.3.3 高压工艺管道的安全技术管理

5.3.3.1 概述

在化工生产中，工艺管道把不同工艺功能的机械和设备连接在一起，以完成特定的化工工艺过程，达到制取各种化工产品的目的。工艺管道与机械设备一样，伴有介质的化学环境和热学环境，在复杂的工艺条件下运行，设计、制造、安装、检验、操作、维修的任何失误，都有可能导致管道的过早失效或发生事故。特别是高压工艺管道，由于承受高压，加上化工介质的易燃、易爆、有毒、强腐蚀和高、低温特性，一旦发生事故，就更具危险性。

高压工艺管道较为突出的危险因素是超温、超压、腐蚀、磨蚀和振动。管道的超温、超压与反应容器的操作失误或反应异常过载有关；腐蚀、磨蚀与工艺介质中腐蚀物质或杂质的含量和流体流速等有关；振动与转动机械动平衡不良或基础设计不符合规定有关，但更主要的是管道中流体流速高，转弯过多，截面突变等形成的激振力、气流脉动；腐蚀、磨蚀会逐渐削弱管道和管件的结构强度；振动易造成管道连接件的松动泄漏和疲劳断裂。即使是很小的管线、管件或阀门的泄漏或破裂，都会造成较为严重的灾害，如火灾、爆炸或中毒等。多年实践证明，高压管道事故的频率及危害性不亚于压力容器事故，必须引起充分注意。

为了防止事故，强化高压工艺管道的管理，国家把高压管道列入锅炉压力容器安全监察范围，并颁发了《化工高压工艺管道维护检修规程》。高压工艺管道的管理范围为：

① 静载设计压力为10～32 MPa的化工工艺管道和氨蒸发器、水冷排、换热器等设备和静载工作压力为10～32MPa的蛇管、回弯管。

② 工作介质温度－20～370℃的高压工艺管道。

5.3.3.2 高压管道的设计、制造和安装

(1) 高压管道设计

高压工艺管道的设计应由取得与高压工艺管道工作压力等级相应的、有三类压力容器设计资格的单位承担。高压工艺管道的设计必须严格遵守工艺管道有关的国家标准和规范。设计单位应向施工单位提供完整的设计文件、施工图和计算书，由设计单位总工程师签发方为有效。

(2) 高压管道制造

高压工艺管道、阀门管件和紧固件的制造必须经过省级以上主管部门鉴定和批准的有资格的单位承担。制造单位应具备下列条件：

① 有与制造高压工艺管道、阀门管件相适应的技术力量、安装设备和检验手段。

② 有健全的制造质量保证体系和质量管理制度，并能严格执行有关规范标准，确保制造质量。制造厂对出厂的阀门、管件和紧固件应出具产品质量合格证，并对产品质量负责。

(3) 高压管道安装

高压工艺管道的安装单位必须取得与高压工艺管道操作压力相应的三类压力容器现场安装资格的单位承担。拥有高压工艺管道的工厂只能承担自用高压工艺管道的修理改造安装工作。

高压工艺管道的安装修理与改造必须严格执行GB 50235—2010《工业金属管道工程施工规范》、GB 50236—2011《现场设备、工业管道焊接工程施工规范》以及设计单位提供的设计文件和技术要求。施工单位对提供安装的管道、阀门、管件、紧固件要认真管理和复检，严防错用或混入假冒产品。施工中要严格控制焊接质量和安装质量并按工程验收标准向用户交工。高压管道交付使用时，安装单位必须提交下列技术文件：

① 高压管道安装竣工图；

② 高压钢管检查验收记录；

③ 高压阀门试验记录；

④ 安全阀调整试验记录；

⑤ 高压管件检查验收记录；

⑥ 高压管道焊缝焊接工作记录；

⑦ 高压管道焊缝热处理及着色检验记录；

⑧ 管道系统试验记录。

试车期间，如发现高压工艺管道振动超过标准，由设计单位与安装单位共同研究，采取消振措施，消振合格后方可交工。

5.3.3.3 高压管道操作与维护

高压工艺管道是连接机械和设备的工艺管线，应列入相应的机械和设备的操作岗位，由机械和设备操作人员统一操作和维护。操作人员必须熟悉高压工艺管道的工艺流程、工艺参数和结构。操作人员培训教育考核必须有高压工艺管道内容，考核合格者方可操作。高压工艺管道的巡回检查应和机械设备一并进行。

(1) 高压工艺管道检查注意事项

① 机械和设备出口的工艺参数不得超过高压工艺管道设计或缺陷评定后的许用工艺参数，高压管道严禁在超温、超压、强腐蚀和强振动条件下运行；

② 检查管道、管件、阀门和紧固件有无严重腐蚀、泄漏、变形、移位和破裂以及保温层的完好程度；

③ 检查管道有无强烈振动，管与管、管与相邻件有无摩擦，管卡、吊架和支承有无松动或断裂；

④ 检查管内有无异物撞击或摩擦的声响；

⑤ 安全附件、指示仪表有无异常，发现缺陷及时报告，妥善处理，必要时停机处理。

(2) 高压工艺管道严禁作业事项

① 严禁利用高压工艺管道作为电焊机的接地线或吊装重物受力点；

② 高压管道运行中严禁带压紧固或拆卸螺栓，开停车有热紧要求者，应按设计规定热紧处理；

③ 严禁带压补焊作业；

④ 严禁热管线裸露运行；

⑤ 严禁借用热管线做饭或烘干物品。

5.3.3.4 高压管道技术检验

高压工艺管道的技术检验是掌握管道技术现状、消除缺陷、防范事故的主要手段。技术检验工作由企业锅炉压力容器检验部门或外委有检验资格的单位进行，并对其检验结论负责。高压工艺管道技术检验分外部检查、探查检验和全面检验。

(1) 外部检查

车间每季至少检查一次；企业每年至少检查一次。检查项目包括：

① 管道、管件、紧固件及阀门的防腐层、保温层是否完好，可见管表面有无缺陷；

② 管道振动情况，管与管、管与相邻物件有无摩擦；

③ 吊卡、管卡、支承的紧固和防腐情况；

④ 管道的连接法兰、接头、阀门填料、焊缝有无泄漏；

⑤ 检查管道内有无异物撞击或摩擦声。

(2) 探查检验

探查检验是针对高压工艺管道不同管系可能存在的薄弱环节，实施对症性的定点测厚及连接部位或管段的解体抽检。

① 定点测厚　测点应有足够的代表性，找出管内壁的易腐蚀部位，流体转向的易冲刷部位，制造时易拉薄的部位，使用时受力大的部位，以及根据实践经验选点。充分考虑流体流动方式，如三通，有侧向汇流、对向汇流、侧向分流和背向分流等流动方式，流体对三通的冲刷腐蚀部位是有区别的，应对症选点。根据已获得的实测数据，研究分析高压管段在特定条件下的腐蚀、磨蚀规律，判断管道的结构强度，制定防范和改进措施。

高压工艺管道定点测厚周期应根据腐蚀、磨蚀年速率确定。腐蚀、磨蚀速率小于0.10 mm/a，每四年测厚一次；0.10～0.25mm/a，每两年测厚一次；大于0.25mm/a，每半年测厚一次。

② 解体抽查　解体抽查主要是根据管道输送的工作介质的腐蚀性能、热学环境、流体流动方式，以及管道的结构特性和振动状况等，选择可拆部位进行解体检查，并把选定部位标记在主体管道简图上。

一般应重点查明：法兰、三通、弯头、螺栓以及管口、管口壁、密封面、垫圈的腐蚀和损伤情况。同时还要抽查部件附近的支承有无松动、变形或断裂。对于全焊接高压工艺管道只能靠无损探伤抽查或修理阀门时用内窥镜扩大检查。解体抽查可以结合机械和设备单体检修时或企业年度大修时进行，每年选检一部分。

(3) 全面检验

全面检验是结合机械和设备单体大修或年度停车大修时，对高压工艺管道进行鉴定性的停机检验，以决定管道系统继续使用、限制使用、局部更换或判废。全面检验的周期为10～12年至少一次，但不得超过设计寿命之末。遇有下列情况者全面检验周期应适当缩短。

① 工作温度大于180℃的碳钢和工作温度大于250℃的合金钢的临氢管道或探查检验发现氢腐蚀倾向的管段；

② 通过探查检验发现腐蚀、磨蚀速率大于0.10mm/a，剩余腐蚀余量低于预计全面检验时间的管道和管件，或发现有疲劳裂纹的管道和管件；

③ 使用年限超过设计寿命的管道；

④ 运行时出现超温、超压或鼓胀变形，有可能引起金属性能劣化的管段。

全面检验主要包括以下一些款项：

① 表面检查。指宏观检查和表面无损探伤。宏观检查是用肉眼检查管道、管件、焊缝的表面腐蚀，以及各类损伤深度和分布，并详细记录。表面探伤主要采用磁粉探伤或着色探伤等手段检查管道管件焊缝和管头螺纹表面有无裂纹、折叠、结疤、腐蚀等缺陷。对于全焊接高压工艺管道可利用阀门拆开时用内窥镜检查；无法进行内壁表面检查时，可用超声波或射线探伤法检查代替。

② 解体检查和壁厚测定　管道、管件、阀门、丝扣和螺栓、螺纹的检查，应按解体

要求进行。按定点测厚选点的原则对管道、管件进行壁厚测定。对于工作温度大于180℃的碳钢和工作温度大于250℃的合金钢的临氢管道、管件和阀门，可用超声波能量法或测厚法根据能量的衰减或壁厚“增厚”来判断氢腐蚀程度。

③ 焊缝埋藏缺陷探伤　对制造和安装时探伤等级低的、宏观检查成型不良的、有不同表面缺陷的或在运行中承受较高压力的焊缝，应用超声波探伤或射线探伤检查埋藏缺陷，抽查比例不小于待检管道焊缝总数的10%。但与机械和设备连接的第一道、口径不小于50mm的、或主支管口径比不小于0.6的焊接三通的焊缝，抽查比例应不小于待检件焊缝总数的50%。

④ 破坏性取样检验　对于使用过程中出现超温、超压有可能影响金属材料性能的或以蠕变率控制使用寿命、蠕变率接近或超过1%的，或有可能引起高温氢腐蚀或氮化的管道、管件、阀门，应进行破坏性取样检验。检验项目包括化学成分、力学性能、冲击韧性和金相组成等，根据材质劣化程度判断邻接管道是否继续使用、监控使用或判废。

【事故案例】

◇**案例1**　1998年，四川大天池气田天然气管线七桥输气站分离器管道发生特大爆炸事故。

事故演变过程　当天在修复泄漏的法兰后，进行用天然气置换管道系统内的空气作业，置换气流速度为20.6m/s，远大于技术标准要求的小于5m/s，随后工作人员发现管道有升温、升压现象，进行了水冷降温和放空处理，效果不明显，在打开管道系统的一个阀门时发生了管道弯头处的爆炸。

事故原因　爆炸管道弯头为20钢，由ϕ273mm×9mm无缝管弯制，材质正常。大的爆炸碎片有6块，最重的为18.8kg，飞出318m远。爆炸源区断口为塑性剪切，壁厚明显减薄，快速断裂区断口有人字纹，尖端指向源区，管道内发现有硫化铁产物。

为了确定爆炸性质，在现场调查的数据基础上，进行了爆炸能量的估算，确认该事故为化学爆炸，是管道内天然气与空气混合达到爆炸极限，起因是管道内有氧存在使硫化物自燃。

事故简评　通常天然气中含有一定量的硫，当这些硫聚集到一定程度就会与铁生成硫化铁系列物质，当没有氧存在时，这些硫化铁通常情况下不会自燃，但本案例中，“在修复泄漏的法兰后”，必然存在空气，就容易出现硫化物自燃现象，当“管道内天然气与空气混合达到爆炸极限”出现超压爆炸，而超压爆炸的证据来自“爆炸源区断口”特征。

◇**案例2**　某油田一年内发生3起稠油热采注蒸汽管道的爆管事故，损失达3000万元。湿蒸汽发生器（直流式锅炉）炉管同样发生多起爆管事故。事故中管道使用寿命最短的仅有43天，一般为一年左右。注蒸汽管道材料为20钢，管道尺寸为ϕ127mm×14mm。蒸汽温度318～354℃，压力11～17MPa。给水中含氧量为2mg/L，并含有氯离子为210mg/L，均远远高于技术要求。

事故原因　试验分析的主要结果为：①断口为脆性（厚唇状），并为“窗口式”；②管内壁局部腐蚀严重；③腐蚀坑底脱碳层达3mm深；④脱碳层内有大量晶界网状微裂纹；⑤定氢试验可以显示出10.7mg/L高的氢含量；⑥材料冲击韧性很低，仅为10J。这些结果均说明失效为氢腐蚀机制。

安全措施 ①进行锅炉给水的彻底除氧；②采用铬钼低合金钢管（如15CrMo或12Cr1MoV）以增强氢蚀抗力，同时改进焊接工艺；③加大管道补偿器弯曲半径，进行焊前预热和焊后热处理，减小环焊缝等部位的残留应力。通过几年运行，事故不再发生。

事故简评 本案例从多起爆炸事故分析出发，通过试验分析它们都属于"失效为氢腐蚀机制"，然后采取多种改进措施，取得良好的效果。在本案例中，蒸汽管道属于高压工艺管道，此类管道的失效与锅炉压力容器机理相似，相关内容可以借鉴。

◇案例3 四川天然气管道曾经发生多起硫化物应力腐蚀引起的爆裂事故，其中一起事故中，泄漏的天然气引起了火灾。管道为ϕ720mm×8.16mm螺旋焊管，工厂压力1.9～2.5MPa。事故管段已经运行16年。爆口长度1440mm，沿焊缝扩展。管道内壁腐蚀轻微，断口无明显减薄现象。

事故原因 经过试验分析，结论为硫化物应力腐蚀引起，与天然气中含有硫化氢及补焊工艺不合理，使焊缝产生了马氏体组织和高的残余应力有关。

事故简评 通常天然气中含有一定量的硫，当这些硫聚集到一定程度就会与铁生成硫化铁系列物质，一方面硫化铁在存在一定氧的条件下具有自燃性，另一方面硫化铁引发应力腐蚀问题，在本案例中，应力腐蚀问题是爆炸关键，与案例1的原因不同。显然，由于天然气中含有一定量的硫，可能引发多种失效事故。

5.4 设备腐蚀与防护

5.4.1 压力容器和压力管道失效分析

失效模式是失效的表现形式，一般认为压力容器与管道的失效模式主要包括断裂、变形、表面损伤和材料性能退化四大类。考虑到压力容器与管道的特殊性，添加了爆炸和泄漏两种。爆炸和断裂两种失效模式的后果是灾难性的。失效模式和原因见图5-31和图5-32。

显然，由图5-31压力容器和压力管道六种主要失效模式可以看出，除爆炸失效模式外，其余五种：断裂、泄漏、过量变形、表面损伤和金属损失、材料性能退化都涉及压力容器和压力管道的材料和结构内容。

由图5-32压力容器和压力管道主要失效原因可以看出，除责任事故外，设备事故也涉及压力容器和压力管道的材料和结构内容；而压力容器和压力管道的材料和结构中，通常结构是由设计决定的，在使用过程中变化较小（除非特别情况）；而由于压力容器和压力管道中的介质往往具有一定的腐蚀性，设计选用材料的退化不可避免，进而威胁到设备的安全，因而设备腐蚀与防腐对压力容器和压力管道的安全起重要作用。

5.4.2 设备腐蚀与防腐概述

腐蚀是一种材料或其他性能的材料由于与周围环境发生反应而产生的一种降解。除钢铁等金属外，其他材料如木制品、混凝土和塑料及纤维增强塑料复合材料也会发生腐蚀，但这些材料发生腐蚀与钢铁等金属腐蚀存在很大差异，主要是腐蚀电流的产生，由于压力容器和压力管道主要是由钢铁等金属构成的，本节主要说明钢铁等金属的腐蚀。

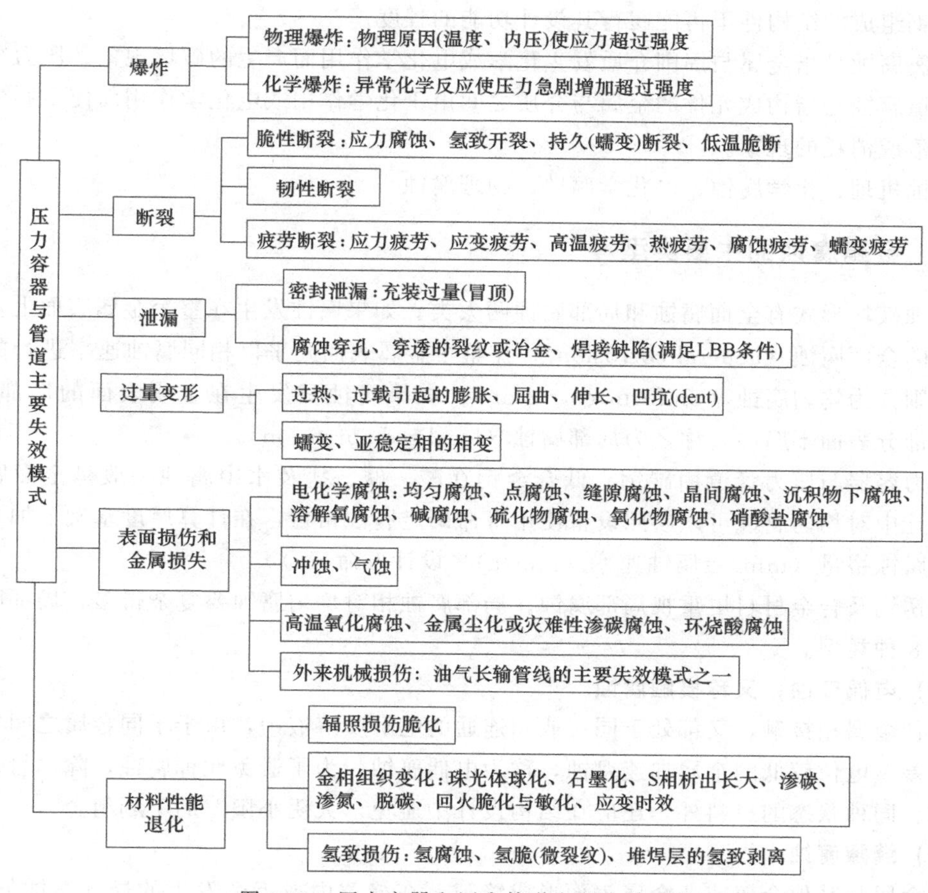

图 5-31　压力容器和压力管道主要失效模式

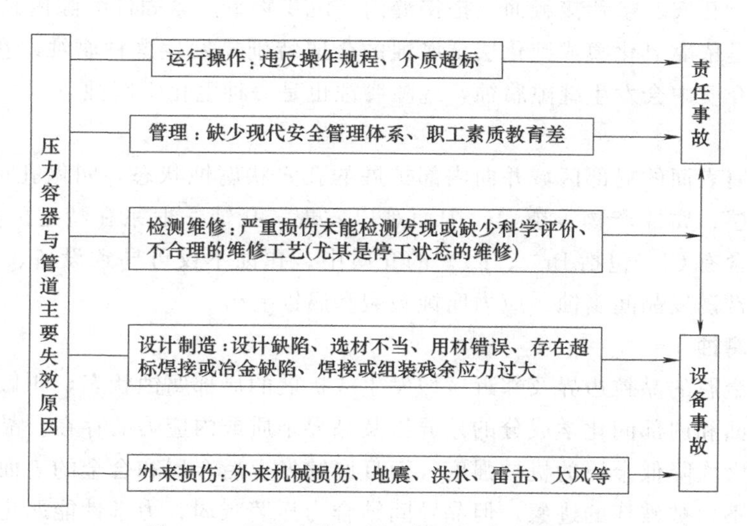

图 5-32　压力容器和压力管道主要失效原因

钢铁的腐蚀过程是将钢中的铁转变成为另外一种物质，该物质不再拥有预期的性能（强度、刚度、坚硬度等）。腐蚀最常见的产物是因氧的加入而形成的铁的氧化物（氧化铁或“锈”）。腐蚀过程中所产生的氧化铁会消耗金属，金属的数量（和其厚度）最后会减少至由钢组成的结构件不再能履行其设计功能的程度。

金属腐蚀是指金属与周围介质发生化学或电化学作用而产生的破坏现象。压力容器与压力管道腐蚀是指构成元件的金属与介质之间由于化学作用或电化学作用而使金属变得疏松、脱落或消耗的现象。

腐蚀机理：化学腐蚀、电化学腐蚀、物理腐蚀。

5.4.3 金属腐蚀的主要类型

腐蚀破坏形式有全面腐蚀和局部腐蚀两大类。如果腐蚀发生在整个金属表面上，则称为金属的全面腐蚀（general corrosion）；在整个金属表面几乎以相同腐蚀速率进行的全面腐蚀，则称为均匀腐蚀（uniform corrosion）；如果腐蚀只发生在金属表面的局部区域，其余大部分表面不腐蚀，称之为局部腐蚀（localized corrosion）。

压力容器与压力管道用碳钢、低合金钢在酸、碱、盐及水中腐蚀一般呈全面腐蚀状态，设计中对均匀腐蚀可以参照设备使用寿命确定腐蚀裕量，在计算厚度基础上加上腐蚀裕量。腐蚀裕量（mm）＝腐蚀速率（mm/a）×设计寿命（a）

不锈钢及合金材料更重视局部腐蚀。局部腐蚀相对均匀腐蚀要复杂得多，局部腐蚀包括以下 8 种类型。

（1）电偶腐蚀，又称接触腐蚀

异种金属相接触，又都处于同一或相连通的电解质溶液中，由于不同金属之间存在实际电位差，电位较低的金属加速腐蚀，称为电偶腐蚀。为了避免此种腐蚀，除尽量选择同种材质、同种状态的材料外，还应在结构设计中避免“大阴小阳”的不利组合。

（2）缝隙腐蚀

因金属与其他金属或非金属表面形成缝隙，在缝隙内或近旁发生的局部腐蚀的形态，叫做缝隙腐蚀。孔穴、垫片接触面、搭接缝内、沉积物下、紧固件缝隙内是常发生缝隙腐蚀的地方。凡是依靠氧化膜或钝化层抗腐蚀的金属特别易发生这种腐蚀。在许多介质中，特别是含氧的介质中会发生缝隙腐蚀，缝隙腐蚀也是一种电化学腐蚀。

（3）孔蚀

产生于金属表面的局部区域并向内部扩展的孔穴状腐蚀状态，叫做孔蚀，亦称点蚀。孔蚀常常被锈层、腐蚀产物等覆盖，因而难以发现，孔蚀一般系在特定的腐蚀介质中产生，特别是在含有 Cl（包括 Br^-、I^-）的介质中。孔蚀不仅可导致设备、管线等穿孔而破坏，而且常常诱发晶间腐蚀、应力腐蚀破裂和腐蚀疲劳。

（4）晶间腐蚀

腐蚀沿着金属的晶粒边界及邻近区域发生或扩展的局部腐蚀状态，叫做晶间腐蚀。主要由于晶粒表面和内部间化学成分的差异以及晶界杂质或内应力的存在。晶间腐蚀破坏晶粒间的结合，大大降低金属的机械强度。而且腐蚀发生后金属和合金的表面仍保持一定的金属光泽，看不出被破坏的迹象，但晶粒间结合力显著减弱，力学性能恶化，不能经受敲击，所以是一种很危险的腐蚀。通常出现于黄铜、硬铝合金和一些不锈钢、镍基合金中不锈钢焊缝的晶间腐蚀是化学工业的一个重大问题。

（5）应力腐蚀开裂

参与或外加拉应力和特定腐蚀介质的共同作用导致的金属腐蚀损伤，称为应力腐蚀开裂。应力腐蚀开裂具有脆性断口形貌，但它也可能发生于韧性高的材料中。发生应力腐蚀开裂的必要条件是要有拉应力（不论是残余应力还是外加应力，或者两者兼而有之）和特定的腐蚀介质存在。

(6) 疲劳腐蚀

在交变应力和腐蚀介质同时作用下，金属的疲劳强度或疲劳寿命较无腐蚀时有所降低，这种现象叫做疲劳腐蚀。疲劳腐蚀是一种很危险的破坏形式，因为它出现的时间和位置都很难事先预计。它不仅发生于处于活化状态的金属材料，而且也发生于处于钝化状态的金属材料。在一定条件下，可在结构设计、选材、制造及操作中采取一些措施，在一定程度上控制构件的疲劳腐蚀。

(7) 冲刷腐蚀

由冲刷与腐蚀联合作用产生的金属损伤过程叫做冲刷腐蚀。广义的冲刷腐蚀可以从物质的三种存在形态来定义。如果仅有液体，叫做冲蚀或湍流腐蚀；如果存在固体，叫做磨蚀；如果有气泡形成并在表面破裂，叫做汽蚀或空蚀。湍流腐蚀通常发生在管道界面突然变化处，流体突然改向处。管线内部突出物如弧点、焊瘤、热电偶套管等也会在局部区域引起涡流和紊流而加剧腐蚀。受到湍流腐蚀的金属表面往往呈现沟槽、凹谷或马蹄形，且与流向有明显关系。冲刷腐蚀后的破坏见图 5-33。

(8) 氢脆

氢脆是因吸氢导致金属韧性或延性降低的损伤过程。氢脆是溶于钢中的氢聚合为氢分子，造成应力集中，超过钢的强度极限，在钢内部形成细小的裂纹，又称白点。氢脆只可防，不可治。氢脆一经产生，就消除不了。在材料的冶炼过程和零件的制造与装配过程（如电镀、焊接）中进入钢材内部的微量氢在内部残余的或外加的应力作用下导致材料脆化甚至开裂。在尚未出现开裂的情况下可以通过脱氢处理（例如加热到 200℃ 以上数小时，可使内氢减少）恢复钢材的性能，因此内氢脆是可逆的。氢脆后的破坏见图 5-34。

图 5-33　冲刷腐蚀后的破坏

图 5-34　氢脆后的破坏

5.4.4　金属的电化学腐蚀

电化学腐蚀就是金属和电解质组成两个电极，组成腐蚀原电池。例如铁和氧，因为铁的电极电位总比氧的电极电位低，所以铁是阳极，遭到腐蚀。特征是在发生氧腐蚀的表面会形成许多直径不等的小鼓包，次层是黑色粉末状溃疡腐蚀坑陷，电化学腐蚀后的设备见图 5-35。

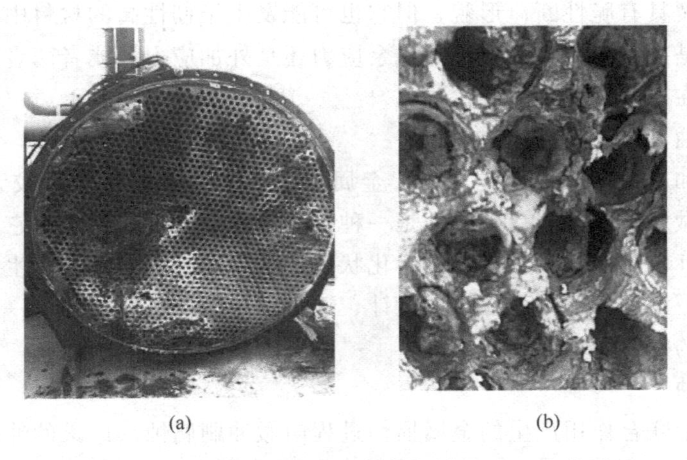

(a)　　(b)

图 5-35　电化学腐蚀后的换热器管板外观（a）和管子（b）

(1) 概述

不纯的金属跟电解质溶液接触时，会发生原电池反应，比较活泼的金属失去电子而被氧化，这种腐蚀叫做电化学腐蚀。钢铁在潮湿的空气中所发生的腐蚀是电化学腐蚀最突出的例子。钢铁在干燥的空气里长时间不易腐蚀，但在潮湿的空气中却很快就会腐蚀。

(2) 电化学腐蚀相关原理

金属的腐蚀原理有多种，其中电化学腐蚀是最为广泛的一种。当金属被放置在水溶液中或潮湿的大气中电化学腐蚀，金属表面会形成一种微电池，也称腐蚀电池（其电极习惯上称阴、阳极）。阳极上发生氧化反应，使阳极发生溶解，阴极上发生还原反应，一般只起传递电子的作用。腐蚀电池的形成原因主要是由于金属表面吸附了空气中的水分，形成一层水膜，因而使空气中 CO_2，SO_2，NO_2 等溶解在这层水膜中，形成电解质溶液，而浸泡在这层溶液中的金属又总是不纯的，如工业用的钢铁，实际上是合金，即除铁之外，还含有石墨、渗碳体（Fe_3C）以及其他金属和杂质，它们大多数没有铁活泼。这样形成的腐蚀电池的阳极为铁，而阴极为杂质，又由于铁与杂质紧密接触，使得腐蚀不断进行。

(3) 电化学腐蚀危害现象

由于金属表面与铁垢之间的电位差异，从而引起金属的局部腐蚀，而且这种腐蚀一般是坑蚀，主要发生在水冷壁管有沉积物的下面，热负荷较高的位置。如喷燃器附近，炉管的向火侧等处，所以非常容易造成金属穿孔或超温爆管。尽管钢铁的高价氧化物对钢铁会产生腐蚀，但腐蚀作用是有限的，但有氧补充时，该腐蚀将会继续进行并加重。一方面，它会在短期内使停用设备金属表面遭到大面积腐蚀。另一方面，由于停用腐蚀使金属表面产生沉积物及造成金属表面粗糙状态，使机组启动和运行时，给水铁含量增大。不但加剧了炉管内铁垢的形成，也加剧了热力设备运行时的腐蚀。

5.4.5　电化学保护及应用

根据原电池正极不受腐蚀的原理，常在被保护的金属上连接比其更活泼的金属，活泼金属作为原电池的负极被腐蚀，被保护的金属作为正极受到了保护。例如在船舶底下吊一个锌块，可以保护船体的钢铁不受电化学腐蚀，而锌块被腐蚀。

(1) 热力除氧

其原理是根据气体溶解定律（亨利定律）：任何气体在水中的溶解度与在气水界面上的气体分压力及水温有关，温度越高，水蒸气的分压越高，而其他气体的分压则越低，当水温升高至沸腾时，其他气体的分压为零，则溶解在水中的其他气体也就等于零。热力除氧曾是广泛使用的除氧方式，但逐渐受到化学除氧等的有力挑战，特别是热力除氧在10～35t/h 的锅炉和 2～6.5t/h 的锅炉及其他要求低温除氧的场合，热力除氧有其明显的局限性。它的特点是除氧效果好，缺点是设备购置费用大、不好操作、能量消耗大、运行费用高。所谓不好操作，是因为使用条件苛刻，进水混合温度要求稳定在 70～80℃，工作温度稳定在 104～105℃，蒸气压力稳定在 0.02～0.03MPa，条件波动除氧效果不佳，特别是供热锅炉，随着天气冷暖的变化，锅炉负荷变化很大，这就给热力除氧带来很大困难，而化学除氧则不然，它只随给水量的变化调整加药量，操作非常方便。

(2) 真空除氧

其除氧原理与热力除氧基本相同，除氧器在低于大气压力下进行工作，利用压力降低时水的沸点也降低的特性，水处于沸腾状态而使水中的溶解氧析出。20t/h 以上的锅炉由于出水温度低于蒸汽锅炉的进水要求而很少采用真空除氧，在要求低温除氧时则比热力除氧有着明显的优势，但大部分热力除氧的缺点仍存在，并且对喷射泵、加压泵等关键设备的要求较高。

(3) 铁屑除氧

其原理是当有一定温度的水通过铁屑时，水中的氧即与铁发生化学反应，在此过程中氧被消耗掉。该方法除氧装置简单，投资省，但存在着除氧效果波动大、装置失效快等明显缺点，因而使用该方法除氧的用户逐步减少，面临着淘汰的处境。

(4) 解吸除氧

基本原理亦是利用亨利定律，氧在水中的溶解度与所接触的气体中的氧分压成正比，只要把准备除氧的水与已脱氧的气体强烈混合，则溶解在水中的氧将大量扩散到气体中，从而达到除去水中溶解氧的目的。该方法优点是可低温除氧，不需化学药品，只需木炭、焦炭等即可，缺点是除氧效果不稳定，而且只能除氧不能除其他气体，用木炭作为反应剂时水中的 CO_2 含量会增加。

(5) 树脂除氧

基本原理是在除氧器内氧化还原树脂与水中溶解氧反应生成除氧水，树脂失效后用水合肼（联氨）等再生，使用该方法除氧产生的蒸汽和热水，均不允许与饮用水和食物接触，且投资和占地均较大，不宜在工业锅炉上推广应用。

(6) 化学药剂除氧

化学药剂除氧是把化学药剂直接加入锅炉本体、给水母管或者热水锅炉的热水管网中。化学药剂主要是传统的亚硫酸钠、联氨及新型的二甲基酮肟、乙醛肟、二乙基羟胺、异抗坏血酸钠等。化学药剂除氧具有装置和操作简单、投资省、除氧效果稳定且可满足深度除氧的要求，特别是新型高效除氧剂的开发和成功使用，克服了传统化学药剂的有毒有害、药剂费用高等缺点，被用户接受和推广应用。

【事故案例】

◇案例 1　南京某石化厂的一台脱氧进料加热炉的 9Cr-1Mo 炉管，只使用了 5 年内壁局部区域就出现了严重腐蚀。管内介质主要为烷烃和氢气。工作参数为：压力0.516MPa，介质入口温度374℃，出口温度499℃，炉膛温度850～870℃，炉管外壁温度620～650℃。

事故原因 炉管内壁腐蚀的形貌是完整的覆盖在金属表面的结焦层，厚度为0.1～10mm，结焦层局部脱落处形成一个个圆窝状的腐蚀坑，许多密集凹坑相互连接便形成了粗大的腐蚀沟槽。腐蚀坑的底部有疏松黑色粉尘，粉尘下面则是光洁的金属表面。金相显示这层黑粉下的金属已经发生严重渗碳，深度可达1.9mm。黑粉的成分主要是炭黑，但是有金属粉粒，而且离金属表面越近，金属粉粒越多也越大。金相还显示腐蚀坑底会形成腐蚀裂缝，裂缝下部为裂纹，腐蚀裂缝周围也严重渗炭。腐蚀裂缝周围金属有明显被挤压变形的痕迹。结论为金属尘化腐蚀。抚顺石油二厂的1Cr5Mo石油裂解炉管、上海高桥石油化工厂的裂解炉合金弯管也发生过这种腐蚀。

事故简评 本案例中的金属尘化腐蚀是一种危害性非常大的腐蚀，主要原因是"管内介质主要为烷烃和氢气"，在特定高温条件下出现渗碳而形成炭黑；在石油加工过程中，较高温度下此类腐蚀比较容易发生，故需要经常检查。

◇**案例2** 新疆独山子炼油厂预加氢反应器是由比利时进口的已经运行10年的旧设备，筒体和封头材料为A204CrB（即C-0.5Mo），复层为2.5mm厚的S-347不锈钢。商检中发现筒体内、外表面有深度小于2mm的裂纹，经过打磨可以消除。内部复层钢板的表面有点蚀坑，点蚀坑严重部位有粗的网状裂纹，裂纹深度有的穿透了钢板。

事故原因 重点对复层不锈钢板的裂纹进行了分析。主要结果：①裂纹为沿晶型，伴有明显分叉；②组织正常，为奥氏体＋少量铁素体；③主裂纹的扩展方向与容器所受主应力方向垂直；④断口特征为岩石状的沿晶特征；⑤断口腐蚀产物中硫、氯元素含量很高；⑥用电子探针进行了裂纹附近的Cr线分析，结果表明在晶界处有贫铬现象。

该反应器自引进后，经过多次检验，于1992年12月投入试运行，3个月后便停工检修。随后又断断续续地经过26次142天的运行，于1995年4月停工再次检修，停工期间未采取必要的保护措施。

结论 加氢反应器复层不锈钢板在连多硫酸（$H_2S_xO_6$）和氯离子联合作用下，形成应力腐蚀开裂。生产工程中停工次数太多又无合理的保护措施，是容器损伤的根本原因。

事故简评 本案例中虽然采用复层不锈钢板以提高金属材料的抗腐蚀能力，但不锈钢很容易出现"点蚀坑"，这种局部腐蚀易破坏复层不锈钢板的保护能力。产生腐蚀的原因是工作介质［连多硫酸($H_2S_xO_6$)和氯离子联合作用］而导致的"应力腐蚀开裂"和"停工次数太多又无合理的保护措施"的综合结果。

◇**案例3** 某化肥厂使用的90m³合成氨冷凝器，采用ϕ14mm×4mm的1Cr18Ni9Ti不锈钢管作为冷凝管，工作时氨由管内流通，管外壁用水冷却，管壁温度约200℃，使用不到一年，发生了多根冷凝管开裂。

事故原因 试验结果有：裂纹起始于外表面，向内壁扩展，有的已经穿透壁厚；断口的电子显微特征为穿晶解理；断口上的腐蚀产物主要Fe_2O_3，并有氯元素富集；冷却水为黄浦江水，含有大量氯离子。结论：该冷却器管的失效原因为氯化物应力腐蚀开裂。

事故简评 本案例采用"1Cr18Ni9Ti不锈钢管作为冷凝管"，通常情况下此类不锈钢能够耐大气腐蚀，但当存在氯离子条件下，不锈钢中的氧化铬钝化膜破坏，导致冷凝管出现裂纹，裂纹由接触水的外层向内层扩展表明冷却水中的氯离子是应力腐蚀开裂的罪魁祸首。

◇**案例 4** 美国某厂用 304 型不锈钢制作的氦气储罐，尺寸为 ϕ 700mm×3(t)mm×1000(H)mm，用于压力重水反应堆的内核。在尚未投入使用的 4 年存放期间，发生了氯化物应力腐蚀开裂。裂纹位于碟形封头端部与筒体焊接的热影响区，封头是冷加工成型的，未经过应力处理。存放的环境为海岸大气。

事故原因 主要试验结果：①将裂纹试样打开后，用扫描电镜观察断口，发现只有在焊接热影响区为沿晶特征，在融合区的基体均为穿晶特征；②化学分析表明封头材料的碳含量为 0.09%，接近上限；③采用 ASTMA262E 规定的沿晶腐蚀试验方法，可以确认热影响区组织敏化，而其他区域未敏化；④裂纹分析指出开裂起始于外表面，在热影响区中都是沿晶的，具有 SCC 的裂纹分叉典型特征；⑤硬度检验结果为，筒体 181HV，焊缝 176HV，封头 310HV；⑥对该材料进行了滚压变形量与硬度关系的试验，可以推断封头的冷变形量达 30%；⑦利用 X 射线衍射技术测定了距融合线 30mm 处（在热影响区内）的残余应力为 135MPa，是较大的。

结论 高的残余应力、组织敏化、海岸大气环境导致了储罐的氯化物应力腐蚀开裂。建议采用低碳的 304L 不锈钢和较小的冷变形量预防热影响区的敏化倾向。

事故简评 本案例采用 304 型不锈钢（主要成分为 00Cr18Ni10），通常情况下此类不锈钢能够耐大气腐蚀，但在海岸大气中，由于空气中存在氯离子，并由于焊接和冷加工形成高的残余应力、组织敏化等因素的综合作用，导致此压力容器还未使用就破坏。

◇**案例 5** 在锅炉或热交换器的水中只要含有 10～20mg/L 的苛性钠，沸腾（也就是湿、干状态交替出现的区域）可以导致在沉积物下或缝隙中碱的浓缩，引起管道局部碱腐蚀。

因此，采用避免碱发生局部浓缩的措施是防止碱腐蚀的主要途径。发生碱腐蚀的条件下，有拉应力（尤其是热应力）同时存在，可以引起碱应力腐蚀开裂或称碱脆，碱脆裂纹呈现沿晶特征有分叉。碱脆在 20 世纪 60 年代曾经造成多起气轮机叶轮飞裂重大事故。碳钢的碱应力腐蚀一般发生在 50～80℃以上，与碱的浓度有关。为了防止碱应力腐蚀开裂，焊后去应力退火温度不低于 620℃，并按照 1h/25mm（厚度）计算保温时间。奥氏体不锈钢也能发生碱应力腐蚀，发生的温度范围是 105～205℃以上，同样与碱的浓度有关。奥氏体不锈钢的碱脆很难与氯离子应力腐蚀相区分，但是碱脆是沿晶断裂。

事故简评 本案例说明碱脆的危害和预防措施，在人们的印象中，通过碱处理可以一定程度上提高金属的抗腐蚀能力（形成金属表面的钝化膜），但如果碱的浓度过高，则容易导致碱脆的发生，如“在锅炉或热交换器的水中只要含有 10～20mg/L 的苛性钠”且“沸腾（也就是湿、干状态交替出现的区域）”而导致碱的局部浓缩而形成缝隙腐蚀。

思 考 题

1. 简述化学工业对化工设备安全的要求。
2. 简述化工设备安全管理发展要求。
3. 简述动力设备的基本特点和安全问题。
4. 什么叫压力容器？如何分类？
5. 锅炉运行中安全要点有哪些？

6. 如何安全使用气瓶？

7. 什么是化工管道？如何分类？

8. 简述金属电化学腐蚀基本原理。

9. 简述金属电化学保护及应用特点。

参考文献

[1] 王文和. 化工设备安全 [M]. 北京：国防工业出版社，2014.

[2] 叶明生. 化工设备安全技术 [M]. 北京：化学工业出版社，2008.

[3] 李久青. 腐蚀试验方法及监测技术 [M]. 北京：中国石化出版社，2007.

[4] 徐国财. 化工安全导论 [M]. 北京：化学工业出版社，2010.

[5] 许文. 化工安全工程概论 [M]. 北京：化学工业出版社，2011.

[6] 蒋军成. 工业特种设备安全 [M]. 北京：机械工业出版社，2009.

[7] 陈凤棉. 压力容器安全技术 [M]. 北京：化学工业出版社，2004.

[8] 牟善军. 过程安全与设备完整性管理技术 [J]. 安全、健康和环境，2006，6 (8)：2-5.

[9] 纪忠明. 通用机械加工及动力设备安全操作指南 [M]. 北京：中国石化出版社，2012.

第6章

化工事故应急救援与处置

化工事故的发生，将给国家和人民的生命财产造成巨大损害，对国家经济社会发展也将产生不利影响。大量事故灾难案例分析显示，造成化工事故损失严重的主要原因是部分地方和企业危机意识淡薄和应急处置能力不足。因此，了解化工事故的应急救援与处置原则，掌握化工事故的应急救援与处置技术，对控制化工事故的发展，对事故受害人和财产进行早期的救治、抢险，对保障生命、减轻伤害、减少损失具有决定性的意义。

6.1 事故现场危险区域的判定

化工事故具有突发性特点，事故发生后情况相对复杂，应急救援十分困难，必须根据危险源性质和具体情况，在对事故性质作出准确判断的基础上，确定事故现场的危险区域。

6.1.1 事故现场危险区域的确定

根据事故现场侦检情况，考虑危险化学品对人体的伤害程度，一般将危险化学品事故现场危险区域分为重度区、中度区、轻度区和吸入反应区四个区域，各危险区域边界浓度应根据危险化学品对人体的急性毒性数据，适当考虑爆炸极限和防护器材等其他因素综合确定。常见危险化学品的危险区域及边界浓度如表6-1所示。

表6-1 常见危险化学品的危险区域及边界浓度

名称	车间最高允许浓度/(mg/m³)	轻度区边界浓度/(mg/m³)	中度区边界浓度/(mg/m³)	重度区边界浓度/(mg/m³)
一氧化碳	30	60	120	500
氯气	1	3～9	90	300
氨	30	80	300	1000
硫化氢	10	70	300	700
氰化氢	0.3	10	50	150
光气	0.5	4	30	100
二氧化硫	15	30	100	600

续表

名称	车间最高允许浓度/(mg/m³)	轻度区边界浓度/(mg/m³)	中度区边界浓度/(mg/m³)	重度区边界浓度/(mg/m³)
氯化氢	15	30～40	150	800
氯乙烯	30	1000	10000	50000
苯	40	200	3000	20000
二硫化碳	10	1000	3000	12000
甲醇	3	4～5	20	100
汽油	350	1000	4000	10000

(1) 重度区及边界浓度

重度区为半致死区，由某种危险化学品对人体的 LC_{50}（半致死剂量）确定，一般指化学品事故危险源到 LC_{50}（半致死浓度）等浓度曲线边界的区域范围，小则下风向几十米，大则上百米的范围。该区域危险化学品蒸气的体积分数高于1%，地面可能有液体流淌，氧气含量较低。人员如无防护并未及时逃离，半数左右人员有严重的中毒症状，不经紧急救治，30min 内有生命危险，只有少数佩戴氧气面具或隔绝式面具，并穿着防毒衣的人员才能进入该区。

(2) 中度区及边界浓度

中度区为半失能区，由某种危险化学品对人体的 ICT_{50}（半失能剂量）确定，一般指 LC_{50}等浓度曲线到 IC_{50}（半失能浓度）等浓度曲线的区域范围。该区域中毒人员比较集中，多数都有不同程度的中毒，是应急救援队伍重点救人的主要区域。该区域人员有较严重的中毒症状，但经及时治疗，一般无生命危险；救援人员戴过滤式防毒面具，不穿防毒衣能活动 2～3h。

(3) 轻度区及边界浓度

轻度区为中毒区，由某种危险化学品对人体的 PCT_{50}（半中毒剂量）确定，一般指 IC_{50}等浓度曲线到 PC_{50}（半中毒浓度）等浓度曲线的区域范围。该区域人员有轻度中毒或吸入反应症状，脱离污染环境后经门诊治疗基本能自行康复。人员可利用简易防护器材进行防护，关键是根据毒物的种类选择防毒口罩浸渍的药物。

(4) 吸入反应区及边界浓度

吸入反应区指 PC_{50}等浓度曲线到稍高于车间最高允许浓度的区域范围。该区域内一部分人员有吸入反应症状或轻度刺激，在其中活动能耐受较长时间，一般在脱离染毒环境后 24h 内恢复正常，救援人员可对群众只作原则指导。

6.1.2 事故现场隔离控制区的确定

危险化学品事故发生后，现场的警戒对抢险工作的顺利进行非常重要。其大小要根据事故可能影响的范围、现场的地理环境、警戒力量的多少、气象情况等因素综合考虑。然而，在抢险救援工作的开始，现场警戒区的大小一般是先根据泄漏的物质性质和泄漏量来估计，此后，可再根据事故发展情况和现场处置工作的需要，进行调整。

(1) 危险化学品事故现场警戒区的估计

危险化学品事故现场警戒区的估计因泄漏物质燃爆性及毒害性而有所不同。

① 燃爆气体泄漏　对于泄漏时间较长、泄漏较多定量现场，现场警戒区的半径为500m；对于边漏边燃烧的现场，现场警戒区的半径为300m；对于一般较小规模泄漏现场，现场警戒区的半径为100～200m。

② 有毒气体泄漏在无风时，现场警戒区的半径为350m；在有风时，于侧风向的警戒区宽为350m左右，于下风向则需要随风力的情况加长警戒区。

(2) 化学泄漏事故扩散危害范围的估算

根据化学危险源扩散的一般规律和实际处置工作的需要，大型化学危险源扩散危害范围的估算主要解决危害纵深和危害地域的问题，以便为现场指挥员在制定救援决策时提供科学依据。

① 危害纵深是指对下风方向某处无防护人身作用的毒剂量，如正好等于轻度伤害剂量时，该处离事故点的距离；轻度伤害剂量一般可取化学危险源毒物半致死剂量的0.04～0.05倍。

② 危害地域化学灾害事故发生时，其危险源所产生的毒气云团，在扩散过程中由于风的摆动、建筑物的阻挡及地形的影响，云团扩散的轨迹为摆动的带形，其外接扇形称为危害地域。

6.2 现场侦检的方法

现场侦检是指采取有效的技术手段查明泄漏危险物质的状况，即事故应急监测。现场侦检是事故（尤其是危险物质事故）现场抢险处置的首要环节。及时准确查明事故现场的情况是有效处置事故的前提条件。

6.2.1 事故应急监测及注意事项

采取有效的技术手段查明泄漏危险物质的状况，可为控制事故的态势提供决策依据，在突发化学事故应急救援中十分重要。事故应急监测的任务主要是及时查明事故中的危险物质的种类，即定性检测；测定危险物质的扩散和浓度分布情况，即定量检测；有条件时可查明导致危险物质事故的客观条件，根据危险物质的浓度分布情况，确定不同程度污染区的边界并进行标志。

(1) 事故应急监测中的要求

① 准确　准确查明造成化学事故的危险物质的种类，对未知毒物和已知毒物在事故过程中相互作用而成为新的危险源的检测要慎之又慎。

② 快速　能在最短的时间内报知监测结果，为及时处置事故提供科学依据。通常对事故预警所用监测方法的要求是快速显示分析结果。但在事故平息后为查明其原因则常常采用多种手段取证，此时注重的是分析结果的精确性而不是时间。

③ 灵敏　监测方法要灵敏，即能发现低浓度的有毒有害物质或快速地反映事故因素的变化。

④ 简便　采用的监测手段应当简捷。可根据监测时机、监测地点和监测人员确定所用的监测手段及仪器的简便程度。通常实施现场快速监测时，应选用较简便的仪器。

(2) 事故应急监测中的注意事项

① 注意个人防护　化学事故应急监测不同于一般的环境监测，参加监测的人员必须考虑自身防护问题，否则不但监测不到数据，而且有可能引起中毒甚至危及生命。如1999年12月某地发生环氧乙烷泄漏事故，参加现场监测和救援的人员因穿戴防护器材不当，受到环氧乙烷的毒害，造成数十人中毒。因此，化学事故应急监测中的个人防护问题应引起监测人员和有关部门的高度重视，务必做到预先有准备，掌握正确的防护方法，以保证顺利完成应急监测任务和自身安全。

② 注意化学因子的多重性　在化学事故应急检测中，如有燃烧或爆炸，现场的化学毒物有可能不止一种。因此检出一种有毒危险品，仍不能过早地停止工作，要对可能出现的毒物进行更广泛的检测。需要注意的是，对于采用一些特异性的化学测试方法，它们只能显示有没有某种或某类化学品的存在。试验的阴性结果只表明某一种特殊物质没有以显著性含量存在；而阳性结果不能说明其他有毒危险品不存在。

6.2.2 非器材检判法

(1) 感官检测法

即用鼻、眼、口、皮肤等人体器官（也可称作人体生物传感器）感触被检物质的存在，包括察觉危险物质的颜色、气味、状态和刺激性，进而确定危险物质种类的一种方法。感官检测法有以下几种途径。

① 根据盛装危险物品容器的漆色和标识进行判断。盛装危险物品的容器或气瓶一般要求涂有专门的安全色并写有物质名称字样及其字样颜色标识。常见的有毒危险气体气瓶的漆色和字样颜色如表6-2所示。

表6-2　常见的有毒危险气体气瓶的漆色和字样颜色

序号	气瓶名称	化学式	外表面颜色	字样	字样颜色	色环
1	氢	H_2	深绿	氢	红	$p=15$MPa 不加色环，$p=20$MPa 黄色环一道，$p=30$MPa 黄色环二道
2	氧	O_2	天蓝	氧	黑	$p=15$MPa 不加色环，$p=20$MPa 白色环一道，$p=30$MPa 白色环二道
3	氨	NH_3	黄	液氨	黑	
4	氯	Cl_2	草绿	液氯	黑	
5	空气		黑	空气	白	$p=15$MPa 不加色环，$p=20$MPa 白色环一道，$p=30$MPa 白色环两道
6	氮	N_2	黑	氮	黄	
7	硫化氢	H_2S	白	液化硫化氢	红	
8	二氧化碳	CO_2	铝白	液化一氧化碳	黑	$p=15$MPa 不加色环，$p=20$MPa 黑色环一道
9	二氯二氟甲烷	CF_2Cl_2	铝白	液化氟氯烷-12	黑	
10	三氟氯甲烷	CF_3Cl	铝白	液化氟氯烷-13	黑	$p=12.5$MPa 草绿色环一道
11	四氟甲烷	CF_4	铝白	氟氯烷-14	黑	
12	二氯氟甲烷	$CHFCl_2$	铝白	液氟氯烷-21	黑	
13	二氟氯烷	CHF_2Cl	铝白	液化氟氯烷-22	黑	
14	三氟甲烷	CHF_3	铝白	液化氟氯烷-23	黑	

续表

序号	气瓶名称	化学式	外表面颜色	字样	字样颜色	色环
15	氩	Ar	灰	氩	绿	$p=15$MPa 不加色环，$p=20$MPa 白色环一道，$p=30$MPa 白色环二道
16	氖	Ne	灰	氖	绿	
17	二氧化硫	SO_2	灰	液化二氧化硫	黑	
18	氟化氢	HF	灰	液化氟化氢	黑	
19	六氟化硫	SF_6	灰	液化六氟化硫	黑	$p=12.5$MPa 草绿色环一道
20	煤气		灰	煤气	红	$p=15$MPa 不加色环，$p=20$MPa 黄色环一道，$p=30$MPa 黄色环二道

② 根据危险物品的物理性质进行判断。危险物品的物理性质包括气味、颜色、沸点等。不同的危险物品，其物理性质不同，在事故现场的表现也有所不同。各种毒物都具有其特殊的气味。一旦发生泄漏事故后，在泄漏地域或下风方向，可嗅到毒物发出的特殊气味。比如氟化物具有苦杏仁味，氢氟酸可嗅质浓度为 1.0μg/L；二氧化硫具有特殊的刺鼻味，含硫基的有机磷农药具有恶臭味，硝基化合物在燃烧时冒黄烟；一些化学物质如 HCl 能刺激眼睛流泪；酸性物质有酸味，碱性物质有苦涩味，硫化氢为无色有臭鸡蛋味，浓度达到 1.5mg/m^3 时就可以用嗅觉辨出，当浓度为 3000mg/m^3 时由于嗅觉神经麻痹，反而嗅不出来；氨气为无色有强烈臭味的刺激性气体，燃烧时火焰稍带绿色；氯气为黄绿色有异臭味的强烈刺激性气体；沸点低、挥发性强的物质，如光气和氯化氢等泄漏后迅速气化，在地面无明显的霜状物，光气散发出烂干草味，可嗅质浓度为 4.4μg/L，氯化氢为强烈刺激味，可嗅质浓度为 2.5μg/L；沸点低、蒸发潜热大的物质，如氰化氢（HCN）、液化石油气泄漏的地面上则有明显的白霜状物等。

许多危险物品的形态和颜色相同，无法区别，所以单靠感官监测是不够的，仅可以对事故现场进行初步判断。而且这种方法可直接伤害监测人员，这只能是一种权宜之计，单靠感官检测是绝对不够的，并且对于剧毒物质绝不能用感官方法检测。

③ 根据人或动物中毒的症状进行判断。可以通过观察人员和动物中毒或死亡症状，以及引起植物的花、叶颜色变化和枯萎的方法，初步判断危险物品的种类。例如，中毒者呼吸有苦杏仁味、皮肤黏膜鲜红、瞳孔散大，为全身中毒性毒物；中毒者开始有刺激感、咳嗽，经 2～8h 后咳嗽加重、吐红色泡痰，为光气；中毒者的眼睛和呼吸道的刺激强烈、流泪、打喷嚏、流鼻涕，为刺激性毒物等。

(2) 动植物检测法

利用动物的嗅觉或敏感性来检测有毒有害化物质，如狗的嗅觉特别灵敏，国外利用狗侦查毒品很普遍。美军曾训练狗来侦检化学毒剂，利用其嗅觉可检出 6 种化学毒剂，当狗闻到微量化学毒剂时即发出不同的吠声，其检出最低浓度为 0.5～1mg/L。有一些鸟类对有毒有害气体特别敏感，如在农药厂生产车间里养一种金丝鸟或雏鸡，当有微量化学物泄漏时，动物就会立即有不安的表现，以至于挣扎死亡。

检测植物表皮的损伤也是一种简易的监测方法，现已逐渐被人们所重视。有些植物对某些大气污染很敏感，如人能闻到二氧化硫气味的浓度为 1～9ppm[1]，在感到明显刺激如

[1] 1ppm=10^{-6}体积分数。

引起咳嗽、流泪等时其浓度为10～20ppm；而有些敏感植物在0.3～0.5ppm时，在叶片上就会出现肉眼能见到的伤斑。HF污染叶片后其伤斑呈环带状，分布在叶片的尖端和边缘，并逐渐向内发展。光化学烟雾使叶片背面变成银白色或古铜色，叶片正面出现一道横贯全叶的坏死带。利用植物这种特有的“症状”，可为环境污染的监测和管理提供旁证。

6.2.3 便携式检测仪器侦检法

便携式检测仪器具有携带方便、可靠性高、灵敏性好、安全度高以及选择余地大、测量范围广等特点，能够很好地满足事故现场侦检在准确、快速、灵敏和简便方面的要求，因此便携式检测仪器在事故现场侦检工作中得到了广泛的应用。

现场应用便携式检测仪器侦检法包括：便携式仪器分析法，如分光光度法、气相色谱法、袖珍式爆炸性气体和有毒有害气体检测器法等；传感器法，如电学类气体传感器、光学类气体传感器、电化学类气体传感器等；光离子化检测器（PID）气体检测技术；红外光谱法（IR）；气相色谱法、液相色谱法（包括质谱联用技术）；其他方法，如AAS（原子吸收光谱分析法）、AFS（原子荧光分析法）、ICP-AES（电感耦合等离子发射光谱）、ICP-MS（电感耦合等离子质谱，是金属及类金属毒物的有效定性定量方法）、IMS（离子迁移谱法）、SAW（表面声波法，测苯乙烯、甲苯等有机蒸气，CO、SO_2、NO_2、NH_3、氢氰酸、氯化氰、沙林等）等。

下面主要介绍在各行业和领域中广泛使用和推广的几种便携式检测仪器。在介绍仪器之前首先必须搞清楚几个重要的概念和单位。

① ppm　指百万分之一体积比浓度，英文全称为part per million。

② %VOL（volume percentage）　是高浓度体积单位，是指被测气体体积与空气体积的百分比，通常用来测定可燃气（天然气、液化石油气、沼气）的体积浓度。根据两者定义：1ppm ＝1/1000000VOL，1%VOL＝10000ppm。

③ %LEL（lower explosion limited）　是可燃气体在空气中遇明火爆炸的最低浓度，称为爆炸下限。空气中可燃气体浓度达到其爆炸下限值时，这个场所可燃气环境爆炸危险度为100%，即100%LEL。如果可燃气体含量只达到其爆炸下限的10%，称这个场所此时的可燃气环境爆炸危险度为10%LEL。对环境空气中可燃气的监测，常常直接给出可燃气环境危险度；所以，这种监测有时也被称为“测爆”，所用的监测仪器也称“测爆仪”。具体指标如下：若使用测爆仪时，被测对象的可燃气体浓度≤爆炸下限20%（体积比，下同）；若使用其他化学分析手段时，当被测气体或蒸气的爆炸下限≥10%时，其浓度应小于1%；当爆炸极限介于4%～10%时，其浓度应小于0.8%；当爆炸极限介于1%～4%时，其浓度应小于0.2%。若有两种以上的混合可燃气体，应以爆炸下限低者为准。

(1) 智能型水质分析仪

主要用于定量分析水中氧化物、甲醛、硫酸盐、氟、二甲基苯酚、硝酸盐、磷、氯、铅等共计23种有毒有害物质。

(2) 有毒有害气体检测仪

根据采样方式分为泵吸式和扩散式；根据同时监测样品种类可分为单一监测仪、二合一监测仪、三合一监测仪、四合一监测仪、复合监测仪等。

① 检测仪的构成　一般由外壳、电源、传感器池、电子线路、显示屏、计算机接口

和必要的附件配件组成（可以是干电池或者充电电池）。

② 气体检测器的关键部件为气体传感器，从原理上可以分为三大类：利用物理化学性质的气体传感器，如半导体、催化燃烧、固体导热、光离子化等；利用物理性质的气体传感器，如热导、光干涉、红外吸收等；利用电化学性质的气体传感器，如电流型、电势等。

③ 国家标准 GB 7665—1987 对传感器的定义是：传感器是能感受规定被测量并按照一定规律转换成可用输出信号的器件或装置。用于检测气体成分和浓度的传感器都称为气体传感器，不管它是用物理方法，还是用化学方法。

④ 主要气体传感检测技术有：催化燃烧式传感器——用于常见的可燃气 LEL 的检测；红外吸收式——用于 LEL、CO_2、CH_4 等的检测；电化学式——用于 O_2、CO、H_2S 和有毒气体检测；光离子化检测器（PID）——检测 VOC；半导体式——检测 MOS。

⑤ 催化燃烧式气体传感器具有以下特点：高选择性，计量准确，响应快速，寿命较长。传感器的输出与环境的爆炸危险直接相关，在安全检测领域是一类主导地位的传感器。其缺点是：在可燃性气体范围内，无选择性；暗火工作，有引燃爆炸的危险；大部分元素、有机蒸气对传感器都有中毒作用。

⑥ LEL 传感器中毒问题　有些化学物质接触到 LEL 传感器后可以抑制传感器中的催化剂或使其中毒，进而让传感器部分或完全丧失敏感性。抑制效应通常可以通过放置在洁净空气中得以恢复。最容易使传感器中毒的物质是硅类化合物，浓度在 ppm 时就会降低传感器的响应，而硫化氢则是最常见的抑制剂。也有很多物质既会造成传感器中毒又是传感器的抑制剂。

⑦ 电化学气体传感器　电化学气体传感器是由膜电极和电解液灌封而成，通过与被测气体发生反应并产生与气体浓度成正比的电信号来工作（原电池或电解池原理）。电化学气体传感器的优点是：反应速度快，准确（可用于 ppm 级），稳定性好，能够定量检测；但寿命较短（大于等于两年），主要适用于毒性气体的检测。目前国际上绝大部分毒气检测采用电化学气体传感器。

⑧ 光离子化检测器（PID）　光离子化检测器可以检测低浓度的挥发性有机化合物（VOC）和气体有毒气体。对 VOC 检测具有极高的灵敏度，因此在应急事故检测中有着无法替代的用途。

6.2.4　化学侦检法

利用化学品与化学试剂反应后，产生不同颜色、沉淀、荧光或产生电位变化进行侦检的方法称为化学侦检法。用于侦检的化学反应有催化反应、氧化还原反应、分解反应、配位反应、亲电反应和亲核反应等。

(1) 试纸法

利用化学品与化学试剂反应后，产生不同颜色、沉淀、荧光或产生电位变化进行侦检的方法。用于侦检的化学反应有催化反应、氧化还原反应、分解反应、配位反应、亲电反应和亲核反应等。表 6-3 列出了常见的化学毒害气体检测纸所用的显色试剂及颜色变化。

表 6-3 常见的化学毒害气体检测纸简明表

化学物质	显色试剂	颜色变化
一氧化碳	氯化钯	白色→黑色
二氧化硫	亚硝酸铁氰化钠+硫酸锌	浅玫瑰色→砖红色
二氧化氮	邻甲联苯胺	白色→黄色
二氧化碳	碘酸钾+淀粉	白色→紫蓝色
二氧化氯	邻甲联苯胺	白色→黄色
二硫化碳	哌啶+硫酸铜	白色→褐色
光气	对二甲氨基苯甲醛+二甲苯胺	白色→蓝色
苯胺	对二甲氨基苯甲醛	白色→黄色
氨气	石蕊	红色→蓝色
氟化氢	对二甲基偶氮苯胂酸	浅棕色→红色
砷化氢	氯化汞	白色→棕色
硒化氢	硝酸银	白色→黑色
硫化氢	乙酸铅	白色→褐色
氢氰酸	对硝基苯甲醛+碳酸钾(钠)	白色→红棕色
溴	荧光素	黄色→桃红色
氯	邻甲联苯胺	白色→蓝色
氯化氢	铬酸银	紫色→白色
磷化氢	氯化汞	白色→棕色

从表 6-3 可以看出，有些侦检纸的显色反应并不专一，例如，用氯化汞制备侦检纸，砷化氢和磷化氢均能使之变成相同颜色，用邻甲联苯胺制备的侦检纸遇二氧化氮或二氧化氯都呈现出黄色。这些干扰现象是由其显色反应的本质决定的，在选择或应用侦检纸时应当引起注意。侦检纸检测化学危险物，其变色时间和着色强度与被测化学物质的浓度有关。被测化学物质的浓度越大，显色时间越短，着色强度越强。

(2) 侦检粉或侦检粉笔法

侦检粉的优点是使用简便、经济、可大面积使用，缺点是专一性不强、灵敏度差、不能用于大气中有害物质的检测。

(3) 检测管法

包括检测试管法、填充型（气体）检测管法、直接检测管法（速测管法）和吸附检测管法。

6.3 现场人员的安全防护技术

在危险化学品事故现场，救援人员常要直接面对高温、有毒、易燃易爆及腐蚀性的化学物质，或进入严重缺氧的环境，为防止这些危险因素对救援人员造成中毒、烧伤、低温伤等伤害，必须加强个人的安全防护，掌握相应的安全防护技术。

6.3.1 现场安全防护标准

不同类型的化学事故其危险程度不同。对于危险化学品的泄漏事故现场，要根据不同种类和浓度的化学毒物对人体无防护条件下的毒害性，并充分考虑到救援人员所处毒害环境的实际安全需要，来确定相应的安全防护等级和防护标准。对于危险化学品的火灾爆炸事故现场，则要根据危险化学品着火后产生的热辐射强度和爆炸后形成的冲击波对人体的伤害程度来采取相应的安全防护措施。安全防护等级确定后，并不是一直不变的，在救援初期可能使用高等级的防护措施，但当泄漏的有毒化学品浓度降低时，可以降为低一级的防护。

通常用于化学事故应急救援的个人防护器材。按用途可分成两大类：一类是呼吸器官和面部防护器材，通称呼吸防护器材；另一类是身体皮肤和四肢的防护器材，称为皮肤防护器材。

安全防护等级和防护标准具体如表 6-4 和表 6-5 所示。

表 6-4　现场安全防护等级

毒类	危险区		
	重度危险区	中度危险区	轻度危险区
剧毒	一级	一级	二级
高毒	一级	一级	二级
中毒	一级	二级	二级
低毒	二级	三级	三级
微毒	二级	三级	三级

表 6-5　现场安全防护标准

级别	形式	皮肤防护		呼吸防护
		防化服	防护服	
一级	全身	内置式重型防化服	全棉防静电内外衣	正压式空气呼吸器或全防型滤毒罐
二级	全身	封闭式防化服	全棉防静电内外衣	正压式空气呼吸器或全防型滤毒罐
三级	呼吸	简易防化服	战斗服	简易滤毒罐、面罩或口罩、毛巾等防护器材

6.3.2 呼吸防护器材

呼吸系统防护主要是防止有毒气体、蒸气、尘、烟、雾等有害物质经呼吸器官进入人体内，从而对人体造成损害。在尘毒污染、事故处理、抢救、检修、剧毒操作以及在狭小仓库内作业时，必须选用可靠的呼吸器官保护用具。

呼吸防护设备的种类：按用途可分为防尘、防毒、供氧三类。按作用原理可分为净化式、隔绝式（供气式）两类。净化呼吸器的功能是消除人体吸入空气中的有害气体、工业粉尘等，使之符合《工业企业卫生标准》；隔绝式呼吸器的功能是使戴用者的呼吸系统与劳动环境隔离，由呼吸器自身供气（氧气或空气）或从清洁环境中引入纯净空气维持人体正常呼吸，适用于缺氧、严重污染等有生命危害的工作场所戴用。

在熟悉和掌握各种防护器材的性能、结构及防护对象的情况下，应根据化学事故现场毒物的浓度、种类、现场环境及劳动强度等因素，合理选择不同防护种类和级别的滤毒罐，并且使用者应选择合适自己面型的面罩型号。一般情况下，呼吸防护器材应按有效、舒适和经济的原则选择，同时还应考虑以下几方面的因素：

① 在污染物质性质、浓度不明或确切的污染程度未查明的情况下必须使用隔绝式呼吸防护器材；在使用过滤式防护器材时要注意不同的毒物选用不同的滤料。

② 新的防护器材要有检验合格证；库存器材要判明是否在有效期内，已用过的是否更换了新的滤料等。

③ 佩戴呼吸防护器材一定要保证呼吸道防护用具的密封性，佩戴面具感到不舒服或时间过长时，要摘下防护器材或检查滤料是否需要更换。

6.3.3 皮肤防护器材

在化学事故应急救援中，用于保护人体的体表皮肤免受毒气、强酸、强碱、高温等的侵害的特殊服装，通称为皮肤防护器材。皮肤防护器材主要包括防化服、防火服、防火防化服以及与之配套使用的其他头部和脚部防护器材等。

(1) 防化服

防化服主要用于化学物质作业场所和应急处理现场人员的防护，从结构上分为全密闭式和非全封闭型两类。前者采用抗浸透性、抗腐蚀的材料制成，在污染较严重的场所使用；后者主要在轻、中度污染场所使用。

① 简易防化服　又称短时轻度污染用防毒服，由拉伸性极强的高强度聚乙烯制成，具有防液体化学喷射及污染功能，适用于液态化学品溅射的防护。该服仅供一次性使用并与防化手套和防化胶靴联用。

② 封闭式防化服　其材料为双层，内层为活性炭布，是由普通棉布或阻燃布双面起绒，然后在单面粘涂活性炭；外层为聚四氟乙烯覆膜布，它具有很强的耐腐蚀和防毒性能。该防化服可与所有防毒面具配用，重量轻，防化学毒物的渗透性能良好。

③ 内置式重型防化服　由头部设备、主体服、手套、靴子组成。该防化服能让使用者免受液态或气态危险化学品的侵袭，适用于高浓度危险化学品泄漏后进行堵漏作业使用。

(2) 防火服

防火服主要用于危险化学品导致的火灾或爆炸事故现场灭火救援人员的防护，这些服装大多数都选用耐高温、不易燃、隔热、遮挡辐射热效率高的材料制成。常用的有防火隔热服、避火服。

① 防火隔热服　由隔热头罩、上衣、下裤、手套、护脚等组成，分为夹衣、棉衣、单衣三种。主要用于靠近或接近火源进行作业，如危险化学品泄漏后发生火灾现场的近火作业，或进入火场侦察和救人等。其辐射反射率≥90%；阻燃时间≥5s，对人体造成二度烧伤的辐射热强度下照射30s，织物表面温升≤4.5℃。

② 避火服　采用高硅氧玻璃纤维及表面阻燃处理技术制造，具有优越的抗火焰燃烧、抗热辐射渗透和整体抗热性能。主要用于短时间穿越火区，短时间进入火场侦察、救人、关阀、抢救贵重物资等。其防火温度可达830℃，防辐射温度为1100℃。在13.6kW/m^{2}的热辐射下2min，服装内表面温升≤25℃；在100℃模拟火场内，着装进入30s，其表面温升≤13℃。

(3) 防火防化服

防火防化服由上衣和裤子组成，采用内外两层材料制作而成。外层均匀喷涂有耐火材料或镀上铝保护层，能在短时间内抵御高温对人体的袭击。内层为防化材料，可以防止液态或气态的有毒有害化学品对人体的侵袭。主要是在执行同时伴有危险化学品泄漏和火灾事故救援时使用。

(4) 手、脚部防护用品

在危险化学品事故现场，救援人员主要使用耐腐蚀和耐高热的手套和鞋（靴）来保护手脚部免受化学物质的腐蚀、渗透和高温的威胁。常用的有耐酸碱手套、防火隔热手套和隔热胶靴等。

① 防化手套和防化靴应具有良好的耐酸碱性能和抗渗透性能，主要用于有酸碱及其他腐蚀性液体或有腐蚀性液体飞溅的场所。

② 防火隔热手套采用高强度耐高温纤维织物制成，手背部位加铝膜覆面层以隔绝辐射热，里层采用不燃性合成纤维毡以防热传导，该手套可接触赤热燃烧物。

③ 隔热胶靴的筒部、脚部、底及后跟表面采用耐热橡胶，中层采用绝热海绵层或绝热石棉层，脚趾前部用金属护板加强，以防止掉落物落下而击伤，内表面使用棉针织物，表面涂耐热银色，为防止扎透，内层放置薄铜板。

(5) 皮肤防护器材的选用与维护

在选用皮肤防护器材时，应根据事故现场存在的危险因素选择质量合格的、适宜的防护服种类，并注意以下几点。

① 必须清楚防护服装的防毒种类和有效防护时间。

② 要了解污染物质的性质和浓度，尤其要根据其毒性、腐蚀性、挥发性等性质选择防护服装的种类，否则起不到防护作用。

③ 能反复使用的防护服装在使用后一定要检查是否有破损，根据要求清洗干净以备下次使用。

6.3.4 头部防护

头部防护用品是为防御头部不受外来物体打击和其他因素危害而配备的个体防护装备，根据防护功能分为安全帽、工作帽和防护头罩三类。

(1) 安全帽

安全帽是生产中广泛使用的头部防护用品。它的作用在于当作业人员受到坠落物、硬质物体的冲击或挤压时，减少冲击力，消除或减轻其对人体头部的伤害。安全帽属于国家特种防护用品工业生产许可证管理的产品。选择安全帽时，一定要选择符合国家标准规定、标志齐全、经检验合格的安全帽。据有关部门统计，坠落物体伤人事故中15%是因为安全帽使用不当造成的。因此，在使用过程中一定要注意以下问题。

① 使用之前一定要检查安全帽上是否有裂纹、碰伤痕迹、磨损，安全帽上如存在影响其性能的明显缺陷就应该及时报废，以免影响防护作用。

② 不能随意在安全帽上拆卸或添加附件，以免影响其原有的防护性能。

③ 不能随意调节帽的尺寸，因为安全帽的尺寸直接影响其防护性能。

④ 使用时要将安全帽戴牢戴正，防止安全帽脱落。

⑤ 受过冲击或做过试验的安全帽要予以报废。

⑥ 不能私自在安全帽上打孔，以免影响其强度。

⑦ 要注意安全帽的有效期，超过有效期的安全帽应该报废。

(2) 工作帽

工作帽又叫护发帽。它可以保护头发不受灰尘、油烟和其他环境因素的污染；也可以避免头发被卷入转动的传动带或转轴里，还可以起到防止异物进入颈部的作用。

(3) 防护头罩

防护头罩是使头部免受火焰、腐蚀性烟雾、粉尘以及恶劣气候伤害头部的个人防护装备。

(4) 眼、面部防护

伤害眼、面部的因素较多，如各种高温热源、射线、光辐射、电磁辐射、气体、熔融金属等异物飞溅或爆炸等都是造成眼、面部的伤害因素。眼、面部防护用品包括眼镜、眼罩和面罩三类。目前我国眼、面防护用品主要有焊接用护目镜、炉窑护目镜、防冲击眼防护具、微波防护镜、激光防护镜、X 射线防护镜、尘毒防护镜、面具等。

【事故案例】

净水剂厂清理澄清池盲目抢救多人中毒事故。

1995 年 10 月，按照工厂计划，需要清理 1# 澄清池。事故发生的当天，5 名工人来到 1# 澄清池，准备进行清理。清理前，工人用驳接的木条探查池中泥渣厚度，防止泥渣太深，把人陷进去，探查时木条不慎掉落池中，大家安放了竹梯，一位工人下池捡木条，不料才下池 2m 多深就昏迷掉入池中；另一位工人立即下池救人，也掉落池中；一管理人员闻声赶到，见此情景，便跑去打电话报警并报告厂领导，之后也下池救人，同样昏倒在池中；闻讯赶到事故现场的 4 名工人又接二连三地下池救人，结果又有一人倒入池中。最终造成 3 人死亡、2 人重伤的重大伤亡事故。

事故原因 造成这起事故的原因是在事故发生前 6 天，即 18 日，净水剂厂 1# 池用水浸泡沉渣，但未灌满池，池水离池面 1m 多无水，19 日往隔壁的 2# 池泵入粗产液，并加入硫化碱溶液，两者反应产生的有害气体飘逸沉积于 1# 池内空间，以致职工下池捡木条时中毒昏倒池内。

事故简评 这起事故的发生与该厂产品生产工艺流程和使用的原材料有关。在该厂生产过程中，使用了浓盐酸和 70% 的硫酸，且在酸性条件下加入硫化碱溶液，溶液在沉淀反应时产生了氯化氢和硫化氢等混合有害气体。这些有害气体积聚在池中，而厂领导没有认真研究分析该产品性质特点及反应过程中造成的危害，因此没有采取必要的通风排毒措施和急救排险方法，导致伤亡范围的扩大和损失的加重。此外，在这起事故的救援过程中，救援人员明显缺乏有关化工知识，缺乏自身保护能力，这与工厂的安全教育不够有直接关系。工厂领导应痛定思痛，加强安全教育与安全培训，提高职工的安全防护能力。

6.4 危险化学品泄漏事故应急处置技术

泄漏事故发生后，一旦处置不当或不及时，很容易演变成燃烧、爆炸事故或中毒事故。从以往发生事故的统计情况看，几乎所有的重大灾害性事故都与危险化学品泄漏有关，这些事故给人民的生命财产造成了重大损失，给人类的生存环境带来了巨大威胁，并在一定时期内对社会秩序造成了重大影响。

危险化学品泄漏事故是指盛装危险化学品的容器、管道或装置，在各种内外因素的作用下，其密闭性受到不同程度的破坏，导致危险化学品非正常向外泄放、渗漏的现象。危险化学品泄漏事故区别于正常的跑冒滴漏现象，其直接原因是在密闭体中形成了泄漏通道或泄漏体内外存在压力差。

6.4.1 泄漏事故后果分析

化学品固有的危险性决定了其泄漏后的表现，其首要因素是化学品的状态和基本性质，其次是环境条件。按照状态，化学品通常分为气体（包括压缩气体）、液体（包括常温常压液体、液化气体、低温液体）和固体。决定化学品表现的基本性质包括温度、压力、易燃性、毒性、挥发性、相对密度等性质。一旦发生化学品泄漏事故，其不同的性质决定了不同的事故后果。

(1) 气体

气体泄漏后将随大气扩散到周围环境。可燃气体泄漏后与空气混合达到燃烧或爆炸极限，遇到引火源就会发生燃烧或爆炸。发火时间是影响泄漏后果的关键因素，如果可燃气体泄漏后立即发火，则影响范围较小；如果可燃气体泄漏后与周围空气混合形成可燃云团，遇到引火源发生爆燃或爆炸（滞后发火），则破坏范围较大。有毒气体泄漏后形成云团在空气中扩散，直接影响现场人员并可能波及居民区。扩散区域内的人、牲畜、植物都将受到有毒气体的侵害，并可能带来严重的人员伤亡和环境污染。在水中溶解的气体将对水生生物和水源造成威胁。气体的扩散区域以及浓度的大小取决于下列因素：

① 泄漏量　一般来说，泄漏量越大，危害区域就越广，造成的后果也就越严重。

② 气象条件　如温度、光照强度、风向、风速等。地形或建筑物将影响风向及大气稳定度，风速和风向通常是变化的，变化的风将增大危害区域及事故的复杂性。

③ 相对密度　比空气轻的气体泄出后将向上飘移并扩散；比空气重的气体泄出后将向地面飘移，维持较高的浓度，聚集在低凹处并取代空气。

④ 泄漏源高度　泄漏点的高低位置，气体的密度是高于、低于还是等于空气的密度，对污染物的地面浓度将产生很大的影响。

⑤ 溶解度　气体在水中的溶解度决定了其在水中的表现，如果溶解度小于等于10%，泄入水中的气体会立即蒸发；如果溶解度大于10%，泄入水中的气体立即蒸发并溶解。

(2) 液体

液体泄漏到陆地上，将流向附近的低凹区域，可能流入下水道、排洪沟等限制性空间，也可能流入水体。在水路运输中发生泄漏，液体可能直接泄入水体。液体泄漏后可能污染泥土、地下水、地表水和大气。可燃液体蒸气与空气混合并达到燃烧或爆炸极限，遇到引火源就会发生池火。有毒蒸气随风扩散，会对扩散区域内的人员造成伤害。水中泄漏物还将对水中生物和水源造成威胁。

常温常压液体泄漏后聚集在防液堤内或地势低洼处形成液池，液体由于表面的对流而蒸发。液体瞬时蒸发的比例取决于物质的性质及环境温度，有些泄漏物可能在泄漏过程中全部蒸发，其表现类似于气体。低温液体泄漏后将形成液池，吸收周围热量而蒸发，其蒸发量低于液化气体、高于常温常压液体。影响液体泄漏后果的基本性质有下列几个：

① 泄漏量　泄漏量的多少是决定泄漏后果严重程度的主要因素，而泄漏量又与泄漏时间有关。

② 蒸气压　蒸气压越高，液体物质越易挥发。蒸气压大于 3kPa，液体将快速蒸发；蒸气压大于等于 0.3kPa 而小于等于 3kPa，液体会蒸发；蒸气压小于 0.3kPa，液体基本不会蒸发。

③ 闪点　闪点越低，物质的火灾危害越大。如果环境温度高于闪点，物质一经火源的作用就会引起闪燃。

④ 沸点　如果水温高于化学品的沸点，进入水中的化学品将迅速挥发进入大气。如果水温低于化学品的沸点，挥发也将发生，只是速率较慢。

⑤ 溶解度　溶解度大于 5%，液体将在水中快速溶解；溶解度介于 1%～5%，液体会在水中溶解；溶解度小于等于 1%，液体在水中基本不溶解。

⑥ 相对密度　当相对密度大于 1 时，物质将下沉；当相对密度小于 1 时，物质将漂浮在水面上；当相对密度接近 1 时，物质可通过水柱扩散。

(3) 固体

与气体和液体不同的是，固体泄漏到陆地上一般不会扩散很远。但有几类物质的表现具有特殊性。例如，固体粉末，大量泄漏时，能形成有害尘云，飘浮在空中，具有潜在的燃烧、爆炸和毒性危害；冷冻固体，当达到熔点时会熔化，其表现会像液体；可升华固体，当达到升华点时会升华，往往会像气体一样扩散；水溶性固体，泄漏时遇到下雨天，将表现出液体的特性。固体泄漏到水体，将对水中生物和水源造成威胁，影响其后果的基本性质有：

① 溶解度　溶解度大于 99%，固体将在水中快速溶解；溶解度介于 10%～99%，固体会在水中溶解；溶解度小于 10%，固体在水中基本不溶解。

② 相对密度　当相对密度大于 1 时，固体在水中将下沉；当相对密度小于 1 时，固体将漂浮在水面上。

6.4.2 泄漏事故处置原则

危险化学品事故应急处置中，除遵循以人为本和保护环境的原则外，还应遵循以下原则。

(1) 先询情、再行动原则

赶到泄漏事故现场的应急人员第一任务是了解事故基本情况，切忌盲目闯入实施救援，造成不必要的伤亡。首先挑选业务熟练、身体素质好、有较丰富实践经验的人员，组成精干的先遣小组，配备适当的个体防护装备、器材（不明情况下，配备一级或 A 级防护装备），从上风、上坡处接近现场，查明泄漏源的位置、泄漏物质的种类、周围地理环境等情况，报现场指挥部，指挥部综合各方面情况，调集有关专家，对泄漏扩散的趋势、泄漏可能导致的后果、泄漏危及周围环境的可能性进行判断，确定需要采取的应急处置技术，以及实施这些技术需要调动的应急救援力量，如消防特勤部队、企业救援队伍、防化兵部队等。

(2) 应急人员防护原则

由于危险化学品具有易燃易爆、毒性、腐蚀性等危险性，因此应急人员必须进行适当的防护，防止危险化学品对自身造成伤害。通常根据泄漏事故的特点、引发物质的危险性，担任不同职责的应急人员可采取不同的防护措施。处于冷区的应急指挥人员、医务人员、专家和其他应急人员一般配备C级或D级防护装备；进入热区的工程抢险、消防和侦检等应急人员一般配备A级或B级防护装备；进入暖区进行设备、人员等洗消的应急人员一般配备C级防护装备。

(3) 火源控制原则

当泄漏的危险化学品是易燃、可燃品时，在泄漏可能影响的范围内，首先要绝对禁止使用各种明火。特别是在夜间或视线不清的情况下，不要使用火柴、打火机等进行照明。其次是立即停止泄漏区周围一切可以产生明火或火花的作业；严禁启闭任何电气设备或设施；严禁处理人员将非防爆移动通信设备、无线寻呼机以及摄像机、闪光灯带入泄漏区；处理人员必须穿防静电工作服、不带铁钉的鞋，使用防爆工具；对交通实行局部戒严，严格控制机动车进入泄漏区，如果有铁路穿过泄漏区，应在两侧适当地段设立标志，与铁路部门联系，禁止列车通行。并根据下风向易燃气体、蒸气检测结果，随时调整火源控制范围。

(4) 谨慎用水原则

水作为最常用、最经济的灭火剂常用于泄漏事故，用来冷却泄漏源、处理泄漏物、保护抢险人员。在处置泄漏事故前应通过应急电话联系权威的应急机构，取得水反应性、储运条件、环境污染等信息后，再决定是否能用水处理。尤其在处理遇水反应物质和液化气体泄漏时，要特别注意。

① 遇水反应物质　能与水发生反应，有的生成易燃气体，有的生成腐蚀性气体，有的生成有毒气体，有的发生危险反应。如果用水处理遇水反应物质的泄漏事故，可能会使事态变得更加严重、复杂，给公众带来更大的危险，所以一般禁止用水处理。

② 液化气体　处置液化气体泄漏时，切忌直接向泄漏部位直接射水，在条件允许的情况下，可采取向已泄漏的气体喷射雾状水的方法，驱赶或稀释已泄漏的气体。因为液化气体向环境中的泄放量与包装容器内的压力成正比，与液化气体的温度有关。为了排出气体，液体必须汽化，而汽化是一个吸热过程，如果没有足够的外部热源，随着液体汽化，包装容器内的温度会降低，容器内的压力也会下降，泄漏量会越来越小。20℃时水的热导率是空气的23倍，如果直接向泄漏部位射水，相当于提供了外部热源，液体会继续汽化，气体会源源不断地排入环境。有的物质（如液氯）与水反应生成腐蚀性物质，如果用水处理，腐蚀将导致更严重的泄漏。

(5) 确保人员安全原则

处置泄漏事故前要周密计划、精心组织，处置过程中要科学指挥、严密实施，确保参与事故处置人员的人身安全，原则如下。

① 应从上风、上坡处接近现场，严禁盲目进入。

② 应急指挥部、救援物资应置于上风处，防止事故发生变化危及指挥部和救援物资的安全。

③ 根据接触危险化学品的可能性，不同人员需配备必要、有效的个人防护器具。

④ 实施应急处置行动时，严禁单独行动，要有监护人，必要时可用水枪掩护。

6.4.3 泄漏物控制技术

控制危险化学品泄漏的技术是指通过控制危险化学品的泄放和渗漏，从根本上消除危险化学品的进一步扩散和流淌的措施和方法。

(1) 关阀断料

关阀断料，是指通过中断泄漏设备物料的供应，从而控制灾情的发展。如果泄漏部位上游有可以关闭的阀门，应首先关闭该阀门，泄漏自然会消除；如果反应容器、换热容器发生泄漏，应考虑关闭进料阀。通过关闭有关阀门、停止作业、采取改变工艺流程、物料走副线、局部停车、打循环、减负荷运行等方法控制泄漏源。关闭管道阀门时，必须设开花或喷雾水枪掩护。

(2) 堵漏封口

管道、阀门或容器壁发生泄漏，且泄漏点处在阀门以前或阀门损坏，不能关阀止漏时，可使用各种针对性的堵漏器具和方法实施封堵泄漏口，控制危险化学品的泄漏。进行堵漏操作时，要以泄漏点为中心，在储罐或容器的四周设置水幕、喷雾水枪，或利用现场蒸汽管的蒸汽等雾状水对泄漏扩散的气体进行围堵、稀释、降毒或驱散。常用的堵漏封口的方法有调整间隙消漏法、机械堵漏法、气垫堵漏法、胶堵密封法和磁压堵漏法等。

(3) 倒罐

当采用上述堵漏方法不能制止储罐、容器或装置泄漏时，可采取疏导的方法。通过输送设备和管道将泄漏装置内部的液体倒入其他容器、储罐中，以控制泄漏量和配合其他处置措施的实施。常用的倒罐方法有压缩机倒罐、短泵倒罐、压缩气体倒罐和压差倒罐四种。

(4) 转移

当储罐、容器、管道内的液体大量外泄，堵漏方法不奏效又来不及倒罐时，可将事故装置转移到安全地点处置。首先应在事故点周围的安全区域修建围堤或处置池，然后将事故装置及内部的液体导入围堤或处置池内，再根据泄漏液体的性质采用相应的处置方法。如泄漏的物质呈酸性，可先将中和药剂（碱性物质）溶解于处置池中，再将事故装置移入，进而中和泄漏的酸性物质。

(5) 点燃

当无法有效地实施墙漏或倒罐处置时，可采取点燃措施使泄漏出的可燃性气体或挥发性的可燃液体在外来引火物的作用下形成稳定燃烧，控制其泄漏，降低或消除泄漏毒气的毒害程度和范围，避免易燃和有毒气体扩散后达到爆炸极限引发燃烧爆炸事故。采取点燃措施时应注意以下几点。

① 实施点燃前首先要确认危险区域内人员已经撤离，其次担任掩护和冷却等任务的喷雾水枪手要到达指定位置，检测泄漏周边地区已无高浓度混合可燃气体后，使用安全的点火工具操作。

② 当事故装置顶部泄漏，无法实施堵漏和倒罐，而装置顶部泄漏的可燃气体范围和浓度有限时，处置人员可在上风方向穿避火服，根据现场情况在事故装置的顶部或架设排空管线，使用点火棒如长杆或电打火器等方法点燃。

③ 当泄漏的事故装置内可燃化学品已燃烧时，处置人员可在实施冷却控制、保证安全的前提下从排污管接出引流管，向安全区域排放点燃。点燃时，操作人员处于安全区域的上风向，在做好个人安全防护的前提下，通过铺设导火索或抛射火种（信号枪、火把）等方法点燃。

6.4.4 泄漏物处置技术

危险化学品泄漏的处置技术是指对事故现场泄漏的危险化学品及时采取覆盖、固化、收容、通风稀释、转移等措施，使泄漏的化学品得到安全可靠的处置，从根本上消除危险化学品对环境的危害。

(1) 筑堤

筑堤是将液体泄漏物控制到一定范围内，再进行泄漏物处置。筑堤拦截处置泄漏物除与泄漏物本身的特性有关外，还要确定修筑围堤的地点，既要离泄漏点足够远，保证有足够的时间在泄漏物到达前修好围堤，又要避免离泄漏点太远，使污染区域扩大，带来更大的损失。

对于无法移动装置的泄漏，则在事故装置周围筑堤或修建处置池，并根据泄漏液体的性质采用相应的处置方法。如泄漏的物质呈酸性，一般采用中和法处置。

(2) 收集

对于大量液体的泄漏，可选择隔膜泵将泄漏出的物料抽入容器内或槽车内再进行其他处置；对于少量液体的泄漏，可选择合适的吸附剂采用吸附法处理，常用的吸附剂有活性炭、沙子和木屑等。

(3) 覆盖

为降低挥发性的液体化学品在大气中的蒸发速度，可将泡沫覆盖在泄漏物表面形成覆盖层，或将冷冻剂散布于整个泄漏物表面固定泄漏物，从而减少了泄漏物的挥发，降低其对大气的危害和防止可燃性泄漏物发生燃烧。

通常泡沫覆盖只适用于陆地泄漏物，并要根据泄漏物的特性选择合适的泡沫，一般要每隔30～60min覆盖一次泡沫，以便有效地抑制泄漏物的挥发。另外，泡沫覆盖必须和其他的收容措施如筑堤、挖沟槽等配合使用。

常用的冷冻剂有二氧化碳、液氮和冰，要根据冷冻剂对泄漏物的冷却效果、事故现场的环境因素和冷冻对后续采取的其他处理措施的影响等因素综合选用冷冻剂。

(4) 固化

通过加入能与泄漏物发生化学反应的固化剂或稳定剂使泄漏物转化成稳定形式，以便于处理、运输和处置。有的泄漏物变成稳定形式后，由原来的有害变成了无害，可原地堆放不需进一步处理；有的泄漏物变成稳定形式后仍然有害，必须运至废物处理场所进一步处理或在专用废弃场所掩埋。常用的固化剂有水泥、凝胶、石灰，要根据泄漏物的性质和事故现场的实际情况综合选择。

【事故案例】

◇案例1 葫芦岛市天然气储气罐泄漏事故的应急救援。

2004年3月，中海石油（中国）有限公司天津分公司位于龙湾新区东窑村的JZ20-2天然气分离厂，发现一个阀门前的压力表出现故障，需要更换压力表。工作人员在向下拧表时，不慎将压力表管拧断，导致液化气大量泄漏，如果遇到火星，将引起大面积爆炸。发生液化气大量泄漏的储罐，当时罐内液面高6.1m，内有液化气237t。在周围不足$100m^2$范围内，共有5个容积为$1000m^3$的液化气储罐，如果遇到明火或静电，将引发连锁爆炸，整个厂区便会被夷为平地，而且周边村庄的群众将遭受灭顶之灾，后果不堪设想。

处置过程 葫芦岛市消防支队指挥中心接到报警后，派出4个中队的14辆消防车、69名指战员迅速赶往现场。

消防指战员到达事故现场后，发现位于厂区东北角的容积为$1000m^3$的球形液化石油气储罐周围已被大量的烟气所笼罩，罐底正在向外喷出大量液化气，储罐周围$200m^2$的地面全部弥漫着白色的烟气。

现场指挥人员果断采取措施，设立5个水枪阵地、1个水炮阵地，向罐体喷水，稀释泄漏的液化气，并且进行堵漏。在储罐外围3km范围内设置警戒区域，禁止人员、车辆通行。使用开花水枪对泄漏处进行稀释，防止有毒气体扩散或达到爆炸浓度。利用厂内设施实施倒罐；同时打开罐顶的放空阀减压。水枪阵地的官兵们连续5h站在没膝深的冰冷刺骨的水中近距离对泄漏处实施稀释。

现场指挥部针对扑救中又有大量液化石油气泄出的情况，决定扩大警戒范围，以防随时可能发生的爆炸。根据计算，泄漏出来的液化石油气如果爆炸，就会产生连锁爆炸，并列的5个液化气罐都会爆炸。这5个液化气罐一共装有$5000m^3$的液化石油气，如果爆炸，其爆炸力相当于1万多吨TNT炸药的威力，整个葫芦岛市新城区都将受到严重损害。

液化石油气在汽化时吸收大量的热量，所以泄出点温度急剧下降，喷出的水在泄漏点的金属管附近结成了厚厚的冰。因为结冰，所以液化气泄出量明显减少。指挥员决定用木楔子堵塞泄漏管口。消防战士身穿防化服和佩戴呼吸器，顶着冒出的液化气冲了上去。这时只要有一点火星，泄漏出来的液化气就可能发生爆炸。虽然战士们穿的都是防静电的衣服，但危险来自液化气本身。液化气一般都含有杂质，这些杂质在喷出泄漏管口时，可能因为摩擦产生静电火花引发爆炸。经8h奋战，泄漏点终于被彻底堵住。

事故简评 在这次应急救援行动中，葫芦岛市消防部门出动14辆消防车，奋战6h，喷水2000t，险情被彻底排除，同时成为全国处置同类可燃气体泄漏事故的典范。

◇**案例2** 陕西西安“3·5”液化石油气储罐泄漏爆炸事故。

1998年3月5日，陕西西安某液化石油气管理所一储量为$400m^3$的11号球形储罐液化石油气发生泄漏，泄漏初期未能完全阻止气体泄漏，随后发生闪爆，10余分钟后又发生第二次爆炸，之后又发生两次猛烈爆炸，尤以最后一次爆炸最为猛烈。

该液化石油气管理所系一级消防重点保卫单位，罐区设有2个$25m^3$残液罐（1号、2号罐），10个$100m^3$的卧式储罐，2个$400m^3$球形储罐，2个$1000m^3$球形储罐，总设计容量$3850m^3$。

处置过程 3月5日15时许，一名临时工家属突然发现装储液化石油气的11号球罐底部漏气，白色的液体冲出后迅速汽化，于是立即去所里值班室报警。

漏气的11号球形储罐内的压强为20个大气压，强大的压力使罐内液化石油气从受损球阀处冲出来，当时没风，现场气味越来越浓。工作人员先后用了30多条棉被包堵球阀，并用消防水朝被子上喷水。液化石油气呈液体冲出阀门，迅速汽化，温度很低，喷上的水很快结冰，泄漏有所减弱。由于液化石油气比空气密度大，喷发出来后沉在地面形成一尺多高的悬雾层，越来越厚，呈滚动之势，在很远的地方都可闻到刺鼻的气味。

气站工作人员在半小时后报警求助。消防队1台消防车赶到现场，发现11号罐底球阀已破裂，根据现场情况，决定迅速阻止液化石油气泄漏，并采取倒罐措施。同时，让在场所有人员交出通信工具，切断现场电源、清除一切火源、禁止在现场附近行驶车辆，采用水枪驱散气体。几分钟后，消防队队长见液化石油气泄漏严重，局势已很难控制，便请求增援，增援车辆陆续抵达现场。

液化石油气喷出后温度极低，消防人员下到罐底池中，一二十秒钟后裤脚上就结满了冷凝冰，这时离地面一二尺漂浮着水状的液化石油气，池子里结满了冰。抢险过程中，由于队员没有防毒面具，大多已中毒丧失战斗力。尽管消防队员全力救援，但现场仍然发生了爆炸，随后起火，从火海里仅跑出了30多人，现场根本无法接近。现场指挥部原来设在大门口，第一次爆炸发生后，后撤了30m。大约过了10min，第二次爆炸发生，红黄火焰裹着黑烟又窜了起来。

现场指挥部决定首先组织抢救伤员，最大限度地减少人员伤亡，并规定在没有查明现场的情况时，不得盲目行动，并安排侦察小组进入罐区进行侦察。

随后又发生了两次爆炸，蘑菇云冲天而起。由于现场情况极其危险，救援人员撤到安全地带集合待命。

总指挥部根据现场情况，迅速采取了扩大警戒隔离范围、增加救援力量等一系列措施。经过全体参战人员近8h的艰苦战斗，扑灭了8辆液化石油气槽车及罐区多处残火。第一个$100m^3$的卧式储罐稳定燃烧后熄灭。经过32h的扑救，罐区最后一个燃烧的$100m^3$储罐火焰熄灭。

事故简评 总体而言，此次事故是一次不成功的应急救援行动。从结果上看，一个阀门的局部泄漏，发展成多罐、多次爆炸。

在泄漏初期，有关指挥、操作人员没有佩戴呼吸器就深入泄漏区进行指挥与操作，造成救援力量的急剧下降，并恶化了事故。

在救援装备上存在重大问题。该站属不折不扣的重大危险源，同时，管线、阀门泄漏是常见事故，但是该站没有配备相应的专用堵漏器具，也没有属地消防队。面对泄漏，只能用棉被、麻绳等来进行堵漏。这也充分证明，该站、该地有关部门缺乏相关的专业知识，对液化石油气罐区的风险控制，只停留在着火爆炸后的后期“灭火”，而不是对液化石油气泄漏的前期准确处置上，或者只想到了一些简单的泄漏情形，而没有充分考虑到罐体底阀这一本应高度重视的要害部位上。

在救援方法上存在问题，没有根据实际灵活处置。泄漏初期，没有专用设备，在使用棉被、麻绳等方法堵漏无效的情况下，没有根据实际情况，根据爆炸着火原理，寻求新的更有效的方法。

6.5 火灾爆炸事故应急处置技术

根据火灾、爆炸的成灾机理，发生火灾、爆炸均是由于化学品本身的燃烧或爆炸特性引起的。一方面，物质本身具有燃烧或爆炸的性质，如果达到引发条件，一旦控制不当，就会发生燃烧或爆炸事故；另一方面，物质虽然本身不具备燃烧或爆炸性质，但与其他物质接触时，也能够发生燃烧或爆炸事故，如不燃性的强氧化剂。因此，了解化学品的火灾与爆炸危害，正确处理化学品火灾与爆炸事故，对搞好危险化学品应急救援工作具有重要的意义。

6.5.1 火灾爆炸事故处置原则

危险化学品易发生火灾、爆炸事故，但不同化学品在不同情况下发生火灾爆炸时，其扑救方法差异很大，若处置不当，不仅不能有效地扑灭火灾，反而会使灾情进一步扩大。此外，由于化学品本身及其燃烧产物大多具有较强的毒害性和腐蚀性，极易造成人员中毒、灼伤。因此，扑救危险化学品火灾是一项极其重要且非常危险的工作。火灾爆炸事故处置原则如下。

(1) 先询情、后处理的原则

应迅速查明燃烧或爆炸范围、燃烧或发生爆炸的引发物质及其周围物品的品名和主要危险特性，火势蔓延的主要途径，燃烧或爆炸的危险化学品及燃烧或爆炸产物是否有毒。

(2) 先控制、后灭火的原则

危险化学品火灾有火势蔓延快和燃烧面积大的特点，应采取统一指挥、以快治快，堵截火势、防止蔓延，重点突破、排除险情，分割包围、速战速决的灭火战术。

发生爆炸时，迅速判断和查明再次发生爆炸的可能性和危险性，紧紧抓住爆炸后和再次发生爆炸之前的有利时机，采取一切可能的措施，全力制止再次爆炸的发生。

在扑救大型储罐火灾时，往往首先冷却周围罐和着火罐，保持着火罐稳定燃烧，待泄漏源得以控制后一举灭火。如果泄漏源不能控制，则采用控制燃烧的方式保持着火罐稳定燃烧。

(3) 先救人、后救物的原则

坚持“以人为本”的原则。当发生火灾（爆炸）事故时，先救人后抢救重要物品，救人时要坚持先自救、后互救的原则。

(4) 重防护、忌蛮干的原则

进行火情侦察、火灾扑救、火场疏散的人员应有针对性地采取自我防护措施，佩戴防护面具，穿戴专用防护服等。扑救人员应位于上风或侧风位置，切忌在下风侧进行灭火。

(5) 统一指挥、进退有序的原则

事故救援人员要听从现场指挥员的统一指挥、统一调动，坚守岗位，履行职责，密切配合，积极参与处置工作。要严格遵守纪律，不得擅自行动，防止出现现场混乱，严防各类事故的发生。

对有可能发生爆炸、爆裂、喷溅等特别危险需紧急撤退的情况，应按照统一的撤退信号和撤退方法及时撤退。撤退信号应格外醒目，能使现场所有人员都看到或听到，并应经常演练。

(6) 清查隐患、不留死角的原则

火灾扑灭后，仍然要派人监护现场，消灭余火。对于可燃气体没有完全清除的火灾，应注意保留火种，直到介质完全烧完。对于在限制性空间发生的火灾，要加强通风，防止可燃、易燃气体积聚，引发二次火灾、爆炸。对于遇湿易燃物品和具有自热、自燃性质的物品，要清除彻底，避免后患。

火灾单位应当保护现场，接受事故调查，协助消防部门调查火灾原因，核定火灾损失，查明火灾责任；未经消防部门的同意，不得擅自清理火灾现场。

6.5.2 火灾爆炸事故处置注意事项

(1) 进入现场的注意事项

① 现场应急人员应正确佩戴和使用个人安全防护用品、用具。

② 消防人员必须在上风向或侧风向操作，选择地点必须方便撤退。

③ 通过浓烟、火焰地带或向前推进时，应用水枪跟进掩护。

④ 加强火场的通信联络，同时必须监视风向和风力。

⑤ 铺设水带时要考虑如发生爆炸和事故扩大时的防护或撤退。

⑥ 要组织好水源，保证火场不间断地供水。

⑦ 禁止无关人员进入。

(2) 个体防护

① 进入火场人员必须穿防火隔热服、佩戴防毒面具。

② 必须用移动式消防水枪保护现场抢救人员或关闭火场附近气源闸阀的人员。

③ 如有必要身上还应绑上耐火救生绳，以防万一。

(3) 火灾扑救

① 首先尽可能切断通往多处火灾部位的物料源，控制泄漏源。

② 主火场由消防队集中力量主攻，控制火源。

③ 喷水冷却容器，可能的话将容器从火场移至空旷处。

④ 处在火场中的容器突然发出异常声音或发生异常现象，必须马上撤离。

⑤ 发生气体火灾，在不能切断泄漏源的情况下，不能熄灭泄漏处的火焰。

(4) 不同化学品的火灾控制

正确选择最适合的灭火剂和灭火方法。火势较大时，应先堵截火势蔓延，控制燃烧范围，然后再逐步扑灭火焰。

6.5.3 灭火方法与灭火剂的选择

6.5.3.1 灭火方法

我国现有灭火剂种类较多，灭火方法也视火灾的性质而不同。使用时应根据火场燃烧物质的性质、状态、燃烧时间、燃烧强度和风向风力等因素正确选择灭火剂，并与相应的消防设施配套使用，才能发挥最大的灭火效能，避免因盲目使用灭火剂而造成适得其反的结果，将火灾损失降到最低水平。

(1) 火灾分类

火灾是在时间和空间上失去控制的燃烧所造成的灾害。不同的物质具有不同的物理特性和化学特性，燃烧也具有各自的特点。根据物质燃烧的特性，国家标准《火灾分类》(GB/T 4968—2008) 将火灾分类由原来的4类更改为6类。

A类火灾　固体物质火灾，这种物质通常具有有机物性质，一般在燃烧时能产生灼热的余烬，如木材、棉、毛、麻、纸张火灾等。

B类火灾　液体或可熔化的固体物质火灾，如汽油、煤油、柴油、原油、甲醇、乙醇、沥青、石蜡火灾等。

C类火灾　气体火灾，如煤气、天然气、甲烷、乙烷、丙烷、氢气火灾等。

D类火灾　金属火灾，如钾、钠、镁、锂、钛、铝镁合金火灾等。

E类火灾　带电火灾，如物体带电燃烧的火灾。

F类火灾　烹饪器具内的烹饪物（如动植物油脂）火灾。

(2) 灭火原理与方法

灭火就是破坏燃烧条件，使燃烧反应终止的过程，其基本原理可归纳为冷却、窒息、隔离和化学抑制4个方面。

① 冷却　对一般可燃物来说，能够持续燃烧的条件之一就是它们在火焰或热的作用下达到了各自的着火温度。因此，将可燃物冷却到其燃点或闪点以下，燃烧反应就会中止。用水直接喷洒在燃烧物上，以降低燃烧物的热量，把温度降低到该物质的燃点以下；用水喷洒在火源附近的建筑物或其他物体、容器上，使它们不受火焰辐射的威胁，避免起火或爆炸。

② 窒息　通过降低燃烧物周围的氧气浓度可以起到灭火的作用。各种可燃物的燃烧都必须在其最低氧气浓度以上进行，否则燃烧不能持续有效的进行，因此通过降低燃烧物周围的氧气浓度可以起到灭火的作用。具体方法有：用沙土、水泥、湿麻袋、湿棉被等不燃或难燃物质覆盖燃烧物，喷洒雾状水、干粉、泡沫等灭火剂覆盖燃烧物，用水蒸气或氮气、二氧化碳等惰性气体灌注发生火灾的容器、设备，密闭起火建筑、设备和孔洞，把不燃的气体或不燃液体（如二氧化碳、氮气、四氯化碳等）喷洒到燃烧物区域内或燃烧物上。

③ 隔离　把可燃物与引火源或氧气隔离开来，燃烧反应就会自动中止。具体方法有：把火源附近的可燃、易燃、易爆和助燃物品搬走；关闭可燃气体、液体管道的阀门，以减少和阻止可燃物质进入燃烧区；设法阻拦流散的易燃、可燃液体；拆除与火源相毗连的易燃建筑物，形成防止火势蔓延的空间地带。

④ 化学抑制　灭火剂与链式反应的中间体自由基反应，从而使燃烧的链式反应中断，使燃烧不能持续进行。具体方法有：灭火时，把灭火剂干粉、“1211”（二氟一氯一溴甲烷）、“1200”（二氟二溴甲烷）等足够量准确地喷射在燃烧区，使灭火剂参与和中断燃烧反应；同时要采取必要的冷却降温措施，以防止复燃。

6.5.3.2 灭火剂的选择

灭火剂是指能够有效地破坏燃烧条件，即物质燃烧的3个要素（可燃物、助燃物和着火源），终止燃烧的物质。

物理灭火剂不参与燃烧反应，它在灭火过程中起到窒息、冷却和隔离火焰的作用，在降低燃烧混合物温度的同时，稀释氧气，隔离可燃物，从而达到灭火的效果。物理灭火剂包括水、泡沫、二氧化碳、氮气、氩气及其他惰性气体。

化学灭火剂在燃烧过程中通过切断活性自由基（主要指氢自由基和氢氧自由基）的连锁反应而抑制燃烧。化学灭火剂包括卤代烷灭火剂、干粉灭火剂等。

(1) 水及水系灭火剂

① 水　水是最便利的灭火剂，具有吸热、冷却和稀释效果，它主要依靠冷却、窒息

及降低氧气浓度进行灭火，常用于A类火灾的扑灭。水在常温下具有较低的黏度、较高的热稳定性和较高的表面张力，但在蒸发时会吸收大量热量，能使燃烧物质的温度降低到燃点以下。水的热容量大，1kg水温度升高1℃需要4.1868kJ的热量，1kg 100℃的水汽化成水蒸气则需要吸收2.2567kJ的热量；同时，水汽化时，体积增大1700多倍，水蒸气稀释了可燃气体和助燃气体的浓度，并能阻止空气中的氧通向燃烧物，阻止空气进入燃烧区，从而大大降低氧的含量。

当水喷淋呈雾状时，形成的水滴和雾滴的比表面积将大大增加，增强了水与火之间的热交换作用，遇热能迅速汽化，吸收大量热量，以降低燃烧物的温度和隔绝火源，从而强化了其冷却和窒息作用。另外，对一些易溶于水的可燃、易燃液体还可起稀释作用，能吸收和溶解某些气体、蒸气和烟雾。采用强射流产生的水雾可使可燃、易燃液体产生乳化作用，使液体表面迅速冷却、可燃蒸气产生速度下降而达到灭火的目的。水的禁用范围如下：

a. 不溶于水或密度小于水的易燃液体引起的火灾，若用水扑救，则水会沉在液体下层，被加热后会引起暴沸，形成可燃液体的飞溅和溢流，使火势扩大。密度大于水的可燃液体，如二硫化碳可以用喷雾水扑救，或用水封阻火势的蔓延。

b. 遇水产生剧烈燃烧物的火灾，如金属钾、钠、碳化钙等，不能用水，而应用沙土灭火。

c. 硫酸、盐酸和硝酸引发的火灾，不能用水流冲击，因为强大的水流能使酸飞溅，流出后遇可燃物质，有引起爆炸的危险。另外，酸溅在人身上，还会灼伤人。

d. 电气火灾未切断电源前不能用水扑救，因为水是良导体，容易造成触电。

e. 高温状态下化工设备的火灾不能用水扑救，以防高温设备遇冷水后骤冷，引起变形或爆裂。

② 水系灭火剂　水系灭火剂是通过改变水的物理特性、喷洒状态而达到提高灭火的效能。细水雾、超细水雾灭火技术就是大幅增加水的比表面积，利用40～200μm粒径的水雾在火场中完全蒸发，起到冷却效果好、吸热效率高的作用。采用化学方法，通过在水中加入少量添加剂，改变水的物理化学性质，提高水在物体表面的润湿黏附性，提高水的利用率，加快灭火速度，主要用于A类火灾的扑灭。

水系灭火剂主要包括：

a. 强化水，增添碱金属盐或有机金属盐，提高抗复燃性能；

b. 乳化水，增添乳化剂，混合后以雾状喷射，可灭闪点较高的油品火，一般用于清理油品泄漏；

c. 润湿水，增添具有湿润效果的表面活性剂，降低水的表面张力，适用于扑救木材垛、棉花包、纸库、粉煤堆等火灾；

d. 滑溜水，增添减阻剂，减小水在水带输送过程中的阻力，提高输水距离和射程；

e. 黏性水，增添增稠剂，提高水的黏度，增强水在燃烧物表面的附着力，还能减少灭火剂的流失。

因此，发生火灾时，需选用水系灭火剂时，一定要先查看其简要使用说明，正确选用灭火剂。

(2) 泡沫灭火剂

泡沫灭火剂指能与水相容，并且可以通过化学反应或机械方法产生灭火泡沫的灭火剂，适用于 A、B 和 F 类火灾的扑灭。泡沫灭火剂的灭火主要是水的冷却和泡沫隔绝空气的窒息作用。

泡沫的相对密度一般为 0.01～0.2，远小于一般的可燃、易燃液体，因此可以浮在液体的表面，形成保护层，使燃烧物与空气隔断，达到窒息灭火的目的；泡沫层封闭了燃烧物表面，可以遮断火焰的热辐射，阻止燃烧物本身和附近可燃物质的蒸发；泡沫析出的液体可对燃烧表面进行冷却；泡沫受热蒸发产生的水蒸气能够降低氧的浓度。常用的泡沫灭火剂如下：

① 蛋白泡沫灭火剂（P） 蛋白泡沫灭火剂主要用于扑救各种非水溶性可燃液体，如各种石油产品、油脂等 B 类火灾，也可用于扑救木材、橡胶等 A 类火灾。由于其具有良好的稳定性，因而被广泛用于油罐灭火中。此外，蛋白泡沫灭火剂的析液时间长，可以较长时间密封油面，常将其喷在未着火的油罐上防止火灾的蔓延。使用蛋白泡沫灭火剂扑灭原油、重油储罐火灾时，要注意可能引起的油沫沸溢或喷溅。

蛋白泡沫灭火剂与其他几种泡沫灭火剂相比，其主要优点是抗烧性能好、价格低廉。其主要缺点是流动性差、灭火速度慢和有异味、储存期短、易引起二次环境污染。

② 氟蛋白泡沫灭火剂（FP） 氟蛋白泡沫灭火剂中添加少许氟碳表面活性剂即成为氟蛋白泡沫灭火剂。氟蛋白泡沫灭火剂主要用于扑救各种非水溶性可燃液体和一般可燃固体火灾，被广泛用于扑救非水溶性可燃液体的大型储罐、散装仓库、生产装置、油码头的火灾及飞机火灾。在扑救大面积油类火灾中，氟蛋白泡沫与干粉灭火剂联用则效果更好。

氟蛋白泡沫灭火剂在灭火原理方面与蛋白泡沫灭火剂基本相同，但由于氟碳表面活性剂的加入，使其与普通蛋白泡沫灭火剂相比具有发泡性能好、易于流动、疏油能力强及与干粉相容性好等优点，其灭火效率大大优于普通蛋白泡沫灭火剂。它存在的缺点也是有异味、储存期短，易引起二次环境污染。

③ 成膜氟蛋白泡沫灭火剂（FP） 在氟蛋白泡沫的基础上通过加入氟碳表面活性剂和碳氢表面活性剂的复配物，进一步降低泡沫液的表面张力，使其在可燃液体上的扩散系数为正值，从而泡沫灭火剂可以迅速在燃烧液体表面上覆盖一层水膜，可以有效地阻止可燃液体蒸气向外挥发，其灭火速度也得到了进一步提高。这种泡沫灭火剂目前在一些欧洲国家有很广泛的使用，特别是在英国几乎全部采用这种灭火剂。

成膜氟蛋白泡沫灭火剂与氟蛋白泡沫灭火剂相比最大的优点是封闭性能好，抗复燃性强。其缺点也是受蛋白泡沫基料的影响大，储存期比较短。

④ 水成膜泡沫灭火剂（AFFF） 又称“轻水”泡沫灭火剂，与成膜氟蛋白泡沫灭火剂相似，在烃类表面具有极好的铺展性，能够在油面上形成一张“毯子”。在扑灭火灾时能在油类表面析出一层薄薄的水膜，靠泡沫和水膜的双重作用灭火，除了具有成膜氟蛋白泡沫灭火剂在油面上流动性好，灭火迅速，封闭性能好，不易复燃等特点外，还有一个优点就是储存时间长。

水成膜泡沫灭火剂可在各种低、中倍数泡沫产生设备中使用，主要用于 A 类、B 类火灾的扑灭，广泛用于大型油田、油库、炼油厂、船舶、码头、机库、高层建筑等的固定灭火装置，也可用于移动式或手提式灭火器等灭火设备，可与干粉灭火剂联用。

另外，抗溶水成膜泡沫灭火剂由于对极性溶剂有很强的抑制蒸发能力，形成的隔热胶膜稳定、坚韧、连续，能有效防止对泡沫的损坏，主要用于A类和B类火灾的扑灭，除可扑救醇、酯、醚、酮、醛、胺、有机酸等水溶性可燃、易燃液体火灾外，亦可扑救石油及石油产品等非水溶性物质的火灾，是一种多功能型泡沫灭火剂。

⑤ A类泡沫灭火剂　A类泡沫灭火剂由西方国家在20世纪80年代研发成功，并很快在美国、澳大利亚、加拿大、法国、日本等国家迅速推广。

压缩空气泡沫系统（CAFS）是A类泡沫灭火技术的基础，新型A类泡沫灭火剂与CAFS技术的完美结合相对于传统意义上的A类泡沫灭火剂有着极大的优势。其主要优势如下：发泡倍数可调；析液时间可控；无毒、无污染性。其主要适用于城市建筑消防、森林防火、石油化工企业、大型化工厂、化工材料产品仓库等。

(3) 干粉灭火剂

干粉灭火剂一般分为BC干粉灭火剂、ABC干粉和D类火灾专用干粉。在常温下，干粉是稳定的，当温度较高时，其中的活性成分分解为挥发成分，提高其灭火作用。为了保持良好的灭火性能，一般规定干粉灭火剂的储存温度不超过49℃。BC干粉灭火剂是由碳酸氢钠（92%）、活性白土（4%）、云母粉和防结块添加剂（4%）组成。ABC干粉灭火剂是由磷酸二氢钠（75%）和硫酸铵（20%）以及催化剂、防结块剂（3%），活性白土（1.85%），氧化铁黄（0.15%）组成。

超细干粉灭火剂是指90%粒径不大于20μm的固体粉末灭火剂。按其灭火性能分为BC超细干粉灭火剂和ABC超细干粉灭火剂两类，是目前国内外已使用的灭火剂中灭火浓度低、灭火速度快、效能高的品种之一。超细干粉灭火剂对大气臭氧层耗减潜能值（ODP）为零，温室效应潜能值（GWP）为零，对保护物无腐蚀，无毒无害，灭火后残留物易清理。

① 干粉灭火剂的灭火原理　干粉灭火剂通常储存在灭火器或灭火设备中。除扑救金属火灾的专用干粉化学灭火剂外，干粉灭火剂主要通过在加压气体（二氧化碳或氮气）的作用下，将干粉从喷嘴喷出，形成一股雾状粉流，射向燃烧区。当喷出的粉雾与火焰接触、混合时，发生一系列的物理化学反应：干粉中的无机盐挥发性分解物，与燃烧过程中所产生的自由基或活性基团发生化学抑制和负催化作用，使燃烧的链反应中断而灭火；干粉的粉末落在可燃物表面外，发生化学反应，并在高温作用下形成一层玻璃状覆盖层，从而隔绝氧，进而窒息火灾。

② 干粉灭火剂的适用范围　干粉灭火剂主要用于扑灭各种固体火灾（A类），非水溶性及水溶性可燃、易燃液体的火灾（B类），天然气和石油气等可燃气体火灾（C类），一般带电设备的火灾（E类）和动植物油脂火灾（F类）。干粉灭火剂本身是无毒的，但由于它是干燥、易于流动的细微粉末，喷出后形成粉雾，因此在室内使用不恰当时也可能对人的健康产生不良影响，如人在吸收了干粉颗粒后会引起呼吸系统发炎。将不同类型的干粉掺混在一起后，可能产生化学反应，产生二氧化碳气体并结块，有时还可能引起爆炸。另外，干粉的抗复燃能力较差。因此，对于不同物质发生的火灾，应选用适当的干粉灭火剂。

(4) 气体灭火剂

在19世纪末期，气体灭火剂由西方发达国家开始使用，由于气体灭火剂施放后对防护仪器设备无污染、无损害等，其防护对象也逐步扩展到各种不同的领域，气体灭火剂适用于扑灭 A、B、C、E 和 F 类火灾。

气体灭火剂种类较多，但得以广泛应用的仅有惰性气体灭火剂和卤代烷及其替代型灭火剂。

① 惰性气体灭火剂　惰性气体灭火剂包括二氧化碳、烟烙尽灭火剂等。惰性气体的加入可以降低燃烧时的温度，起到冷却作用，另外，加入惰性气体，可使氧气浓度降低，起到窒息作用。

a. 二氧化碳灭火剂　二氧化碳相对密度为 1.529，比空气重，价格低廉，获取、制备容易。在燃烧区内用二氧化碳稀释空气，可以减少空气的含氧量，从而降低燃烧强度。当二氧化碳在空气中的浓度达到 30%～35%时，就能使火焰熄灭。

二氧化碳灭火剂是以液态二氧化碳充装在灭火器内，当打开灭火器阀门时，液态二氧化碳就沿着虹吸管上升到喷嘴处，迅速蒸发成气体，体积扩大约 500 倍，同时吸收大量的热量，使喷筒内温度急剧下降，当降至 78.5℃时，一部分二氧化碳就凝结成雪片状固体。它喷到可燃物上时，能使燃烧物温度降低，并隔绝空气和降低空气中含氧量，从而使火熄灭。当燃烧区域空气含氧量低于 12%，或二氧化碳的浓度达到 30%～35%时，绝大多数的燃烧都会熄灭。

二氧化碳灭火剂适用于扑灭各种易燃液体火灾，特别适用于扑灭 600V 以下的电气设备、精密仪器、贵重生产设备、图书档案等火灾以及一些不能用水扑灭的火灾。

二氧化碳不能扑灭金属（如锂、钠、钾、镁、铝、锑、钛、镉、铂、钚等）及其氧化物、有机过氧化物、氧化剂（如氯酸盐、硝酸盐、高锰酸盐、亚硝酸盐、重铬酸盐等）的火灾，也不能用于扑灭如硝化棉、赛璐珞、火药等本身含氧的化学品的火灾。

b. 烟烙尽灭火剂　烟烙尽是一种气体灭火剂，主要由 52%的氮气、40%的氩气和 8%的二氧化碳组成，是由美国安素公司（ANSUL）生产的一种新的气体灭火剂，它主要通过降低起火区域的氧浓度来灭火。由于烟烙尽是由大气中的基本气体组成的，因而对大气层没有破坏，在灭火时也不会参与化学反应，且灭火后没有残留物，故不污染环境。此外它还有较好的电绝缘性。由于其平时是以气态形式储存，所以喷放时，不会形成浓雾或造成视野不清，使人员在火灾时能清楚地分辨逃生方向，而且对人体基本无害。

但是该灭火剂的灭火浓度较高，通常须达到 37.5%以上，最大浓度为 42.8%，因而灭火剂的消耗量比哈龙 1301 灭火剂要多，应用过程中其灭火时间也长于 1301 灭火剂。此外，与其他灭火系统相比，这种系统的成本较高，设计使用时应当综合考虑其性价比。

② 卤代烷及其替代型灭火剂

a. 卤代烷（哈龙）灭火剂具有电绝缘性好、化学性能稳定、灭火速度快、毒性和腐蚀性小、释放后不留残渣痕迹或者残渣少等优点，并且具有良好的储存性能和灭火效能，可用于扑救可燃固体表面火灾（A 类）、甲乙丙类液体火灾（B 类）、可燃气体火灾（C 类）、电气火灾（E 类）等。由于某些卤代烷灭火剂与大气层的臭氧发生反应，致使臭氧层出现空洞，使生存环境恶化。人们近来关注甚多的一个专题就是为了保护大气臭氧层，限制和淘汰哈龙灭火剂，研究开发哈龙替代物。

b. 哈龙替代物（包括气体类、液化气类）在国际上可划分为 4 大类：HBFC——氢溴氟代烷；HCFC——氢氟代烷类；HFC236——六氟丙烷（FE36）、HFC227——七氟丙烷（FM200）、FIC——氟碘代烷类；IG——惰性气体类，包括 IG01、IG55、IG541。

c. 七氟丙烷灭火剂　是一种无色、几乎无味、不导电的气体，其化学分子式为 CF_3CHFCF_3，相对分子质量为 170，密度大约为空气的 6 倍，采用高压液化储存。其灭火原理及灭火效率与哈龙 1301 相类似，七氟丙烷灭火剂不会破坏大气层，其毒性较低，对人体产生不良影响的体积浓度临界值为 9%，并允许在浓度为 10.5% 的情况下使用 1min。七氟丙烷的设计灭火浓度为 7%，因此，正常情况下对人体不会产生不良影响，可用于经常有人活动的场所。七氟丙烷灭火剂适用于扑灭 A、B、C 类火灾。

③ 气溶胶灭火剂　气溶胶是液体或固体微粒悬浮于气体分散介质中，直径在 0.5～1μm 的一种液体或固体微粒。它分为冷气溶胶和热气溶胶，反应温度高于 300℃ 的称为热气溶胶，反之是冷气溶胶。

a. 气溶胶灭火剂的灭火机理　气溶胶灭火剂生成的气溶胶中，气体与固体产物的比约为 6∶4，其中固体颗粒主要是金属氧化物、碳酸盐或碳酸氢盐、炭粒以及少量金属碳化物，气体产物主要是氮气、少量的二氧化碳和一氧化碳。

气溶胶灭火剂的物理抑制作用。由于气溶胶的粒径小，比表面大，因此极易从火焰中吸收热量而使温度升高，达到一定温度后固体颗粒发生熔化而吸收大量热量；气溶胶粒子易扩散，能渗透到火焰较深的部位，且有效保留时间长，在较短的时间内吸收火源所放出的一部分热量，使火焰的温度降低。

气溶胶灭火剂的化学抑制作用。均相过程发生在气相，固体微粒分解出的钾元素，以蒸气或离子形式存在，能与火焰中的自由基进行多次链反应。非均相过程发生在固体微粒表面，因而能产生一种“围墙”效应，活性基团的能量被消耗在这个“围墙”上，导致断链反应，固体微粒起到了负催化的作用。

b. 气溶胶灭火剂的应用　气溶胶灭火剂主要适用于扑灭 A、B、C 和 D 类火灾，同常规气体灭火系统相比，气溶胶灭火装备保护舱室、仓库及发动机室等相对封闭空间和石油化工产品的储罐、舰船、飞机、汽车、内燃机车、电缆沟、电缆井、管道夹层等封闭或半封闭空间，同时也适用于开放式空间。国际上安装气溶胶灭火系统的工业设施有核电站控制室、军事设施、舰船机舱、电信设备室及飞机发动机舱等。

6.5.4　不同类别危险化学品的火灾控制技术

化学品种类不同，灭火和处置方法也各异。针对不同类别的危险化学品，要采取不同的控制措施，以正确处理事故，减小事故损失。

6.5.4.1　爆炸品火灾控制技术

爆炸品一般都有专门或临时的储存仓库。这类物品由于内部结构含有爆炸性基因，受摩擦、撞击、震动、高温等外界因素激发，极易发生爆炸，遇明火则更危险。遇爆炸品火灾时，一般应采取以下基本对策。

① 迅速判断和查明再次发生爆炸的可能性和危险性，紧紧抓住爆炸后和再次发生爆炸之前的有利时机，采取一切可能的措施，全力制止再次爆炸的发生。

② 爆炸品着火最好的灭火剂是水，一般不用窒息法灭火。切忌用沙土盖压，以免增强爆炸品爆炸时的威力。

③ 如果有疏散可能，人身安全上确有可靠保障，应迅速组织力量及时疏散着火区域周围的爆炸品，使着火区周围形成一个隔离带。

④ 扑救爆炸品堆垛时，水流应采用吊射，避免强力水流直接冲击堆垛，以免堆垛倒塌引起再次爆炸。

⑤ 灭火人员应尽量利用现场现成的掩蔽体或尽量采用卧姿等低姿射水，尽可能地采取自我保护措施。消防车辆不要停靠离爆炸品太近的水源。

在火场上，墙体、低洼处、树干等均可作为掩体利用。

⑥ 如果在房间内或在车厢、船舱内着火时，在保证安全的情况下，要迅速将门窗、车厢门、船舱盖打开，向内射水冷却，切不可关闭门窗、车厢门、船舱盖，以免窒息灭火。

⑦ 灭火人员发现有发生再次爆炸的危险时，应立即向现场指挥报告，现场指挥应迅速作出准确判断，确有发生再次爆炸征兆或危险时，应立即下达撤退命令。灭火人员看到或听到撤退信号后，应迅速撤至安全地带，来不及撤退时，应就地卧倒。

6.5.4.2 压缩气体和液化气体火灾控制技术

压缩气体和液化气体一般采用容器储存或通过管道输送。钢瓶储存时其内部压力较高，在火场中受热易发生爆裂，从而引发大面积火灾，导致事态扩大。针对压缩气体和液化气体火灾，一般应采取以下基本对策。

① 扑救气体火灾切忌盲目扑灭火势，在没有采取堵漏措施的情况下，必须保持稳定燃烧。否则，大量可燃气体泄漏出来与空气混合，遇到着火源就会发生爆炸，后果将不堪设想。在扑救时或在冷却过程中，如果意外扑灭了泄漏处的火焰，在没有采取堵漏措施的情况下，也必须立即用长点火棒将火点燃，使其恢复稳定燃烧，防止可燃气体泄漏，引起燃爆。

② 首先应扑灭外围被火源引燃的可燃物火势，切断火势蔓延途径，控制燃烧范围，并积极抢救受伤和被困人员。

③ 如果火势中有压力容器或有受到火焰辐射热威胁的压力容器，能疏散的应尽量在水枪的掩护下疏散到安全地带，不能疏散的应部署足够的水枪进行冷却保护。为防止容器爆裂伤人，进行冷却的人员应尽量采用低姿射水或利用现场坚实的掩蔽体防护。对卧式储罐，冷却人员应选择储罐四侧角作为射水阵地。

④ 如果是输气管道泄漏着火，应设法找到气源阀门。阀门完好时，只要关闭气体的进出阀门，火势就会自动熄灭。

⑤ 储罐或管道泄漏关阀无效时，应根据火势判断气体压力和泄漏口的大小及形状，准备好相应的堵漏材料（如软木塞、橡皮塞、气囊塞、黏合剂、弯管工具等）。

⑥ 堵漏工作准备就绪后，即可用水进行灭火，也可用干粉、二氧化碳灭火，但仍需用水冷却烧烫的罐壁或管壁。火焰扑灭后，应立即用堵漏材料堵漏，同时用雾状水稀释和驱散泄漏出来的气体。

如果第一次堵漏失败、再次堵漏需一定时间，应立即用长点火棒将泄漏处点燃，使其恢复稳定燃烧，并准备再次灭火堵漏。

如果确认泄漏口非常大，根本无法堵漏，只需冷却着火容器及其周围容器和可燃物品，控制着火范围，直到燃气燃尽，火势自动熄灭。

⑦ 现场指挥部应密切注意各种危险征兆，当出现以下征兆时，总指挥必须及时作出准确判断，下达撤退命令。现场人员看到或听到事先规定的撤退信号后，应迅速撤退至安全地带。

a. 可燃气体继续泄漏而火种较长时间没有恢复稳定燃烧，现场可燃气体浓度达到爆炸极限；

b. 受辐射热的容器裂口或安全阀出口处火焰变得白亮耀眼、泄漏处气流发出尖叫声、容器发生晃动等现象。

6.5.4.3 易燃液体火灾控制技术

易燃液体通常采用容器储存或在一定压力下通过管道输送。与气体不同的是，液体容器有的密闭，有的敞开，一般都是常压，只有反应锅（炉、釜）及输送管道内的液体压力较高。液体不管是否着火，如果发生泄漏或溢出，都将顺着地面流淌或在水面漂散。

由于不同的易燃液体具有的不同物理、化学性质，发生火灾后，其处理方法差别较大。另外，易燃液体火灾还存在危险性很大的沸溢和喷溅问题。因此，扑救易燃液体火灾往往困难较大。遇易燃液体火灾时，一般应采取以下基本对策。

① 首先应切断火势蔓延的途径，冷却和疏散受火势威胁的压力及密闭容器和可燃物，控制燃烧范围，并积极抢救受伤和被困人员。如有液体流淌时，应筑堤（或用围油栏）拦截漂散流淌的易燃液体或挖沟导流。

② 及时了解和掌握着火液体的品名、密度、水溶性，以及有无毒害、腐蚀、沸溢、喷溅等危险性，以便采取相应的灭火和防护措施。

③ 对较大的储罐或流淌火灾，应准确判断着火面积。

小面积（$50m^2$ 以内）液体火灾，可用雾状水扑灭，用泡沫、干粉、二氧化碳灭火更为有效。

大面积液体火灾则必须根据其相对密度、水溶性和燃烧面积大小，选择正确的灭火剂扑救。比水轻又不溶于水的液体（如汽油、苯等），用直流水、雾状水灭火往往无效，可用普通蛋白泡沫或轻水泡沫灭火。用干粉扑救时灭火效果要视燃烧面积大小和燃烧条件而定，最好同时用水冷却罐壁。

比水重又不溶于水的液体（如硝基苯、二硫化碳）起火时原则上可用水扑救，水能覆盖在液面上灭火，但由于能产生大量废水，而且在没有围堵的情况下，易扩大火场范围，故此时一般用泡沫、干粉扑救，灭火效果要视燃烧面积大小和燃烧条件而定。灭火过程中要不断用水冷却罐壁。

具有水溶性的液体（如醇类、酫类等），虽然从理论上讲能用水稀释扑救，但用此法要使液体闪点消失，必须使用大量的水，从而产生大量废水，导致后处理困难。因此，最好用抗溶性泡沫扑救，用干粉扑救时，灭火效果要视燃烧面积大小和燃烧条件而定，但也需用水冷却罐壁。

④ 扑救毒害性、腐蚀性或燃烧产物毒害性较强的易燃液体火灾，扑救人员必须佩戴防护面具，采取防护措施。对特殊物品的火灾，应使用专用防护服。考虑到过滤式防毒面具作用的局限性，在扑救毒害品火灾时应尽量使用隔离式空气呼吸器。

⑤ 扑救原油和重油等具有沸溢和喷溅危险的液体火灾，如有条件，可采用放水、搅拌等防止发生沸溢和喷溅的措施，在灭火同时必须注意计算可能发生沸溢、喷溅的时间和观察是否有沸溢、喷溅的征兆。

⑥ 遇易燃液体管道或储罐泄漏着火，在切断火灾蔓延途径把火势限制在一定范围内的同时，对输送管道应设法找到并关闭进出阀门，如果管道阀门已损坏或是储罐泄漏，应

迅速准备好堵漏材料，然后用泡沫、干粉、二氧化碳或雾状水等扑灭地上的流淌火焰，为堵漏扫清障碍，然后再扑灭泄漏口的火焰，并迅速采取堵漏措施。与气体堵漏不同的是，液体一次堵漏失败，可连续堵几次，只要用泡沫覆盖地面，并堵住液体流淌和控制好周围的着火源，不必点燃泄漏口的液体。

6.5.4.4 易燃固体火灾控制技术

易燃固体火灾一般都可用水或泡沫扑救，相对其他种类的危险化学品而言，扑救比较容易，只要控制住燃烧范围，逐步扑灭即可。但也有少数易燃固体、自燃物品、遇湿易燃物品的扑救方法比较特殊。

(1) 一般易燃固体、自燃物品火灾控制技术

① 2,4-二硝基苯甲醚、二硝基萘、萘等是具有升华特性的易燃固体，受热产生易燃蒸气。火灾时可用雾状水、泡沫扑救并切断火势蔓延途径。但应注意，不能以为明火焰扑灭即已完成灭火工作，因为受热以后升华的易燃蒸气能继续四处飘逸，在上层与空气能形成爆炸性混合物，尤其是在室内，易发生爆燃。因此，扑救这类物品火灾不能被火焰已经熄灭的假象所迷惑。在扑救过程中应不时向燃烧区域上空及周围喷射雾状水，并用水浇灭燃烧区域及其周围的一切火源。

② 黄磷的自燃点很低，在空气中能很快氧化升温并自燃。遇黄磷火灾时，首先应切断火势蔓延途径，控制燃烧范围。对着火的黄磷应用低压水或雾状水扑救。高压直流水冲击能引起黄磷飞溅，导致灾害扩大。黄磷熔融液体流淌时应用泥土、沙袋等筑堤拦截并用雾状水冷却，对磷块和冷却后已固化的黄磷，应用钳子钳入储水容器中。来不及钳时可先用沙土掩盖，但应做好标记，等火势扑灭后，再逐步集中到储水容器中。

③ 少数易燃固体和自燃物品不能用水和泡沫扑救，如三硫化二磷、铝粉、烷基铝、保险粉等，应根据具体情况区别处理。通常，宜选用干沙和不用压力喷射的干粉扑救。

(2) 遇湿易燃物品火灾控制技术

遇湿易燃物品能与水发生化学反应，产生可燃气体和热量，有时即使没有明火也能自动着火或爆炸，如金属钾、钠以及三乙基铝（液态）等。因此，这类物品有一定数量时，绝对禁止用水、泡沫、酸碱灭火器等灭火剂扑救。这类物品的这一特殊性给其火灾时的扑救带来了很大的困难。

① 首先应了解遇湿易燃物品的品名、数量、是否与其他物品混存、燃烧范围、火势蔓延途径。

② 如果只有极少量（一般 50g 以内）遇湿易燃物品，则不管是否与其他物品混存，仍可用大量的水或泡沫扑救。水或泡沫刚接触着火点时，短时间内可能会使火势增大，但少量遇温易燃物品燃尽后，火势很快就会熄灭或减小。

③ 如果遇湿易燃物品数量较多，且未与其他物品混存，则绝对禁止用水或泡沫、酸碱等灭火剂扑救，应用干粉、二氧化碳扑救。需要注意的是金属钾、钠、铝、镁等个别物品用二氧化碳无效。固体遇湿易燃物品应用水泥、干沙、干粉、硅藻土和硅石等覆盖。水泥是扑救固体遇湿易燃物品火灾比较容易得到的灭火剂。对遇湿易燃物品中的粉尘（如镁粉、铝粉等），切忌喷射有压力的灭火剂，以防止将粉尘吹扬起来，与空气形成爆炸性混合物而导致爆炸发生。

④ 如果有较多的遇湿易燃物品与其他物品混存，则应先查明是哪类物品着火，遇湿易

燃物品的包装是否损坏。可先用开关水枪向着火点吊射少量的水进行试探，如未见火势明显增大，证明遇湿易燃物品尚未着火，包装也未损坏，应立即用大量水或泡沫扑救，扑灭火势后立即组织力量将淋过水或仍在潮湿区域的遇湿易燃物品疏散到安全地带分散开来。如射水试探后火势明显增大，则证明遇湿易燃物品已经着火或包装已经损坏，应禁止用水、泡沫、酸碱灭火器扑救，若是液体应用干粉等灭火剂扑救，若是固体应用水泥、干沙等覆盖，如遇钾、钠、铝、镁等轻金属发生火灾，最好用石墨粉、氯化钠以及专用的轻金属灭火剂扑救。

⑤ 如果其他物品火灾威胁到相邻的较多遇湿易燃物品，应先用油布或塑料膜等防水布将遇湿易燃物品遮盖好，然后再在上面盖上棉被并淋上水。如果遇湿易燃物品堆放处地势不太高，可在其周围用土筑一道防水堤。在用水或泡沫扑救火灾时，对相邻的遇湿易燃物品应留一定的力量监护。

由于遇湿易燃物品性能特殊，又不能用常用的水和泡沫灭火剂扑救，从事这类物品生产、经营、储存、运输、使用的人员及消防人员平时应经常了解和熟悉其品名和主要危险特性。

6.5.4.5 氧化剂和有机过氧化物火灾控制技术

氧化剂和有机过氧化物从灭火角度讲是一个杂类，有固体，也有液体；既不像遇湿易燃物品一概不能用水和泡沫扑救，也不像易燃固体几乎都可用水和泡沫扑救。有些氧化物本身不燃，但遇可燃物品或酸碱能着火和爆炸。有机过氧化物（如过氧化二苯甲酰等）本身就能着火、爆炸，危险性特别大，扑救时要注意人员防护。不同的氧化剂和有机过氧化物火灾，有的可用水（最好用雾状水）和泡沫扑救，有的不能用水和泡沫，有的不能用二氧化碳扑救，酸碱灭火剂则几乎都不适用。因此，扑救氧化剂和有机过氧化物火灾是一项复杂而又艰难的工作。遇到氧化剂和有机过氧化物火灾，一般应采取以下基本对策。

① 迅速查明着火或反应的氧化剂和有机过氧化物以及其他燃烧物的品名、数量、主要危险性、燃烧范围、火灾蔓延途径、能否用水或泡沫扑救。

② 能用水或泡沫扑救时，应尽一切可能切断火灾蔓延途径，使着火区孤立，限制燃烧范围，同时应积极抢救受伤和被困人员。

③ 不能用水、泡沫、二氧化碳扑救时，应用干粉扑救，或用水泥、干沙覆盖。用水泥、干沙覆盖应先从着火区域四周尤其是下风等火灾主要蔓延方向覆盖起，形成孤立火灾的隔离带，然后逐步向着火点进逼。

④ 使用大量的水或用水淹浸的方法灭火，是控制大部分氧化剂火灾最为有效的方法。

⑤ 有机过氧化物发生火灾，人员应尽可能远离火场，并在有防护的位置使用大量的水来灭火。

由于大多数氧化剂和有机过氧化物遇酸会发生剧烈反应甚至爆炸，如过氧化钠、过氧化钾、氯酸钾、高锰酸钾、过氧化二苯甲酰等，活泼金属过氧化物等一部分氧化剂也不能用水、泡沫和二氧化碳扑救，因此，专门生产、经营、储存、运输、使用这类物品的单位和场合不要配备酸碱灭火器，对水、泡沫和二氧化碳也应慎用。

6.5.4.6 毒害品和腐蚀品火灾控制技术

毒害品和腐蚀品对人体都有危害。毒害品主要经口、吸入蒸气或通过皮肤接触引起人体中毒，腐蚀品是通过皮肤接触造成人体化学灼伤。毒害品、腐蚀品有些本身能着火，有的本身并不着火，但与其他可燃物品接触后能着火。这类物品发生火灾一般应采取以下基本对策：

① 灭火人员必须穿防护服，佩戴防护面具。一般情况下采取全身防护即可，对有特殊要求的火灾，应使用专用防护服。考虑到过滤式防毒面具防毒范围的局限性，在扑救毒害品火灾时应尽量使用自给式呼吸器。为了在火场上能正确使用和适应，平时应进行严格的适应性训练。

② 积极抢救受伤和被困人员，限制燃烧范围。毒害品火灾极易造成人员伤亡，灭火人员在采取防护措施后，应立即投入寻找和抢救受伤、被困人员的工作，并努力限制燃烧范围。

③ 扑救时应尽量使用低压水流或雾状水，避免腐蚀品、毒害品溅出。遇酸类或碱类腐蚀品最好调制相应的中和剂稀释中和。

在一般情况下，如系液体毒害品着火，可根据液体的性质（水溶性和相对密度的大小）选用抗溶性泡沫或机械泡沫及化学泡沫灭火；如系固体毒害品着火可用雾状水扑救，或用沙土、干粉、石粉等施救。

无机毒害品中的氰、磷、砷或硒的化合物遇酸或水后能产生极毒的易燃气体如氰化氢、磷化氢、砷化氢和硒化氢等，因此着火时，不可使用酸碱灭火剂和二氧化碳，也不宜用水施救，可用干粉、石粉、沙土等。

腐蚀品着火，一般可用雾状水或干沙、泡沫、干粉等扑救，不宜用高压水，以防酸液四溅，伤害扑救人员。硫酸、卤化物、强碱等遇水发热、分解或遇水产生酸性烟雾的腐蚀品，不能用水施救，可用干沙、泡沫、干粉扑救。

④ 遇毒害品、腐蚀品容器泄漏，在扑灭火灾后应采取堵漏措施。腐蚀品需用防腐材料堵漏。

⑤ 浓硫酸遇水能放出大量的热，会导致沸腾飞溅，需特别注意防护。扑救浓硫酸与其他可燃物品接触发生的火灾，浓硫酸数量不多时，可用大量低压水快速扑救。

如果浓硫酸量很大，应先用二氧化碳、干粉等灭火，然后再把着火物品与浓硫酸分开。

⑥ 如果皮肤接触了腐蚀品，应立即用清水冲洗患处至少 10min，有化学灼伤时，应用肥皂水清洗患处；若水泡已破，应用凡士林、纱布包盖患处；如果眼睛接触了腐蚀品，应提起眼睑，立即用大量的清水冲洗至少 15min。

6.5.4.7 放射性物品火灾控制技术

放射性物品是一类放射出人类肉眼看不见但却能严重损害人类生命和健康的 α、β 射线和中子流的特殊物品。扑救这类物品火灾必须采取特殊的能防护射线照射的措施。

平时生产、经营、储存、运输和使用这类物品的单位及消防部门，应配备一定数量的防护装备和放射性测试仪器。遇这类物品火灾一般应采取以下基本对策：

① 先派出精干人员携带放射性测试仪器，测试辐射量和范围。测试人员应采取防护措施。

对放射性活度超过 0.0387 C/kg（ C为库仑）的区域，应设置写有“危及生命、禁止进入”的警告标志牌。

对放射性活度小于 0.0387C/kg 的区域，应设置写有“辐射危险、请勿接近”的警告标志牌。测试人员还应进行不间断巡回监测。

② 对辐射（剂）量大于0.0387C/kg的区域，灭火人员不能深入辐射源纵深灭火进攻。对辐射（剂）量小于0.0387C/kg的区域，可快速用水灭火或用泡沫、二氧化碳、干粉、卤代烷扑救，并积极抢救受伤人员。

③ 对燃烧现场包装没有被破坏的放射性物品，可在水枪的掩护下佩戴防护装备，设法疏散。无法疏散时，应就地冷却保护，防止造成新的破损，增加辐射（剂）量。

④ 当放射性物品的内容器受到破坏，使放射性物质可能扩散到外面，或剂量率较大的放射性物品的外容器受到严重破坏时，必须立即通知当地公安部门和卫生、科学技术管理部门协助处理，并应在事故地点划分适当的安全区，悬挂警告牌，设置警戒线等。

在划定安全区的同时，对放射性物品应用适当的材料进行屏蔽；对粉末状物品，应迅速将其盖好，防止影响范围再扩大。对已破损的容器切忌搬动或用水流冲击，以防止放射性沾染范围扩大。

⑤ 当放射性物品着火时，可用雾状水扑救。灭火人员应穿戴防辐射防护服（手套、靴子、连体工作服、安全帽）、佩戴自给式呼吸器灭火。对于小火，可使用硅藻土等惰性材料吸收；对于大火，应当在尽可能远的地方用尽可能多的水带，并站在上风向，向包件喷雾状水。邻近的容器要保持冷却到火灾扑灭之后，这样有助于防止辐射和屏蔽材料（如铅）的熔化，但应注意不使消防用水流失过大，以免造成大面积污染。

⑥ 放射性物品沾染人体时，应迅速用肥皂水洗刷至少3次，灭火结束时要很好地淋浴冲洗，使用过的防护用品要在防疫部门的监督下进行清洗。

【事故案例】

◇**案例1** 化肥厂仓库救火缺乏防护措施多人中毒事故。

1998年7月，四川省某县化肥厂仓库在设计和施工时，为了防止火灾和爆炸事故而位于较偏僻的地点，由于地处偏僻，平时很少有人来往。事故发生的当天，由于管理不善，4名儿童进入仓库区，他们躲在硝酸铵库房背后利用通风洞点火烤鱼吃，火苗从通风洞引燃百叶窗，接着又引起硝酸铵包装袋燃烧，造成硝酸铵起火。

处置过程 火灾及时被发现，经过1个多小时扑救，大火终于被扑灭。在灭火过程中，由于救火现场场地狭窄、通风不畅，硝酸铵燃烧后排出毒气不易散发，聚集的浓度越来越高，而救火职工不了解火场中存在有毒气体，救火时未戴防护用具，有的连最简单的湿毛巾捂鼻的措施都未采取，致使参加救火的人中有147人中毒，其中98人门诊治疗，49人住院抢救，3人因抢救无效死亡。

事故原因 在这起事故中，导致严重伤亡的主要原因是职工缺乏防毒知识，缺乏对硝酸铵的了解。硝酸铵是一种危险化学品，属一级无机氯化剂，有助燃作用，在高温下能以不同方式进行分解，同时放出氨气和剧毒的氮氧化物。氨是一种无色、有刺激气味的气体，且有毒性。吸入氨后，气管、肺部受强烈刺激，眼、皮肤黏膜容易被灼伤。当空气中氨的浓度达到一定程度时可致人窒息和死亡。

事故简评 这起火灾造成如此严重的人员伤亡，其主要原因是现场指挥不当，平时缺乏反事故演练，参加救火的人不懂防毒知识，特别是不懂硝酸铵的性质，慌乱之中没有采取有效防护措施，扩大了事故伤害的范围，造成不必要的伤亡和损失。为了使今后不再发生类似惨剧，对储存的危险化学品除应严格制度、加强管理外，还必须组织职工学习有关危险化学品知识，组织事故演练，避免一旦发生事故束手无策，或采取了不当措施造成更大损失。

◇案例2 重庆天原“4·16”爆炸事故。

2004年4月15日17时40分，重庆天原化工总厂开启1号氯冷凝器。21时，当班人员巡查时发现氯冷凝器已穿孔，约有4m^{3}的$CaCl_2$盐水进入了液氯系统。厂总调度室迅速采取1号氯冷凝器从系统中断开、冷冻紧急停车等措施，并将1号氯冷凝器壳程内$CaCl_2$盐水通过盐水泵进口倒流排入盐水箱，将1号氯冷凝器余氯和1号氯液气分离器内液氯排入排污罐。23时30分，该厂采取措施，开启液氯包装尾气泵抽取排污罐内的氯气到次氯酸钠和漂白液装置。

16日0时48分，正在抽气过程中，排污罐发生爆炸。1时33分，全厂停车。2时15分左右，排完盐水后4小时1号盐水泵在静止状态下发生爆炸，泵体粉碎性炸坏。

处置过程 险情发生后，该厂及时将氯冷凝器穿孔、氯气泄漏事故报告集团，并向市安监局和市政府值班室作了报告。为了消除继续爆炸和大量氯气泄漏的危险，重庆市于16日上午启动实施了包括排危抢险、疏散群众在内的应急处置预案，16日9时成立了重庆天原化工总厂“4·16”事故现场抢险指挥部。经专家论证，认为排除险情的关键是尽量消耗氯气，消除可能造成大量氯气泄漏的危险。指挥部据此决定，采取自然减压排氯方式，通过开启三氯化铁、漂白液、次氯酸钠3个耗氯生产装置，在较短时间内减少危险源中的氯气总量，然后用四氯化碳溶解罐内残存的三氯化氮，最后用氮气将溶解三氯化氮的四氯化碳废液压出，以消除爆炸危险。10时左右，根据指挥部的决定开启耗氯生产装置。17时57分，专家组正向指挥部汇报情况，讨论下一步具体处置方案时，突然听到连续两声爆响，液氯储罐发生猛烈爆炸。

据勘察，爆炸使5号、6号液氯储罐罐体破裂解体并形成一个长9m、宽4m、深2m的炸坑。以炸坑为中心，约200m半径的地面和建（构）筑物上有散落的大量爆炸碎片，爆炸事故导致9名现场处置人员死亡，3人受伤。

爆炸事故发生后，国家安全生产监督管理总局及时抽调8名专家到重庆指导抢险。处置过程一直持续到4月19日，在将所有液氯储罐与汽化器中的余氯和三氯化氮采用引爆、碱液浸泡处理后，才彻底消除了危险源。在此次事故的救援处置过程中，首次使用了坦克、大炮、机枪参与气罐的引爆工作。15时30分，1名爆破专家和1名技术人员进入罐区安置炸药。15时35分，3号罐被成功炸开。15时45分，8名消防队员进入化工厂，用水枪喷射水沫稀释氯气，排爆基本成功。接着，排爆官兵进入爆炸核心区侦察，确认储气罐已全部销毁。17时35分，事故现场进行了最后一次对污染残留物的爆破。

事故简评 化工事故最大的特点就是发展迅速，如果处理不及时，容易处于失控状态。

此次救援行动，救援不可谓不及时，救援力量不可谓不强大，但从总体上讲这并不是一次成功的应急救援行动。不仅是因为造成了9人失踪死亡，15万民众被紧急疏散的事故后果，而且存在如下问题。

① 应急救援第一原则是救人，同时更要保证救援人员的自身安全。9名现场救援处置人员的死亡，使得事故升级恶化，是这次救援行动的第一硬伤。

② 动用坦克、大炮这些重型军事装备进行应急救援，争议很大。对于工业生产事故

的处置，理应使用专用事故处理装备。将军用装备投入民用救援，有一些可行，如运输机、轮船等，但如果动用坦克、大炮之类的重型军事装备进行工业事故的应急救援，确实难以推广。

③ 违背了“先询情、后处理”的原则，对危险物的特性认识不够。在此次事故处置中，对三氯化氮爆炸的机理、爆炸的条件缺乏相关技术资料，对如何避免三氯化氮爆炸的相关安全技术标准尚不够完善，对三氯化氮的处理确实存在很大的复杂性、不确定性和不可预见性，具有相当的难度，造成这种救援行动措施选择上存在不足。另外，由于对危险物的特性认识不够，造成了指挥部的选址上存在不足，对救援工作产生了不利影响。

6.6 危险化学品事故现场急救技术

危险化学品事故现场急救有两条最重要的救治原则：一是防止烧伤和中毒程度继续加深；二是使患者维持呼吸、循环功能。

6.6.1 危险化学品对人员的伤害方式

危险化学品泄漏、火灾或爆炸事故发生后，极易造成事故现场的人员热力烧伤、化学性烧伤、冻伤，或暴露于空气中的化学品与人体接触而被人体吸收后引起人员中毒；爆炸冲击波可引起物体击打伤、坠落伤等。危险化学品对人员的伤害方式主要有以下几种：

(1) 呼吸道灼伤或中毒

危险化学品通过呼吸道进入人体而造成中毒，是危险化学品事故中毒伤害中最普通和可能性最大的一种方式。因肺泡呼吸膜极薄，扩散面积大，供血丰富，呈气体、蒸气和气溶胶状态的化学品均可经呼吸道迅速进入人体。

水溶性的气体和蒸气可引起上呼吸道严重灼伤，而不溶或难溶于水的气体或蒸气则引起肺部组织的严重伤害，气管、支气管、肺泡内膜受到严重损害而发炎或肺水肿，从而阻碍气体交换。

(2) 食入中毒或消化道灼伤

由于个人卫生不良或食物受某些危险化学品污染时，某些化学品可经消化道进入人体。有的毒物如氯化物可被口腔黏膜吸收。

腐蚀性化学品的误服，可造成消化道灼伤，造成急性腐蚀性食管炎、胃炎。损伤程度取决于化学品的性质、浓度、剂量、胃内容物及抢救时间等因素。

(3) 皮肤接触灼伤、冻伤或吸收中毒

腐蚀性的化学品喷溅到皮肤上会引起皮肤腐蚀灼伤，这种化学性烧伤比由于火焰或高温引起的烧伤更严重和危险。皮肤灼伤的程度主要与以下因素有关：

① 危险化学品的种类和浓度。强碱（如氢氧化钠）腐蚀皮肤，使脂肪组织皂化，可达皮肤深层。一般来说，危险化学品的浓度越高，其造成的伤害程度越大。

② 接触时间。接触时间越长，伤害越严重。

③ 危险化学品的温度。温度较高的危险化学品接触皮肤后，不仅会引起化学性灼伤，而且会引起热烧伤，因此，其对皮肤造成的损伤比单纯的化学灼伤更严重。

有些化学品与皮肤接触虽然不会引起化学灼伤，但会通过皮肤上的表皮细胞或皮肤附属器（毛囊、皮脂腺、汗腺等）进入血液循环，从而引起中毒。同时，在防护措施不足的情况下，人体接触喷溅的低温液化气体可造成全身或局部冻伤。

(4) 眼睛灼伤

不论是液态、固态还是气态的危险化学品喷溅到眼睛内，都会使眼睛受到伤害，其症状有眼睛发红、流泪、疼痛、视物模糊，甚至失明。眼结膜也能吸收氰化物等有毒物质。眼是人体最重要的感觉器官，延误冲洗会带来不可挽回的后果。

(5) 其他

在危险化学品事故现场，还可能有爆炸造成的肺爆震伤、物体击打伤、坠落伤、躯干和四肢骨折、开放伤口出血、内脏破裂、触电引起烧伤及心搏骤停等。

6.6.2 危险化学品事故现场急救的基本原则及要点

危险化学品事故现场急救的关键在于“急”与“救”。“急”——在救援行动上要充分体现快速集结，快速反应，此时此刻真正体现出“时间就是生命”。必须有可行的措施来保证能以最快速度、最短时间让伤员得到医学救护。“救”——指对伤员的救援措施和手段要正确有效，处置有方，表现出精良的技术水准和良好的精神风范，以及随机应变的工作能力。因此，危险化学品事故现场急救，必须遵循“先救人后救物，先救命后疗伤”的原则，同时还应注意以下几点。

(1) 救护者应做好个人防护

危险化学品事故发生后，化学品会经呼吸系统和皮肤侵入人体。因此，救护者必须摸清化学品的种类、性质和毒性，在进入毒区抢救他人之前，首先要做好自身个体防护，选择并正确佩戴合适的防毒面具和防护服。

(2) 切断毒物来源

救护人员在进入事故现场后，应迅速采取果断措施切断毒物的来源，防止毒物继续外逸。对已经逸散出来的有毒气体或蒸气，应立即采取措施降低其在空气中的浓度，为进一步开展抢救工作创造有利条件。

(3) 迅速将中毒者（伤员）移离危险区

立即将中毒者移离危险区，至空气新鲜场所，安静休息，保持呼吸道通畅，必要时给予吸氧。神志不清的中毒者应置于侧卧位，防止气道梗阻；缺氧者给予氧气吸入；呼吸停止者立即施行人工呼吸；心跳停止者立即施行胸外心脏按压。

在爆炸现场无任何反应的伤者往往伤情较重，切不要只注意能喊叫的较轻伤员而遗漏了危重伤员。搬动怀疑伤及脊柱的伤员，须用3人以上平起平放或用滚动法，严禁一人抬头，一人抬脚。颈椎骨折者，颈旁须用沙袋或其他物品衬垫固定；伤口出血者，用消毒绷带或清洁布片加压包扎；上下肢骨折者，用夹板固定包扎；触电者，首先脱离电源；意识丧失者，立即施行心肺复苏术。

(4) 采取正确的方法，对伤员进行紧急救护

将受害人员从事故现场抢救出来后，应先松解其衣扣和腰带，维护呼吸道畅通，注意保暖；去除伤员身上的毒物，防止毒物继续侵入人体。对伤员的病情进行初步检查，重点检查是否有意识障碍、呼吸和心跳是否停止，然后检查有无出血、骨折等。根据伤员的具体情况，选用适当的方法，尽快开展现场急救。

(5) 尽快送就近医疗部门治疗

就医时一定要注意选择就近医疗部门，以争取抢救时间。但对于一氧化碳中毒者，应选择有高压氧舱的医院。

6.6.3 危险化学品事故的现场急救方法

(1) 吸入

无论吸入刺激性气体或窒息性气体，首要的是立即脱离接触，转移到空气新鲜处。在灾害性毒气泄漏场合，得悉警报后，立即关闭门窗，阻止毒气入室，或是以湿布捂住口鼻，立即从侧风、上风向转移。如果中毒者已经意识消失，立即进行心肺复苏，并送医院抢救。

① 心肺复苏（CPR） 伤员突然意识丧失，最常见的原因是心脏不能有效泵血，大脑缺氧所致。此时不应把时间浪费在探脉搏听心脏上，应分秒必争，立即开始心肺复苏。CPR越早开始，复苏成功的概率越大。最初10min是挽救生命的黄金时机，应当在开始心肺复苏的同时拨打120呼救。

② 环甲膜穿刺 咽喉肿胀堵塞气道又无条件做气管切开的紧急情况下，以18号消毒针头，以酒精碘酒消毒皮肤，在颈中线甲状软骨（俗称喉结）下缘和环状软骨弓上缘之间垂直刺入。进针约1cm有扎空感表明已进入气管，用棉毛在针口测试气流，棉毛随呼吸摆动说明穿刺成功。用胶布固定针头，作为解救生命的呼吸通道。

③ 中毒性肺水肿的救治 中毒性肺水肿是指吸入高浓度刺激性气体后引起的肺间质及肺泡腔液体过多积聚为特征的疾病，最终可导致呼吸功能衰竭，是危险化学品中毒的常见症状。中毒性肺水肿的急救要点：休息保暖（体力活动增加氧消耗，可加重肺水肿），取半卧位；拍摄X光胸片，密切观察肺水肿的发展；早期足量应用糖皮质激素，以减少毛细血管通透性和炎症反应；加鼻面罩行呼气末正压通气或持续正压通气；消泡剂及支气管扩张剂雾化吸入；其他对症治疗。

(2) 食入

一旦发现经口食入毒物，应尽快将毒物从胃肠道清除。清除方法有漱口、催吐、洗胃、导泻、口服活性炭等。

① 催吐 简单易行的催吐办法是用手指或匙柄探触咽弓及咽后壁，引起反射性呕吐。如吞入的毒物较少，则让食入者饮一杯水（或牛奶、蛋清）再行催吐。催吐时伤员取左侧卧位，放低头部，形成头低臀高姿势，避免吸入呕吐物。

药物催吐：用吐根糖浆，成人一次口服30mL吐根糖浆，一般在30min内能发生呕吐。有下列情形的禁止催吐：意识不清或预测半小时内有可能发生意识障碍者（例如氰化物中毒），因意识障碍者极易将呕吐物吸入气道引起窒息或引起吸入性肺炎；发生惊厥者；吞服汽油、煤油、苯等低黏度液体者，呕吐时易引起吸入危险；吞服强酸强碱性物质，呕吐会加重胃和食管损伤。

② 洗胃 洗胃是清除食入毒物最有效的方法，入院后应尽快实施。一般在食入后4～6h内进行洗胃，有机磷农药在食入12h以后胃内仍有残留，不要过早放弃洗胃。洗胃是否及时和彻底，对于中毒者的生死存亡，关系重大。洗胃需由医护人员在医院内完成。

③ 应用活性炭 活性炭有很大的比表面积，兼有物理吸附和化学吸附功能，对于吞

服毒物或过量药物者，应尽早给予活性炭，能起到阻止毒物被胃肠道吸收的作用。迟至1h后给服活性炭，仍可能有益处。成人用量，50～100g活性炭以200～300mL水调成浆状一次性服下。儿童用量酌减。

活性炭适用于毒性较高的物质（LD_{50}小于200～300mg/kg），它能吸附农药杀虫剂、除草剂、毒鼠剂、苯醛、氟化物、汞盐等多种毒物，以及苯巴比妥、安定、马钱子碱、对乙酰氨基酚等药物。分子量较大，结构复杂的物质更易被吸收。活性炭不能吸附甲醇、乙醇、乙二醇、无机酸、无机碱、金属、钾盐、铁盐等。

需要注意的是，某些解毒剂也能被活性炭吸附，口服解毒剂若与活性炭同时应用，则失去解毒剂的效力。

④ 导泻　常用的导泻剂有硫酸镁、硫酸钠、甘露醇、山梨醇等。

硫酸镁：成人用量15～20g，加水溶解服下。镁对心脏、呼吸有抑制作用，宜慎用。

硫酸钠：适用于吞服碳酸钡、氯化钡中毒者，用量同硫酸钠。可生成难溶性硫酸钡，阻止吸收。

20%甘露醇或25%山梨醇：成人用量为250mL，儿童用量为2mL/kg。在洗胃后由胃管灌入，一般在给药后1h开始腹泻，3h后排便干净，优于盐类泻剂。

(3) 皮肤接触

国际化学品安全卡提出以下处理方法。

① 接触能腐蚀皮肤或经皮肤吸收中毒的化学品，应立即脱去污染的衣物，用大量清水冲洗，再用水和肥皂洗涤皮肤，并考虑选择适当中和剂中和处理。如果皮肤已有损伤，则只能冲洗，不宜用力搓洗。皮肤灼伤应尽快清洁创面，并用清洁或已消毒的纱布保护好创面。禁止在创面上涂敷消炎粉、油膏类。

② 接触液化气体发生冻伤，或接触热液体发生热烧伤的场合，脱衣服易撕破水疱，增加感染风险，此时不能脱衣物，要用大量水冲洗。

③ 衣服遭气体或低闪点（0～61℃）液体或自燃固体（如有机过氧化物）污染，与点火源瞬间接触即可着火，此种情况首先要用水冲洗。

④ 遭受强氧化剂或强还原剂重度污染，衣服可能着火，此时须先用水冲洗或淋裕，然后脱去衣物，再一次冲洗。

⑤ 连二亚硫酸钠、四氯硅烷、磷化锌等遇水反应物质污染皮肤时，可先用干布擦拭皮肤，再用大量清水冲洗。

(4) 眼睛接触

隐形眼镜妨碍清除污染物，一旦眼睛接触化学品，尽快用水冲洗几分钟，再妥善取下隐形眼镜，继续冲洗。冲洗时间为10～15min。冲洗过程要时常拉起上下眼睑，转动眼球，使上下穹隆部眼结膜都得到充分冲洗。现场冲洗之后，立即前往附近的医疗机构，根据化学品的性质做进一步冲洗，及时检查并清除上下穹隆部可能隐藏的化学物质颗粒，然后根据需要做结膜下注射、散瞳等眼科对症处理。

【事故案例】

◇案例1　电化厂液氯中毒事故。

1979年9月，某电化厂液氯工段正在进行充装液氯作业时，一只0.5t的充满液氯的钢瓶突然发生粉碎性爆炸。随着震天巨响，全厂气雾弥漫。大量的液氯汽化，迅速形成巨大的蘑菇状黄绿色气柱冲天而起，高达40余米。爆炸现场留有直径6m，深1.82m的深坑。该工段414m^2的厂房全部倒塌，现场有67个液氯钢瓶，爆炸了5只，击穿了5只，13只击伤变形，5t的液氯储罐被击穿泄漏，厂房内的全部管道被击穿、变形。其间夹杂的瓦砾、钢瓶碎片在空中横飞，数里外有震感。一块重72.5kg的钢瓶封头飞至85m外的居民院内，将一名81岁老妪砸死。液氯从容器内冲出，泄漏的氯气共达10.2t。大量氯气在东南风作用下迅速呈60°扇形向西北方向扩散，波及范围达7.35km^2。共有32个居民区和6个生产队受到不同程度的氯气危害，造成大量人员急性中毒。

处置过程 由当地人民政府主要领导挂帅，相关部门负责同志参加。当即将事故上报中央办公厅、化学工业部、当地省政府和省化工厅等上级有关部门，并组织3个指挥组，分头现场排险和疏散，抢救中毒人员，调查爆炸原因。

事故发生时，大量氯气从爆炸的钢瓶、被击穿的钢瓶和被击裂的管道、储罐中冲出，黄烟滚滚。为了防止更大危害，工段工人不顾个人安危，冲进爆炸现场关闭了液氯汽化阀门、液氯储槽与钢瓶连接的阀门，初步切断了氯气源。防化兵部队、消防队人员大量喷水抑制已经逸出的氯气，到次日凌晨4时，关闭了现场所有的储槽、管道的阀门，消除了氯气外逸。

液氯工段爆炸现场尚存液氯钢瓶50多只。有的钢瓶被爆炸气浪冲击互撞，严重变形；有的压在倒塌的墙壁下面。这些钢瓶如再发生爆炸，将对全市人民构成极大的威胁，必须清除。抢救指挥部作了认真、细致的分析讨论，决定采取钢瓶卸压和远距离开启钢瓶阀门的办法，并准备好防爆沙袋、液碱和喷液碱的消防车。组织医务人员备好抢救药物在现场待命。

以电化厂为中心划定了半径为400m的危险区，危险区内的全部人员进行紧急疏散。共有8万人撤离危险区（占全市人口的1/4）。经过9h的紧张救援，终于排除了全部险情，杜绝了再次发生恶性事故的可能。

事故原因 事故调查组分设3个小组（现场调查组、物理化学组、综合分析组），分头进行工作。经过两个多月的调查和模拟试验，终于查清此次爆炸的原因是由于氯化石蜡倒灌入钢瓶内引起的化学性爆炸。

该电化厂长期以来贯彻安全生产的方针不力，没有建立正常的安全生产管理制度，致使倒灌有100多千克液体石蜡的氯钢瓶没有被查出，混于其他氯钢瓶中一起充装液氯，因而发生了化学性大爆炸。

事故在短短几小时内造成几十名中毒患者死亡。从41例中毒死亡患者的死亡时间分析，有半数以上患者死于事故发生后的1～2h以内，最后一例死亡患者距事故发生也只有13h。

事故简评 这次危险化学品事故中，中毒人数之多，死亡人数之多，危害之大，经济损失之大，全国罕见。

事故表明，凡是生产、使用化学毒物的企业认真贯彻“安全第一，预防为主”的方针，建立完善的安全管理制度，并严格付诸实施，及时清除事故隐患，才能从根本上避免发生类似事故。

该市没有职业病防治机构，没有职业病专职医生，各医院都缺乏氯中毒的抢救知识。

事故发生后，在短时间内上千名中毒患者被送入各个医院，医务人员没有思想准备，医院床位不够，抢救药品、器械不足等，造成工作秩序混乱，治疗效果较差。

此外，这次事故造成的中毒人数如此众多，与该电化厂厂址建于人口稠密的居民区中有直接关系。液氯钢瓶爆炸后，大量氯气随风扩散到居民区，造成众多人员中毒。因此，氯碱厂、化肥厂、焦化厂等厂址都必须与居民区有一定距离的安全隔离带。

◇**案例 2** 多人急性氮氧化物中毒事故。

某化学工业公司氮肥厂硝酸车间停车进行年度计划大修。停车后，需对 2 台碱洗塔进行酸洗。酸洗前需在 5 号碱洗塔和 2 号循环槽回流管间插盲板。上午插好了这块盲板。下午开始工作后，插其他几个位置的盲板。在插盲板过程中，2 名工人在未接到任何人的指令情况下将上午插好的盲板抽出。16 时 15 分开启酸泵，将 20%稀硝酸送往碱洗塔。16 时 20 分有人发现碱吸收循环槽处冒出棕黄色的氧化氮气体，通知有关人员停了酸泵，并打开鼓风机放空阀，关出口阀。此时冒出的氧化氮气体已飘向下风侧的硝酸钠工段厂房内的女浴室。当时女浴室有 3 名女工在洗澡，吸入氮氧化物后发生急性中毒。

处置过程 发现中毒时，有人立即戴好防毒面具进入浴室将 3 人从浴室内扶出，并送往公司职工医院进行抢救。医院在接到发生多人急性中毒的电话通知后，立即组成以职业病科为主，由内科、五官科等医师参加的抢救组，制定出具体的抢救方案。3 例中毒患者在入院后相继出现肺水肿，因肺水肿严重，导致呼吸衰竭，第一例患者于中毒后 4h 死亡，其余两例也于中毒后 8h 和 10h 后相继死亡。

事故原因 插盲板作业管理混乱，没有把责任落实到人；印发的盲板图没有给直接从事盲板抽插作业的钳工，且在插盲板处没有挂牌，插盲板后没有检查；硝酸流入循环槽与其中氮肥反应生成氧化氮气体，造成人员急性中毒。

事故简评 该氮肥厂大检修的安全管理制度不严格；在有毒害气体产生的生产区域设置浴室等生活设施是违规的。

人员死亡的直接原因是严重肺水肿导致呼吸衰竭所引起。但如此严重的肺水肿应及时把气管切开，便于吸出水肿液和分泌物，清理呼吸道使之畅通；正压给氧也有抑制肺泡表面液体渗出的作用，可减轻肺水肿等。这些措施在此次抢救中均未采用。

思 考 题

1. 事故现场危险区域类型的确定需考虑哪些因素？

2. 事故现场隔离控制区的确定需要考虑哪些因素？

3. 试举例说明动植物检测方法在安全工作中的应用。

4. 1989 年 8 月 12 日中国石油总公司黄岛油库发生了特大火灾爆炸事故，根据该事故试分析水不适宜用于扑灭哪类火灾？为什么？

5. 2015 年 8 月 12 日天津港发生了特别重大火灾爆炸事故，根据该事故，试分析水不适宜用于扑灭哪类火灾？为什么？

6. 2010 年 7 月 16 日，大连新港保税区中石油输油管道发生爆炸起火事故，该事故中流淌火导致了火灾的快速蔓延，试分析何种灭火剂适用于控制流淌火，为什么？

7. 泄漏的气体有水溶性、非水溶性，还有碱性的、酸性的，试分析喷射的雾状水在稀释冲淡泄漏这几种气体时的异同，试举例提出可以提高水吸收洗消这几类气体的措施。

8. 试分析扑灭乙醇火灾和柴油火灾，在泡沫类型的选择上有何区别。

9. 试分析哪些灭火剂适合用于锂电池火灾的扑救。

10. 电气设备火灾灭火剂如何选择，扑救火灾前的措施是什么？

11. 2015 年 8 月 12 日天津港发生第一爆炸火灾后，消防官兵开展扑救工作，但是他们却不知道现场是何种危化品，仓库工作人员也不知道是何种危化品，这导致用水扑救后引起了第二次爆炸，请思考如何避免类似的情况。

12. 如果发现有人吸入泄漏气体中毒，是否可以立即进入现场开展急救工作？如何开展急救？

参考文献

[1] 张广华. 危险化学品重特大事故案例精选. 北京：中国劳动社会保障出版社，2007.

[2] 国家安全生产应急救援指挥中心. 危险化学品事故应急处置技术. 北京：煤炭工业出版社，2010.

[3] 孙玉叶，夏登友. 危险化学品事故应急救援与处置. 北京：化学工业出版社，2008.

[4] 苗金明. 事故应急救援与处置. 北京：清华大学出版社，2012.

[5] 蒋军成，虞汉华. 危化品事故安全技术与管理. 北京：化学工业出版社，2005.

第7章

安全学基本原理

7.1 安全观

安全观是人们意识形态的组成部分。作为一种观念，安全观是指在一定的时代背景下，人们围绕着如何确认和维护安全利益所形成的对安全问题的主观认识，它一般包括对威胁的来源、安全的主体、安全的内涵及维护安全的手段等方面的综合判断。一方面，随着威胁来源和安全主体的变化，安全观的内涵也与之发生相应的变化。因此，在某种意义上来说，安全观属于历史观的范畴，在不同的时代背景条件下，有不同的内涵和外延。另一方面，安全观是行为主体（人）对安全问题的主观认识，这就不可避免地受到行为主体的世界观、人生观、价值观的影响。因此，安全观属于认识论的范畴，也就是指人的需求性。

从安全科学的发展历史可以看出，安全观一直伴随着人们的世界观的发展而发展、世界观的改变而改变。因此，安全观是世界观的一个重要组成部分。

7.1.1 安全观的发展

(1) 早期的安全观——听天由命安全观

在人类发展早期，人们对于安全的认识简单地说就是“听天由命”。在远古时期由于生产力水平低下，科技水平尚处在初始阶段，人们面对天灾人祸无能为力，表现出人们的一种无奈、无知和软弱，因而对于灾难只能听天由命，听天由命的安全观是很自然的。从历史发展过程来看，相对于大自然，人的力量毕竟是有限的。所以，人以自然为主体，结合自然规律，以达到安全的目的。

(2) 安全观的发展——经验论安全观

随着人类社会的发展，人们开始能够依据经验把握安全的特点和规律。人们在生产实践活动中，不断总结事故的经验教训，从而得出与某些事物相关联的安全活动的局部规律的预知。到了欧洲工业革命时代，人类在生产活动中，又总结了农业、工业、工程技术和管理的相关安全生产经验，掌握了保护自身安全的技术、防护方法和措施，人们也就成了安全生产活动的有知者。

与早期的安全观一样，发展了的安全观既具有时代特点，同时也不是一成不变的。因为经验在不断总结，不断升华。经验始终是指导安全工作的宝贵财富，我们常说的吸取事故教训以指导安全工作就是这个时期安全观的具体体现。

(3) 系统论与安全系统观——系统安全观

从事故发生的规律上讲：一方面，任何事故不可能百分之百重演；另一方面，某些从未发生过的事故也可能发生，所以凭经验预知事故并不能完全避免事故。特别是对于极其复杂的大系统和新领域而言（如航天系统、大型工程等），更是如此。正当人们面对极端复杂系统的安全问题而一筹莫展的时候，系统论的提出及其在高端武器系统中的成功应用给安全工作者提供了一个非常重要的技术手段，解决了安全工作者凭经验不能完全解决的事故预测问题，并从此树立了事故是可以预知的这一科学的安全观。

系统安全观的科学性在于，它对事故的预测是按照事故的特点和规律提出预测模型和解析结果。因为事故的发生具有随机性，所以目前事故预测给出的大多是事故发生的概率大小。

(4) 大安全观

人们习惯上将生产领域中的安全技术称为技术安全。如果将以生产领域为主的技术安全扩展到生活与生存领域，形成生产、生活、生存的大安全，将仅由科技人员具备的安全意识提高到全民的安全意识，这就是科学的大安全观。大安全观——针对人类生活、生产、生存的各个领域的安全，关注安全的综合性、共同性、普遍性、合作性等特点，对安全的内涵、目标和解决安全问题的手段所得出的安全问题总的认识。

从安全观的发展历史中不难看出，安全观的建立过程是人在追求自身目的过程中，所进行的实践活动的发展过程。也就是说，安全观的建立离不开主体——人的有意识、有目的的实践活动。人的实践活动从客体看要受各种物质条件及其所构成的客观规律的制约，从主体来看又具有主观能动性和选择性。因此，安全观的建立是客观因素与主观因素相互作用的结果。这就使得安全观的形式是多种多样的，但其本质又是统一的，统一于人的价值活动。因此，只有坚持以人为本的核心理念，构建人与自然、社会与自然的和谐，才能不断地完善对安全的认识，进而建立科学的、发展的新型安全观。

7.1.2 安全观的确立依据

安全观并不是孤立的、静止的，而是不断发展、进步的，它是世界观的重要组成部分，受世界观主导。同时，安全观和人生观、价值观又有着内在的联系，可以说安全是人生观的基本目标之一，又是实现人生价值的重要保障，这是安全作为一种观念存在或者确立的价值所在。

(1) 安全观受世界观所主导

世界观是指人对世界总体的看法，包括人对自身在世界整体中的地位和作用的看法。因此人生观、价值观包括安全观等共同构成了世界观的主要内涵。世界观是人生观、价值观与安全观的基础，它决定着个人、集体与国家的目标的追求，现实生活的价值选择，以及对安全地位和作用的看法。

(2) 安全观是人生观的基本目标

人生观是指人们对人生目标、价值和道路的根本观点和态度，决定一个人的人生走向。人们的思想和行动，不论自觉与不自觉，总是受某种人生观的指导。人生的目的是人生观中始终起着核心和主导作用的思想。人生的目的依个人的不同而不同，但最基本的目的是生存。安全、舒适、健康的生存状态是人们追求的理想状态。一个人最基本的需求就是生命安全，安全观是人生观最基本的目标之一。

(3) 安全观是实现人生价值观的保障

人生价值就是“人作为人存在的意义”，是人对于人的价值，这里的人生价值也可以称为人的价值。人的价值的实质内涵是指客体的人的存在及其属性、实践活动及其物化成果对主体人的需要的满足，也可以说人的价值在于他能否以及多大程度上满足包括自身在内的整个社会物质、精神和文化生活的需要。人生价值包括自我价值和社会价值两个方面。

人的自我价值是个人一生通过自食其力对自己的生命、生活的积极作用，对于自身的意义和作用，也是人对自己需要的自我满足。人生的社会价值，是指一个人一生中所创造的物质和精神财富，对他人、集体、社会需要的满足程度，所以人生的社会价值的实质是个人对社会的作用、意义和贡献。

7.1.3 安全观的核心

安全观作为一种受世界观主导的观念，其核心理念是什么？从安全观的发展历史可以看出，安全围绕的主体与客体最终还是生命，所以生命价值是安全观的核心。在现实市场经济条件下，安全观的认定取决于安全的现实价值。所以安全价值观是安全观认定的现实基础，其主体在于其社会价值和经济价值。

(1) 生命价值是安全观的核心

生命价值的形成过程就是人自身能力的开发和产生的过程，就是把投资通过人的消费要素、工作或服务转化为人的能力过程。生命价值的形成过程与个人的成长过程是统一的，是紧密结合在一起的。生命价值的形成是需要投资的，或者说是需要资本的，资本的来源主要是受益人、国家、社会或投资人。我们通常讲的抚养、人才培养、智力开发所花的费用就是为生命价值付出的成本。

(2) 生命价值的内涵

生命的价值涉及人怎样认识自身的价值，怎样实现自身的价值，怎样有意义地度过人的一生。生命的价值就是一个人的生命对于作为主体的自身需要和作为客体的社会需要的满足。包括生命的自我价值即生命活动对自身的存在和发展的满足，以及生命的社会价值即生命存在对他人和社会的存在和发展的满足。

人的生命价值具体表现：第一，生命存在的价值，是指人的生命存在本身是有价值的，人的生命存在价值也是最基本的人格价值；第二，生命延续的价值，从社会角度看，是人类的繁衍发展，从个人角度看，是寿命的延长对于个人创造和发展的意义；第三，超越生命的价值即牺牲的价值，因为牺牲不是对人的生命价值的否定，而是生命价值的升华、确证和增值。

生命价值的独特性决定了社会对生命的态度的高度慎重性，决定了不能以功利主义和契约主义对待利益的方式来看待生命。每个人都拥有生命权，它是人权理念的最高体现。人的生命是一次性的、无价的，人对其生命只有自己才有决定与支配的权利。因此人既有权承受也有权拒绝自我牺牲，有权在必要时对自己的生命施予自救。但生命权的维护不应以牺牲他人性命为代价，也就是说不得以伤害他人的方式来拯救自己。

安全是围绕着生命价值而运动的，即生命价值是安全的核心，上升到观念的范畴，也可以说，生命价值是安全观的核心。

(3) 生命价值的构成要素

按生命价值投资的不同阶段来分析，可将生命价值的构成分为健康（体能）投资、教育投资、技能与知识投资和人力资源配置投资。

体能投资：生命价值存在于人体之中，人的体能、精力及健康状况与生命长短可以直接影响到对人一生投资的效益。

教育投资：人生命价值的提高在很大程度上依赖教育，这里所说的教育是指所受的各种教育，特别是中小学教育，通过教育，人们一方面获得知识，同时也为人们的知识创新和能力素质的提高打下基础。

技能与知识投资：技能投资所产生的技能价值是生命价值的核心。技能是一个人所具有从事生产、服务、研究、教学等各种工作的能力和进一步开发创新的基础。技能的取得一方面是靠专业学习和培训，另一方面是工作经验的积累总结。

人力资源配置投资：改变人的地理位置或职业，或者是职业迁移，例如将劳动力密集产业向劳动力充裕的国家或地区转移，这些方面的投资，可以带来人的收入增加，提高人命价值，也就是产生积极的配置效应。人力资源配置投资所产生的效益具有时间性，超过一定时间，其投资效益也就没有了。

上述构成生命价值的四个要素是相辅相成的。对个人来讲，体现出生命价值的时间、地点各有不同，价值大小也存在差异。但接受生命价值投资的渠道和方式却有许多共同点，这就使以生命价值投资计算生命价值的方法可行。

经济价值是生命价值的具体体现，而安全是生命价值的底线。从狭义的角度讲，生命价值特指生命的经济价值。在经济学中，尊重生命意味着阻止死亡，也就意味着安全的存在。在经济学中，生命价值可从三个层面上进行分析。

第一个层次：人在其一生中通过合法手段为自己及其家属所获得的全部收入和财富。这是范围最窄的生命价值概念，主要用于人寿保险学上。

第二个层次：一个人一生为自己和社会所创造的全部收入和财富（也就是一个人的自我价值与社会价值之和)。

第三个层次：认为人的价值不仅包含一个人生前为自己和社会所创造的全部收入和财富，而且还应包括其身后所创造的收入和财富。

从某些角度上讲，生命是无价的，但是作为市场经济条件下的社会人和经济人，人的生命却应该是有价的，特别是从社会管理和评价事故对社会和人正常生活影响的角度，人的生命也是有价的。例如，保险业要对人的生命定价，以便进行合理的赔偿；没有参加保险的工矿企业对死亡的职工要进行赔偿；对事故造成的经济损失进行确定时也要对人的生命与健康损失进行定价，以对事故的严重性和影响进行合理评估。在商品经济条件下，这种赔偿责任的承担，就表现为以金钱货币作为一种载体，是对死难者家属的一种社会安抚。

生命价值是安全生产的核心。职工的生命价值在国家法律上得到了充分的肯定，保护职工生命安全是多部法律的立法宗旨。我国的《安全生产法》的立法宗旨是："为了加强安全生产监督管理，防止和减少生产安全事故，保障人民群众生命和财产安全，促进经济发展。”这就从法律上确定了要保护职工的生命价值。

确定生命价值有利于资源的有效配置。从经济学的角度看，安全具有两大经济功能：一是安全能直接减轻或免除事故给人、社会和自然造成的损害，实现保护人类生命和财富，减少生命损失和财富损失的功能；二是安全能保障劳动条件和维护经济增值，实现其间接为社会增值的功能，即安全既可以增大“正效益”，也可以减小“负效益”。由此可见，生命价值的确定有利于计算事故的损失和安全的经济效益，从而有利于安全的科学决策，实现人力、物力、资源的有效配置。

完善的社会保障体系是生命的基本保障和价值提升的前提。中国目前已由改革的普惠时代转变为利益分割和损益者并存的时代，失业率等现象在现阶段很难避免，而社会保险中的失业保险与劳动就业是紧密联系的。有了失业保险，一方面失业者可以获得基本的生活保障，另一方面又因国家实施的促进就业政策，使失业者有机会接受新的培训掌握新的技能。面向全民的最低生活保障制度的实施，使一个人在遭遇收入断绝或接近断绝的困境时，能够得到该项制度的救助，避免陷入贫困的陷阱，从而使生命得以延续，为寻找新的工作机会和收入来源打下基础等。这些无疑都提升了劳动者的生命价值。

7.1.4 大安全观

(1) 大安全观提出的背景

在当今社会发展中，人类遇到诸如能源、环境、自然灾害、社会性灾害等关系到人类生存、生产、生活的安全问题。这些问题就是大安全科学应当进行研究的对象，它们并不是简单的一个学科或技术就能够解决的。另外科学技术的快速发展促进了多种学科和新兴领域相继涌现，不断产生新的交叉点和生长点都给安全领域带来了新的课题与挑战。安全科学是自然科学、社会科学、技术科学的交叉，它已经形成由各个部门、研究领域的合作共同解决的态势，由此必须树立科学的大安全观。

安全文化是随着社会发展而发展的。在经济快速发展的社会中，人民生活的需求越来越广，人们为了更好的生存、生活，安全就成为第一需要。狭义的安全文化观已不适应社会发展需要。这就要求我们把倡导大安全观作为安全文化建设的主旋律，以安全文化的大视野、多领域、不同角度去反映大众的安全与健康问题，通过各种方式和途径，弘扬和倡导大安全观，把劳动者生活、生存和在生产中的安全问题引导为对安全文化的认识，大力宣传安全观、安全思维、安全意识、传播科学的消灾避险方法和技能，提高全民族、全社会的安全文化意识和素质。

随着 ISO 9000（质量管理与保证体系系列标准）、ISO 14000（环境管理体系系列标准）与 OHSAS 18000（职业安全与健康管理标准）的相继出台，大大地推进了现代企业管理改革步伐。但在实践中，从不同的角度都发现了三者的个性和共性的差异和要素的交叉、重叠问题，因此寻求和探讨设计一个新的构架来保证大众的安全与健康，并形成一体化标准成为当务之急。这种需要，使得必须为安全、质量以及环保构建一个共同的理论基础，而这个理论基础正是大安全观。

(2) 科学大安全观的内容

大安全观的形成与提出是安全概念不断深化、延伸、扩充的过程。当前，安全问题发生领域呈现出从生产领域向生活领域不断扩展的特征。

人类社会之初，人们面临的最主要的安全问题是饥饿、疾病、野兽的侵袭和自然灾害，对安全概念的认识只是“人命”，也就是安全即保命，只要生命不受伤害就意味着安全。

进入文明时期以后，人类社会长期处于农业社会，生产方式和生活方式单一。随着生产力的发展特别是工业革命的到来，安全问题不再简单围绕衣食住行的狭窄领域发生，而是大大延伸，特别是向生产领域渗透延伸。这一阶段，人们对安全的认识不仅仅只是自然的生命的存在，还更多地涉及科学技术所带来的安全问题，即技术安全。人们对于生命安全的理解进一步深化，一切科学技术所带来的对人的生命存在以及生命健康的安全问题都属于安全的范畴。

随着可持续发展思想和理念的提出，安全问题并不就是单纯的对于生命以及生命健康，技术和工程生产对于人类的其他方面造成的威胁也成为人们认识安全的一部分，这时便出现了环境安全、生态安全等，特别是恐怖活动的猖獗，安全问题进一步社会化、普遍化，安全问题已经超出了原有的范围，这种安全不再仅仅包括生产技术的安全、工程安全等围绕的人的安全问题，同时还要包括公共安全、国家安全、金融安全、灾害等方面，安全概念的外延再一次得到充实和延伸。

总之，大安全也可以称为人类安全，即以人为核心的安全。大安全关注的是所有给人造成不安全感的因素，是以人为核心的高度综合性的安全，所以其研究的必然是所有安全问题的共性问题。大安全观有三个“支柱”：社会安全、工程安全和灾害安全。大安全观的发展具有现实客观需要，同时又是历史发展的必然，它是历史与客观发展的必然。

7.2 安全认识论

7.2.1 事故的基本特征

事故的特征主要包括：事故的因果性，事故的偶然性、必然性和规律性，事故的潜在性、再现性、预测性和复杂性。

(1) 事故的因果性

事故的因果性是说一切事故的发生都是有其原因的，这些原因就是潜伏的危险因素。这些危险因素有来自人的不安全行为和管理缺陷，也有物和环境的不安全状态。这些危险因素在一定的时间和空间内相互作用就会导致系统的隐患、偏差、故障、失效，以致发生事故。

因果性说明事故的原因是多层次的。有的原因与事故有直接关系，有的有间接联系，绝不是某一个原因就可能造成事故，因此在识别危险时应对所有的潜在因素（包括直接的、间接的和更深层次的因素）都进行分析。只有充分认识了所有这些潜在因素的发展规律，分清主次对其加以控制和消除，才能有效地预防事故。

事故的因果性还表现在事故从其酝酿到发生、发展具有一个演化的过程。事故发生之前总会出现一些可以被人类认识的征兆，人类正是通过识别这些事故征兆来辨识事故的发展进程，进而控制事故而化险为夷的。事故的征兆是事故爆发的量的积累，表现为系统的隐患、偏差、故障、失效等，这些量的积累是系统突发事故和事故后果的原因。认识事故发展过程的因果性既有利于预防事故，也有利于控制事故后果。

（2）事故的偶然性、必然性和规律性

从本质上讲，伤亡事故属于在一定条件下可能发生，也可能不发生的随机事件。以特定事故而言，其发生的时间、地点、状况均无法预测。

事故是由于客观上存在不安全因素，随着时间的推移，出现某些意外情况而发生的，这些意外情况往往是难以预知的。因此，掌握事故发生的原因，可减小事故的概率；掌握事故发生的原因是防止事故发生的必要条件。但是，即使完全掌握了事故发生的原因，也不能保证绝对不发生事故。

事故的偶然性还表现在事故是否产生后果（人员伤亡、物质损失、环境污染），以及后果的大小如何，都是难以预测的。反复发生的同类事故并不一定产生相同的后果。事故的偶然性决定了要完全杜绝事故发生是困难的，甚至是不可能的。

事故的必然性中包含着规律性。既然为必然，就有规律可循。必然性来自因果性，深入探查、了解事故的因果关系，就可以发现事故发生的客观规律，从而为防止发生事故提供依据。应用概率理论，收集尽可能多的事故案例进行统计分析，就可以从总体上找出带有根本性的问题，为宏观安全决策奠定基础，为改进安全工作指明方向，从而做到“预防为主”，实现安全生产的目的。

由于事故或多或少地含有偶然性，因而要完全掌握它的规律非常困难。但在一定范畴内，用一定的科学仪器或手段却可以找出它的近似规律、从外部和表面上联系，找到的内部决定性的主要关系是可能的。

从偶然性中找出必然性，认识事故发生的规律性，变不安全条件为安全条件，把事故消除在萌芽状态之中，这就是防患于未然，预防为主的科学根据。

（3）事故的潜在性、再现性、预测性和复杂性

事故往往是突然发生的。然而导致事故发生的因素，即“隐患或潜在危险”是早就存在的。只是未被发现或未受到重视而已。随着时间的推移，一旦条件成熟，就会显现而酿成事故，这就是事故的潜在性。

事故已经发生，就成为过去。时间一去不复返，完全相同的事故不会再次显现。然而没有真正的了解事故发生的原因，并采取有效措施去消除这些原因，就会再次出现类似的事故。应当致力于消除这种事故的再现性，这是能够做到的。

事故预测就是在认识事故发生规律的基础上，充分了解、掌握各种可能导致事故发生的危险因素以及它们的因果关系，推断它们发展演变的状况和可能产生的后果。事故预测的目的在于识别和控制危险，预先采取对策，最大限度地减小事故发生的可能性。事故的发生取决于人、物和环境的关系，具有极大的复杂性。

7.2.2 事故的预防

如同一切事物一样，事故亦有其发生、发展以及消除的过程，因而是可以预防的。事故的发展可归纳为三个阶段：孕育阶段、生长阶段和损失阶段。孕育阶段是事故发生的最初阶段，此时事故处于无形阶段，人们可以感觉到它的存在，而不能指出它的具体形式；

生长阶段是由于基础原因的存在，出现管理缺陷，不安全状态和不安全行为得以发生，构成生产中事故隐患的阶段，此时，事故处于萌芽状态，人们可以具体指出它的存在；损失阶段是生产中的危险因素被某些偶然事件触发而发生事故，造成人员伤亡和经济损失的阶段。安全工作的目的是避免事故的发生而造成损失，因此，要将事故消灭在孕育阶段和生长阶段。为达到这一目的，首先就需要识别事故，即在事故的孕育阶段和生长阶段中明确识别事故的危险性，并对发生事故的后果进行分析和评估。

(1) 事故法则

事故法则即事故的统计规律，又称 1∶29∶300 法则，即在每 330 次事故中，会造成重伤死亡事故 1 次，轻伤、微伤事故 29 次，无伤事故 300 次。该法则是美国安全工程师海因里希（H. W. Heinrich）统计分析了 55 万起事故提出的，受到安全界的普遍认可。人们经常根据事故法则的比例关系绘制成三角形图，称为事故三角形，如图 7-1 所示。

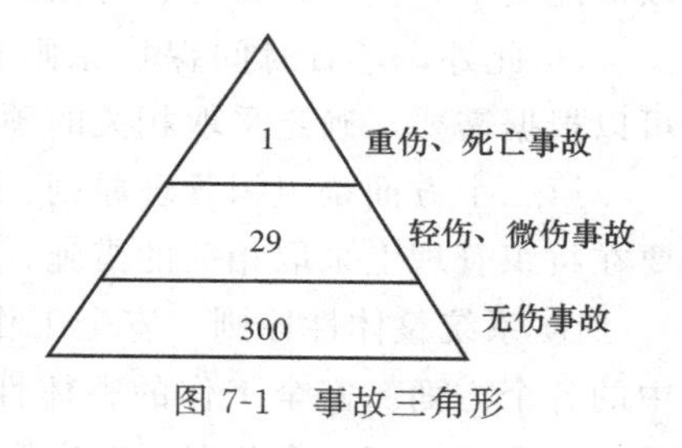

图 7-1 事故三角形

事故法则告诉人们，要消除一次重伤死亡事故以及 29 次轻伤事故，必须首先消除 300 次无伤事故。也就是说，防止灾害的关键，不在于防止伤害，而是要从根本上防止事故。所以，安全工作必须从基础抓起，如果基础安全工作做得不好，小事故不断，就很难避免大事故的发生。上述事故法则是从一般事故统计中得出的规律，其绝对数字不一定适用于每一个行业事故。因此，为了进行行业事故的预测和评价工作，有必要对行业事故的事故法则进行研究。

(2) 事故的预防原则

事故有其固有规律，除了人类无法左右的自然因素造成的事故以外，在人类生产和生活中所发生的各种事故均可以预防。事故的预防工作应该从技术和组织管理两个方面考虑，应当遵循的基本原则包括两个方面。

第一个方面是技术原则：在生产过程中，客观上存在的隐患是事故发生的前提。因此，要预防事故的发生，就需要针对危险隐患采取有效的技术措施进行治理。在采取有效技术措施进行治理过程中，应当遵循的基本原则如下：

① 消除潜在危险原则　即从本质上消除事故隐患，其基本做法是，以新的系统、新的技术和工艺代替旧的不安全的系统和工艺，从根本上消除发生事故的可能性。例如，用不可燃材料代替可燃材料，改进机器设备，消除人体操作对象和作业环境的危险因素，消除噪声、粉尘对工人的影响等，从而最大可能地保证生产过程的安全。

② 降低潜在危险严重度的原则　即在无法彻底消除危险的情况下，最大限度地限制和减小危险程度。例如，手电钻工具采用双层绝缘措施，利用变压器降低回路电压，在高压容器中安装安全阀等。

③ 闭锁原则　在系统中通过一些元器件的机器联锁或机电、电气互锁，作为保证安全的条件。例如，冲压机械的安全互锁器，电路中的自动保护器等。

④ 能量屏蔽原则　在人、物与危险源之间设置屏障，防止意外能量作用到人体和物体上，以保证人和设备的安全。例如，塔式设备外设置的直梯护笼或旋梯护栏，皮带传动装置的保护罩等都起到保护作用。

⑤ 距离保护原则　当危险和有害因素的伤害作用随着距离的增加而减弱时，应尽量使人与危害源距离远一些。例如，化工厂应建立在远离居民区的区域，易燃液体储罐与周围设备和建筑应保持一定距离。

⑥ 个体保护原则　根据不同作业性质和条件，配备相应的保护用品及用具，以保护作业人员的安全与健康。例如安全带、护目镜、绝缘手套等。

⑦ 警告、禁止信息原则　用光、声、色等其他标志作为传递组织和技术信息的目标，以保证安全。例如，警灯、警报器、安全标志、宣传画等。

⑧ 此外，还有时间保护原则、薄弱环节原则、坚固性原则、代替作业人员原则等，可以根据需要，确定采取相关的预防事故的技术原则。

第二个方面是组织管理原则：预防事故的发生，不仅要遵循上述的技术原则，而且还要在组织管理上采取相关的措施，才能最大限度地减少事故发生的可能性。

① 系统整体性原则　安全工作是一项系统性、整体性的工作，它涉及企业生产过程中的各个方面。安全工作的整体性要体现在：有明确的工作目标，综合地考虑问题的原因，动态地认识安全状况；落实措施要有主次，有效地抓住各个环节，并且能够适应变化的要求。

② 计划性原则　安全工作要有计划和规划，近期的目标和长远的目标要协调进行。工作方案、人财物的使用要按照规划进行，并且有最终的评价，形成闭环的管理模式。

③ 效果性原则　安全工作的好坏，要通过最终成果的指标来衡量。但是，由于安全问题的特殊性，安全工作的成果既要考虑经济效益，又要考虑社会效益。正确认识和理解安全的效果性，是落实安全生产措施的重要前提。

④ 党政工团协调安全工作原则　党制定正确的安全生产方针和政策，教育干部和群众遵章守法，了解和解决工人的思想负担，把不安全行为变为安全行为。政府实行安全监察管理职责，不断改善劳动条件，提高企业生产的安全性。工会代表工人的利益，监督政府和企业把安全工作搞好。青年是劳动力中的有生力量，青年工人在生产中往往事故发生率高，因此，动员青年开展事故预防活动，是安全生产的重要保证。

⑤ 责任制原则　各级政府及相关的职能部门和企事业单位应当实行安全生产责任制，对违反劳动安全法规和不负责任的人员而造成的伤亡事故应当给予行政处罚，造成重大伤亡事故的应当根据刑法，追究刑事责任。只有将安全责任落到实处，安全生产才能得以保证，安全管理才能有效。

综上所述，事故的预防要从技术、组织管理和教育多方面采取措施，从总体上提高预防事故的能力，才能有效地控制事故，保证生产和生活的安全。

7.2.3　事故模式理论

事故模式理论是从大量典型事故的本质原因的分析中提炼出的事故机理和事故模型。这些机理和模型反映了事故发生的规律性，能够为事故原因的定性、定量分析，为事故的预测预防，为改进安全管理工作，从理论上提供科学的、完整的依据。

(1) 事故因果连锁理论

事故因果连锁理论是海因里希最早提出的，该理论阐明导致伤亡事故的各种因素之间，以及这些因素与伤害之间的关系。该理论的核心思想是：伤亡事故的发生不是一个孤立的事件，而是一系列原因事件相继发生的结果，即伤害与各原因相互之间具有连锁关系。海因里希提出的事故因果连锁过程包括如下五种因素：

① 遗传及社会环境（M） 遗传及社会环境是造成人的缺点的原因。遗传因素可能使人具有鲁莽、固执、粗心等，对于安全来说属于不良的性格；社会环境可能妨碍人的安全素质培养，助长不良性格的发展。这种因素是因果链上最基本的因素。

② 人的缺点（P） 即由于遗传和社会环境因素所造成的人的缺点。人的缺点是使人产生不安全行为或造成物的不安全状态的原因。这些缺点既包括鲁莽、固执、易过激、神经质、轻率等性格上的先天缺陷，也包括诸如缺乏安全生产知识和技能等的后天不足。

③ 人的不安全行为或物的不安全状态（H） 这两者是造成事故的直接原因。海因里希认为，人的不安全行为是由于人的缺点而产生的，是造成事故的主要原因。

④ 事故（D） 事故是一种由于物体、物质或放射线等对人体发生作用，使人员受到或可能受到伤害的、出乎意料的、失去控制的事件。

⑤ 伤害（A） 即直接由事故产生的人身伤害。

上述事故因果连锁关系，可以用五块多米诺骨牌来形象地加以描述，因此该理论又被称为多米诺骨牌理论。如果第一块骨牌倒下（即第一个原因出现），则发生连锁反应，后面的骨牌相继被碰倒（相继发生）。该理论积极的意义就在于，如果移去因果连锁中的任一块骨牌，则连锁被破坏，事故过程被中止。海因里希认为，企业安全工作的中心就是要移去中间的骨牌——防止人的不安全行为或消除物的不安全状态，从而中断事故连锁的进程，避免伤害的发生。

海因里希的理论有明显的不足，如它对事故致因连锁关系的描述过于绝对化、简单化。事实上，各个骨牌（因素）之间的连锁关系是复杂的、随机的。前面的牌倒下，后面的牌可能倒下，也可能不倒下。事故并不是全都造成伤害，不安全行为或不安全状态也并不是必然造成事故等。尽管如此，海因里希的事故因果连锁理论促进了事故模式理论的发展，成为事故研究科学化的先导，具有重要的历史地位。

(2) 能量意外转移理论

在生产过程中能量是必不可少的，人类利用能量做功以实现生产目的。人类为了利用能量做功，必须控制能量。在正常生产过程中，能量在各种约束和限制下，按照人们的意志流动、转换和做功。如果由于某种原因能量失去了控制，发生异常或意外的释放，则可能发生事故。

如果意外释放的能量转移到人体，并且其能量超过了人体的承受能力，则人体将受到伤害。吉布森和哈登从能量的观点出发，曾经指出：人受伤害的原因只能是某种能量向人体的转移，而事故则是一种能量的异常或意外的释放。

能量的种类有很多，如动能、势能、电能、热能、化学能、原子能、辐射能、声能和生物能等。人受到伤害都可以归结为上述一种或若干种能量的异常或意外转移。麦克法兰特（Mc Farland）认为：所有的伤害事故（或损坏事故）都是因为：①接触了超过机体组织（或结构）抵抗力的某种形式的过量的能量；②有机体与周围环境的正常能量的交换受到了干扰（如窒息、淹溺等）。因而，各种形式的能量是构成伤害的直接原因。根据此观点，可以将能量引起的伤害分为两大类：

第一类伤害是由于转移到人体的能量超过了局部或全身性损伤阈值而产生的。人体各部分对每一种能量的作用都有一定的抵抗能力，即有一定的伤害阈值。当人体某部位与某种能量接触时，能否受到伤害及伤害的严重程度如何，主要取决于作用于人体的能量大小。作用于人体的能量超过伤害阈值越多，造成伤害的可能性越大。

第二类伤害则是由于影响局部或全身性能量交换引起的。例如，因物理因素或化学因素引起的窒息（如溺水、一氧化碳中毒等），因体温调节障碍引起的生理损害、局部组织损坏或死亡（如冻伤、冻死等）。

能量转移理论的另一个重要概念是：在一定条件下，某种形式的能量能否对人员产生伤害，除了与能量大小有关以外，还与人体接触能量的时间和频率、能量的集中程度、身体接触能量的部位等有关。

用能量转移的观点分析事故致因的基本方法是：首先确认某个系统内的所有能量源；然后确定可能遭受该能量伤害的人员，伤害的严重程度；进而确定控制该类能量异常或意外转移的方法。

从能量意外转移的观点出发，预防伤亡事故就是防止能量或危险物质的意外释放，从而防止人体与过量的能量或危险物质接触。在工业生产中，经常采用的防止能量意外释放的措施有以下几种：

① 用较安全的能源替代危险的能源。例如，用液压动力代替电力；用绿色环保的制冷剂代替有毒、有腐蚀性的氨制冷剂等。

② 限制能量。例如，利用低电压设备防止电击；降低设备的运转速度以防止机械伤害等。

③ 防止能量蓄积。例如，通过良好接地消除静电蓄积；采用通风系统控制易燃易爆气体的浓度；采用除尘措施控制粉尘浓度等。

④ 降低能量释放速度。例如，采用减振装置吸收冲击能量；使用防坠落安全网等。

⑤ 开辟能量异常释放的渠道。例如，给电器安装良好的地线；在锅炉上设置安全阀；在压力容器上设置防爆片等。

⑥ 设置屏障。屏障是一些防止人体与能量接触的物体。屏障的设置有三种形式：第一，屏障被设置在能源上，如机械运动部件的防护罩、电器的外绝缘层、消声器、排风罩等；第二，屏障设置在人与能源之间，如安全围栏、防火门、防爆墙等；第三，由人员佩戴的屏障，即个人防护，如安全帽、手套、防护服、口罩等。

⑦ 从时间和空间上将人与能量隔离。例如，严禁人员在起重设备下方行走站立，合成氨造气炉卸渣时严禁人员靠近等。

⑧ 设置警告信息。在很多情况下，能量作用于人体之前，并不能被人直接感知到，因此，使用各种警告信息是十分必要的，如各种警告标志、声光报警器等。

（3）轨迹交叉论

轨迹交叉论的基本思想是：伤害事故是许多相互联系的事件顺序发展的结果。这些事件概括起来不外乎人和物（包括环境）两大发展系列。当人的不安全行为和物的不安全状态在各自发展过程中（轨迹），在一定时间、空间上发生了接触（交叉），能量转移于人体时，伤害事故就会发生。而人的不安全行为和物的不安全状态之所以产生和发展，又是受多种因素作用的结果。

轨迹交叉理论如图 7-2 所示。图中，起因物与致害物可能是不同的物体，也可能是同一个物体。同样，肇事者和受害者可能是不同的人，也可能是同一个人。

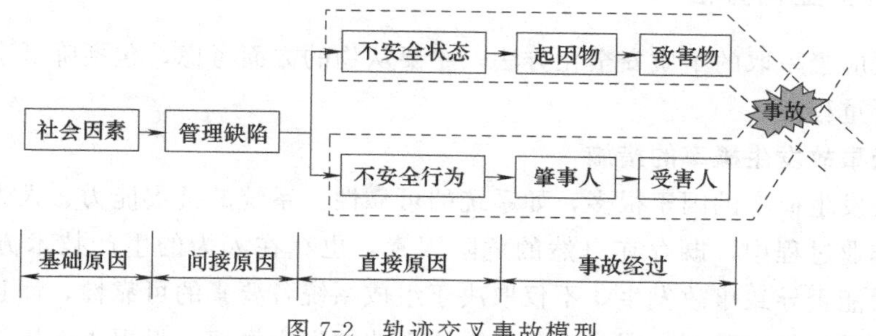

图 7-2　轨迹交叉事故模型

轨迹交叉理论反映了绝大多数事故的情况。在实际生产过程中，只有少量的事故是由于人的不安全行为或物的不安全状态引起的，绝大多数的事故是与两者同时相关的。例如，日本劳动省通过对 50 万起工伤事故调查发现，只有约 4%的事故与人的不安全行为无关，有约 9%的事故与物的不安全状态无关。

在人和物两大系列的运动中，两者往往是相互关联、互为因果、相互转化的。有时人的不安全行为促进了物的不安全状态的发展，或导致新的不安全状态的出现；而物的不安全状态可以诱发人的不安全行为。因此，事故的发生可能并不是如图 7-2 所示的那样简单地按照人、物两条轨迹独立运行，而是呈现较为复杂的因果关系。

人的不安全行为和物的不安全状态是造成事故的直接原因，如果对它们进行更进一步的分析，则可以挖掘出两者背后深层次的原因。这些深层次原因的示例见表 7-1。

表 7-1　事故发生的原因

基础原因(社会原因)	间接原因(管理缺陷)	直接原因
遗传、经济、文化、教育培训、民族习惯、社会历史、法律	生理和心理状态、知识技能情况、工作态度、规章制度、人际关系、领导水平	人的不安全行为
设计、制造缺陷、标准缺乏	维护保养不当、保管不良、故障、使用错误	物的不安全状态

轨迹交叉理论作为一种事故致因理论，强调人的因素和物的因素在事故致因中占有同样重要的地位。按照该理论，可以通过避免人与物两种因素运动轨迹交叉，来预防事故的发生。同时，该理论对于调查事故发生的原因，也是一种较好的工具。

7.3　安全方法论

一直以来安全工作者总想找到一些办法，能够事先预测到事故发生的可能性。掌握事故发生的规律，作出定性和定量的评价，以便能在设计、施工、运行、管理中对发生事故的危险性加以辨识，并且能够根据对危险性的评价结果。提出相应的安全措施、达到控制事故的发生与发展，提高安全水平的目的。目前，可采取的安全方法主要有：本质安全化方法，人机匹配法，生产安全管理一体化方法，系统方法，安全教育方法，安全经济方法等。

7.3.1 本质安全化方法

控制事故应当采取的本质安全化方法，主要从物的方面考虑，包括降低事故发生概率和降低事故严重程度。

(1) 降低事故发生概率的措施

影响事故发生概率的因素很多，如系统的可靠性、系统的抗灾能力、人为失误和违章等。在生产作业过程中，既存在自然的危险因素，也存在人为的生产技术方面的危险因素。这些因素能否导致事故发生，不仅取决于组成系统各要素的可靠性，而且还受到企业管理水平和物质条件的限制；因此，降低系统事故的发生概率，最根本的措施是设法使系统达到本质安全化，使系统中的人、物、环境和管理安全化。一旦设备或系统发生故障时，能自动排除、切换或安全地停止运行；当人为操作失误时，设备、系统能自动保证人机安全。欲做到系统的本质安全化，应采取以下综合措施：

① 提高设备的可靠性，要控制事故的发生概率，提高设备的可靠性是基础。为此，可以从以下四个方面进行：

提高元件的可靠性，设备的可靠性取决于组成元件的可靠性，要提高设备的可靠性，必须加强对元件的质量控制和维修检查。一般可以选用可靠性高的元件代替可靠性低的元件，以及合理规定元件的使用周期，严格检查维修，定期更换或重建。

增加备用系统，在规定时间内，多台设备同时全部发生故障的概率等于每台设备单独发生故障的概率的乘积。因此，在一定条件下，增加备用系统（设备），使每台单元设备或系统都能完成同样的功能，一旦其中一台或几台设备发生故障时，系统仍能正常运转，不致中断正常运行，从而提高系统运行的可靠性。

对处于恶劣环境下运行的设备采取安全保护措施。化工厂内设备的运行环境通常比较恶劣，为了提高设备运行的可靠性，对这些设备应当采取安全保护措施。如对处于有腐蚀性气体环境下运行的设备，应采取防腐蚀措施；对震动大的设备应加强防震、减震和隔震等措施。

加强预防性维修，预防性维修是排除事故隐患、排除设备的潜在危险、提高设备可靠性的重要手段。为此，应制定相应的维修制度，并认真贯彻执行。

② 选用可靠的工艺技术，降低危险因素的感度，危险因素的存在是事故发生的必要条件。危险因素的感度是指危险因素转化成为事故的难易程度。虽然物质本身所具有的能量和发生性质不可改变，但危险因素的感度可以控制，关键是选用可靠的工艺技术。例如在易燃固体粉碎、研磨、筛分、混合及粉料输送时，用惰性气体覆盖保护，防止可燃物质与空气接触形成爆炸混合物。

③ 提高系统抗灾能力，系统的抗灾能力是指当系统受到自然灾害和外界事物干扰时。自动抵抗而不发生事故的能力，或者指系统中出现危险事件时，系统自动将事态控制在一定范围的能力。例如通过设置防雷击装置，可以避免因雷击而引起的设备损坏；通过安装阻火器、安全液封、水封井、单向阀等防火防爆装置，能有效提升系统的防火防爆能力。

④ 减少人为失误，由于人在生产过程中的可靠性远比机电设备差，很多事故大多因人的失误造成。欲降低系统事故发生概率，必须减少人的失误，主要方法有：对工人进行充分的安全知识、安全技能、安全态度等方面的教育和训练；以人为中心，改善工作环

境，为工人提供安全性较高的劳动生产条件；提高生产机械化程度、尽可能用机器操作代替人工操作，减少现场工作人员；注意用人机工程学原理进行系统设计，人机功能分配，并改善人机接口的安全状况。

⑤ 加强监督检查，建立健全各种自动制约机制，加强专职与兼职、专管与群管相结合的安全检查工作。对系统中的人、事、物进行严格的监督检查，在各种劳动生产过程中是必不可少的。实践表明，只有加强安全检查工作，才能有效地保证企业的安全生产。

(2) 降低事故严重度的措施

事故严重度系指因事故造成的财产损失和人员伤亡的严重程度。事故的发生是由于系统中的能量失控造成的，事故的严重度与系统中危险因素转化为事故时释放的能量有关，能量越高，事故的严重度越大。因此，降低事故严重度具有十分重要的作用。目前，一般可采取的措施有：

① 限制能量或分散风险，为了减小事故损失，必须对危险因素的能量进行限制。如各种易燃品、有毒化学品的储存量的限制，各种限流、限压、限速等设备就是对危险因素的能量进行的限制。

② 防止能量逸散的措施，防止能量逸散就是设法把有毒、有害、有危险的能量源储存在有限允许范围内。而不影响其他区域的安全。如防爆设备的外壳、密闭墙、密闭火区等。

③ 加装缓冲能量的装置，在生产中，设法使危险源能量释放的速度减慢，可大大降低事故的严重度，而使能量释放速度减慢的装置称为缓冲能量装置。在化工企业中使用的缓冲能量装置较多。如压力容器上的防爆片、安全阀和防爆帽；以及各种填充材料、安全带、缓冲装置等。

④避免人身伤亡的措施，避免人身伤亡的措施包括两个方面的内容：一是防止发生人身伤害；二是一旦发生人身伤害时，采取相应的急救措施。采用遥控操作、提高机械化程度、使用整体或局部的人身个体防护都是避免人身伤害的措施。在生产过程中及时注意观察各种灾害的预兆，以便采取有效措施，防止事故发生。即使不能防止事故发生，也可及时撤离人员，避免人员伤亡。做好救护和工人自救准备工作，对降低事故的严重度有着十分重要的意义。

7.3.2 人机匹配法

事故的发生往往因人的不安全行为和物的不安全状态造成。因此，为了防止事故的发生。主要应当防止出现人的不安全行为和物的不安全状态，在此基础上充分考虑人和机的特点。使之在工作中相互匹配，对防止事故的发生十分有益。

(1) 防止人的不安全行为

为了防止出现人的不安全行为，首先，要对人员的结构和素质情况进行分析，找出容易发生事故的人员层次和个人以及最常见的人的不安全行为。然后，在对人的身体、生理、心理进行检查测验的基础上，合理选配人员。从研究行为科学出发，加强对人的教育、训练和管理，提高生理、心理素质，增强安全意识，提高安全操作技能，从而最大限度地减少、消除不安全行为。可采取的具体措施包括：职业适应性检查；人员的合理选拔和调配；安全知识教育；安全态度教育；安全技能培训；制定作业标准和异常情况处理标准；作业前的培训；制定和贯彻实施安全生产规章制度；开好班前会；实行确认制；作业中的巡视检查，监督指导；竞赛评比，奖励惩罚；以及经常性的安全教育和活动。

(2) 防止物的不安全状态

为了消除物的不安全状态，应把重点放在提高技术装备（机械设备、仪器仪表、建筑设施等）的安全化水平上。技术装备安全化水平的提高也有助于改善安全管理和防止人的不安全行为。可以说，技术装备的安全化水平在一定程度上，决定了工伤事故和职业病的发生概率。为了提高技术装备的安全化水平，必须大力推行本质安全技术。具体地说，它包括两方面的内容：

失误安全功能，指操作者即使操纵失误也不会发生事故和伤害。或者说设备、设施或工艺技术具有启动防止人的不安全行为的功能。例如化工厂内使用的电动葫芦设置有超载限制器、起升限位器等安全设施，在操作者操作失误，发生超载或上升至极限位置时，能自动停车以避免事故的发生。

故障安全功能，指设备、设施发生故障或损坏时还能暂时维持正常工作或自动转变为安全状态。例如在有易燃易爆气体场所安装的本质安全型电器，即使故障条件下产生的电火花和热效应均不能点燃爆炸性混合物。

上述安全功能应该潜藏于设备、设施或工艺技术内部。即在它们的规划设计阶段就被纳入，而不应在事后再行补偿。

(3) 人机相互匹配

随着科学技术的进步，人类的生产劳动越来越多地为各种机器所代替。例如，各类机械取代了人的手脚，检测仪器代替了人的感官，计算机部分地代替了人的大脑。用机器代替人，既减轻工人的劳动强度，有利于安全健康，又提高了工作效率。

人与机器各有自身的特点，在人机环境系统中，如何使人机分工合理，从而达到整个系统的最佳效率的发挥，这是需要人们进一步研究的问题。人与机器的功能特征可归纳为九个方面进行比较，如表 7-2 所示。

表 7-2 人与机器功能特征比较

比较内容	人的特征	机器的特征
创造性	具有创造能力，能够对各种问题具有全新的、完全不同的见解，具有发现特殊原理或关键措施的能力	完全没有创造性
信息处理	人有智慧、思维、创造、辨别、归纳、演绎、综合、分析、记忆、联想、决断、抽象思维等能力	对信息有储存和迅速提取能力，能长期储存，也能一次废除，有数据处理、快速运算和部分逻辑思维能力
可靠性	就人脑而言，可靠性和自动结合能力远远超过机器，但工作过程中，人的技术高低，生理和心理状况等对可靠性都有影响	经可靠性设计后，可靠性高，且质量保持不变，但本身的检查和维修能力差，不能处理意外的紧急事态
控制能力	可进行各种控制，且在自由度调节和联系能力等方面优于机器。同时，其动力设备和效应运动完全合为一体	操纵力、速度、精密度操作等方面都超过人的能力，必须外加动力源
工作效能	可依次完成多种功能作业，但不能进行高阶运算，不能同时完成多种操作和在恶劣环境条件下工作	能在恶劣环境条件下工作，可进行高阶运算和同时完成多种操纵控制，单调、重复的工作也不降低效率
感受能力	人能识别物体的大小、形状、位置和颜色等特征，并对不同音色和某些化学物质也有一定的分辨能力	在感受超声、辐射、微波、电磁波、磁场等信号方面，超过人的感受能力

续表

比较内容	人的特征	机器的特征
学习能力	具有很强的学习能力，能阅读也能接收口头指令，灵活性强	无学习能力
归纳性	能够从特定的情况推出一般的结论，具有归纳思维能力	只能理解特定的事物
耐久性	容易产生疲劳，不能长时间连续工作	耐久性高，能长期连续工作，并超过人的能力

从表中可以看出，机器优于人的方面有操作速度快，精度高，能高倍放大和进行高阶运算，人的操作活动适宜的放大率在1∶1～4∶1，机器的放大倍数则可达10个数量级。人一般只能完成二阶内的运算，而计算机的运算阶数可达几百阶，甚至更高。机器能量大，能同时完成各种操作，且能保持较高的效率和准确度，不存在单调和疲劳，感受和反应能力较高，抗不利环境能力强，信息传递能力强，记忆速度和保持能力强，可进行短暂的储存记忆等。

人优于机器的方面有人的可靠度高，能进行归纳、推理和判断，并能形成概念和创造方法，人的某些感官目前优于机器。人的学习、适应和应付突发事件的能力强。人的情感、意识与个性是人的最大特点，人具有无限的创造性和能动性，这是机器所无法比拟的。

将人和机器特性有机结合起来，可以组成高效、安全的人机系统。例如，从系统的可靠安全性而言，将人在紧急情况下处理意外事态和进行维护修理的能力与机器在正常情况下持久工作能力结合起来，可以较好地保证系统的可靠性和安全性。在实际应用中，并不是简单地把人和机器联系在一起，就算解决了人机功能分配问题，哪些功能由人来完成，哪些功能由机器来完成，必须进行具体的分析和研究。

为了充分发挥人与机器各自的优点，让人员和机器合理地分配工作任务，实现安全高效的生产，应根据人与机器功能特征的不同，进行人和机器的功能分配。其具体的分配原则如下：

利用人的有利条件：能判断被干扰阻碍的信息；在图形变化的情况下，能识别图形；对多种输入信息能辨认；对于发生频率低的事态，在判断时，人的适应性好；解决需要归纳推理的问题；对意外发生的事态能预知、探讨，要求报告信息状况时，用人较好。

利用机器的有利条件：对决定的工作能反复计算，能储存大量的信息资料；迅速地给予很大的物理力；整理大量的数据；受环境限制由人来完成有危险或易犯错误的作业；需要调整操作速度；对操纵器需要精密的施加力；需要施加长时间的力时用机器好。

概括地说，在进行人、机功能分配时，应该考虑人的准确度、体力、动作的速度及知觉能力四个方面的基本界限，以及机器的性能、维持能力、正常动作能力、判断能力及成本四个方面的基本界限。人员适合从事要求视力、听力、综合判断力、应变能力及反应能力较高的工作，机器适于承担功率大、速度快、重复性作业及持续作业的任务，应该注意，即使是高度自动化的机器，也需要人员来监视其运行情况。另外，在异常情况下需要由人员来操作，以保证安全。

7.3.3 生产安全管理一体化方法

建立和运行生产安全管理一体化体系的主要指导思想是：充分认识人的生命价值和人

力资源的重要性，避免和减少经济损失，加强事故和职业病预防及其安全管理。生产安全管理一体化方法主要通过全面安全管理和安全目标管理来实现。

(1) 全面安全管理

全面安全管理就是在总结传统的劳动安全管理的基础上，应用现代管理方法并通过全体人员确认的全面安全目标，对全生产过程和企业的全部工作，进行统筹安排和协调一致的综合管理。全面安全管理一般包括四个方面的内容：

① 全面安全目标管理　众所周知，安全生产既针对生产作业的人、物、环境，又贯穿于企业各部门的业务，无论哪一方面都应当考虑安全。例如，有工艺安全、环境安全、人身安全、施工安全，有防尘、防毒、防震动、防辐射安全等。安全管理必须对这种全面安全内容进行管理，使之都有明确的目标，而且是经过努力可以达到或可能达到的目标。如某企业提出的“00011”目标管理（即工伤死亡事故、重大设备事故和重大火灾事故三项为零，负伤频率一项降低，粉尘浓度合格率一项提高），这就是全面安全目标管理，它主要强调是在企业（部门）生产、业务活动的范围内，各系统（子系统）的协调与全局的、整体的（大系统）筹划和统一。但是，在考虑生产活动的同时，还应当考虑与人有关的家庭、环境、生活等方面对生产、业务活动的影响因素，并明确其目标。

② 全员安全管理　就一个化工厂而言，从厂长、书记到生产班组长的各级领导干部，从工程技术人员到每一位工人，都与安全生产有直接或间接的关系。每个人都重视安全生产，都从自己的工作岗位上努力搞好安全生产，创造出良好、融洽、文明、舒适的作业环境，就能够保证安全工作真正得到落实。全员安全管理就是以各级领导为核心，广大职工共同参与的全员安全管理，如各企业开展的党、政、工、团一起抓安全。

③ 全过程安全管理　指企业应抓好一个产品全部生产过程中的各个环节的安全管理，也就是说，一个产品从工程的酝酿、设计、施工、试车、投产、检验、销售、服务等全过程都要进行安全管理。

④ 全部工作安全管理　一个企业除了生产部门以外，还有许多间接为生产服务的工作部门。生产、服务的各工作部门又形成多个层次和多级的管理形式，如党群部门、教育卫生部门、后勤服务部门等，这些工作的本身有安全问题，又或多或少地涉及生产和其他部门的安全问题，因此，这些部门的业务工作都要有安全管理内容。如宣教工作对提高职工的文化和技术素质具有重要的作用，而职工素质的提高对安全管理又极为有益。

(2) 安全目标管理

安全目标管理就是在一定的时期内（通常为一年），根据企业经营管理的总目标，从上到下确定安全工作目标，并为达到这一目标制定一系列对策措施，开展一系列的组织、协调、指导、激励和控制活动。

安全目标管理的基本内容是：年初，企业的安全部门在厂长的领导下，根据企业经营管理的总目标，制定安全管理的总目标。然后经过协商，总目标自上而下地层层分解，制定各级、各部门直到每个职工的安全目标和为达到目标的对策措施。在制定和分解目标时，要把安全目标和经济发展指标捆在一起，同时制定和层层分解，还要把责、权、利也逐级分解，做到目标与责、权、利的统一。通过开展一系列组织、协调、指导、激励、控制活动，通过全体职工自下而上的努力，保证各自目标的实现，最终保证企业总安全目标的实现。年末，对实现目标的情况进行考核，并给予相应的奖惩。在此基础上，经过总结，再制定新的安全目标，进入下一年度的循环。

安全目标管理是企业目标管理的一个组成部分，安全管理的总目标应该符合企业经营管理总目标的要求，并以实现自己的目标来促进、保证实现企业经营管理的总目标。为了有效地实行安全目标管理，必须深刻理解它的实质。为此应该把握其特点：

安全目标管理是重视人、激励人、充分调动人的主观能动性的管理。管理以人为主体，有效的管理必须充分调动起人的主观能动性。传统的安全管理是命令指示型的管理。上级要求下级搞好安全生产，但没有明确的指标要求，也缺乏具体的指导帮助，干好干坏也没有准确评价的依据。这样的管理往往会挫伤人的积极性，管理效率只能每况愈下。

安全目标管理是信任指导型的管理，它在管理思想上实现了根本的变革。因为所谓“目标”就是想要达到的境地和指标，设定目标并使之内化（不是外部加强，而是内在要求），就会激励人产生强大的动力，为实现既定目标而奋斗。实行安全目标管理，依靠目标的激励作用，就可以把消极被动的接受任务，变为积极主动的实现目标，从而极大地调动起人们的主观能动性，充分发挥创造精神，全心全意地搞好安全工作，大大增强安全管理工作的效能。

安全目标管理的激励作用，不但应体现在“目标”本身上，还应贯彻在管理的全部过程和所有环节中。譬如安全目标要与经济发展指标挂钩，使之提高到等同的地位；要做到安全目标责、权、利的统一，安全目标与奖惩挂钩，实现管理的封闭；要把安全指标作为否定性的指标，达不到目标的不能晋级调档，不能评先进等。简言之，既然安全目标管理是基于激励原理上的管理，就要充分利用一切激励的手段，才能充分发挥它的优越性，取得最好的效果。

安全目标管理是系统的、动态的管理。安全目标管理的目标，不仅是激励的手段，而且是管理的目的。毫无疑问，安全目标管理的最终目的是实现系统（如一个企业）整体安全的最优化，即安全的最佳整体效应。这一最佳整体效应具体体现在系统的整体安全目标上。因此，安全目标管理的所有活动都围绕着实现系统的安全目标进行。

7.3.4 系统方法

人类的安全系统是人、社会、环境、技术、经济等因素构成的大协调系统。无论从社会的局部还是整体来看，人类的安全生产与生存需要多因素的协调与组织才能实现。安全系统的基本功能和任务是满足人类安全生产与生存，以及保障社会经济生产发展的需要，安全活动要以保障社会生产、促进社会经济发展、减低事故和灾害对人类自身生命和健康的影响为目的。为此，安全活动应当与社会发展、科学技术背景和经济条件相适应和相协调。安全活动的进行需要经济和科学技术等方面的支持。安全活动既是一种消费活动（以生命和健康安全为目的），也是一种投资活动（以保障经济生产和社会发展为目的）。

为有效地解决生产中的安全问题，人们需要采用系统工程方法，来识别、分析、评价系统中的危险性，并根据其结果，调整工艺、设备、操作、管理、生产周期和投资等因素，使系统可能发生的事故得到控制，并使系统安全性达到最好的状态。

系统工程是以系统为研究对象，以达到总体最佳效果为目标。为达到这一目标而采取组织、管理、技术等多方面的最新科学成就和知识的一门综合性的科学技术。系统工程在解决安全问题中所采用的方法有：

① 工程逻辑　从工程的观点出发，用逻辑学与哲学的一般思维方法进行系统的探讨和应用，同时把符号逻辑作为重要内容。采用布尔代数、关系代数、决策研究、数学函数等。

② 工程分析　运用基本理论（如物质不灭定律、能量守恒定律等），系统地、有步骤地解决各类工程问题。采取的步骤：弄清问题、选择解决问题的恰当方法、实施、分析、总结，在分析过程中需要正确运用数学方法。

③ 统计理论与概率论　这是由系统工程的数学特点所决定的，即系统的输入量与输出量带有很大的随机性。并且，在复杂的系统工程中常会遇到随机函数问题。因此，需要采用统计理论与概率论来处理所遇到的数学问题。

④ 运筹学　指有目标地、定量地作出决策，在一定的制约条件下使系统达到最优化。目前，一般认为，运筹学是系统工程最重要的技术内容与数学基础。运筹学的内容包括：线性规划、动态规划、排队论、决策论、优选法等。

⑤ 现代管理学理论与原则　包括系统原理，整分合原理，反馈原理，弹性原理，封闭原理，能级原理，动力原理，激励原理等。

⑥ 危险物的质量　能量储积都是构成重大恶性事故的物质根源。适当地调整加工量和处理速度，可以大量降低事故的严重性。例如，根据化工企业生产能力，适当减少危险性原料或中间产品的储量，这样做虽然并不能减少事故发生，但能使事故严重性大大降低。

使用系统工程方法，可以识别出存在于各个要素本身、要素之间的危险性。众所周知，危险性存在于生产过程的各个环节，例如原材料、设备、工艺、操作、管理之中，这些危险性是产生事故的根源。安全工作的目的就是要识别、分析、控制和消除这些危险性，使之不致发展成为事故，利用系统可分割的属性，可以充分地、不遗漏地揭示存在于系统各要素（元件和子系统）中存在的所有危险性。然后，对危险性加以消除，对不协调的部分加以调整，从而消除事故的根源并使安全状态达到优化。

使用系统工程方法，可以了解各要素间的相互关系。消除各要素由于互相依存、互相结合而产生的危险性。要素本身可能并不具有危险性，但当进行有机的结合构成系统时，便产生了危险性，这一情况往往发生在子系统的交接面或相互作用时。人机交接面是多发事故的场所。最突出的例子如人和传送设备的交接面。对交接面的控制，在很大程度上可以减少伤亡事故。

系统工程几乎使用了各种学科的知识，其中最重要的有运筹学、数学、控制论。系统工程方法所解决的问题，几乎都适用于解决安全问题。例如，利用决策论，在安全方面可以预测发生事故可能性的大小；利用排队论，可以减少能量的储积危险；使用线性规划和动态规划，可以采取合理的防止事故的手段。至于数理统计、概率论和可靠性，则可广泛地用于预测风险、分析事故。因此，使用系统工程方法可以使系统的安全状态达到最佳。

7.3.5　安全教育方法

人的生存依赖于社会的生产与安全，显然，安全条件是很重要的一个方面。安全条件的实现是由人的安全活动去实现的，安全教育又是安全活动的重要形式，因此，安全教育是人类生存活动中的基本而重要的活动。安全教育作为教育的重要部分，对人类的发展起着重要的作用。

安全教育的目的、性质由社会体制所决定。计划经济为主的体制，企业的安全教育目的较强地表现为“要你安全”，被教育者偏重于被动接受：在市场经济体制下，需要做到变“要你安全”为“你要安全”，变被动接受安全教育为主动要求安全教育。安全教育的功能、效果以及安全教育的手段都与社会经济水平有关，都受社会经济基础的制约。并且，安全教育为生产力所决定，安全教育的内容、方法、形式都受生产力发展水平的限制。由于生产力的落后，生产操作复杂，人的操作技能要求很高，相应的安全教育主体是人的技能。现代生产的发展，使生产过程对于人的操作技能要求越来越简单。安全对于人的素质要求主体发生了变化，即强调了人的态度、文化和内在的精神素质，安全教育的主体也应当发生变化。因此，安全教育确实要与现代社会的安全活动要求合拍，安全教育的本质问题是人的安全文化素质教育。

(1) 安全教育原则

安全教育原则是进行安全教学活动中应当遵循的准则，它由教学工作实践中总结出来，是教学过程客观规律的反映。安全教育原则有：

① 教育的目的性原则　企业安全教育的对象包括企业各级领导、企业的职工、安全管理人员以及职工的家属等。用于不同的对象，安全教育的侧重点不同。一般情况下，对各级领导进行安全认识和决策技术的教育，对企业职工进行安全态度、安全技能和安全知识的教育，对安全管理人员进行安全科学技术的教育，对职工家属是让其了解职工的工作性质、工作规律及相关的安全知识等。只有准确地掌握了安全教育的目的，才能有的放矢，提高教育的效果。

② 理论与实践相结合的原则　安全活动具有明确的实用性和实践性、进行安全教育的最终目的是对事故和灾害的防范，只有通过生活和工作中的实践行动，才能达到此目的。因此，安全教育过程中，必须做到理论联系实际。为此，现场说法、案例分析等是安全教育的基本形式。

③ 教与学互动性原则　一般认为，从受教育者的角度接受安全教育，利己、利家、利人，是与自身的安全、健康、幸福息息相关的事情。所以，接受安全教育应当是发自内心的要求。对此，我们应当避免对安全教育效果的间接性、潜在性、偶然性的错误认识，全面地、长远地、准确地理解安全教育活动的意义和价值，使教与学双方的积极性都调动起来，做到教与学相长。

④ 巩固性与反复性原则　安全知识，一方面随生活和工作方式的发展而改变，另一方面安全知识的应用在人们的生活和工作过程中是偶然的。即所学的安全知识并不是即刻就能够用上，有时可能一辈子都不会用上。但是，如果不学，一旦遇上事故无法处理，则可能导致重大伤亡事故。此外，随着生产和技术的发展。事故发生条件也会变化，这就使已掌握的安全知识随着时间的推移会退化。“警钟长鸣”是安全领域的基本策略，其中就道出了安全教育的巩固性与反复性原则的理论基础。

安全教育承担着传递安全生产经验和安全生活经验的任务。安全教育使得人的安全文化素质不断提高，安全精神需求不断发展。通过安全教育能够形成和改变人对安全的认识观念和对安全活动及事物的态度。使人的行为更符合社会生活中和企业生产中的安全规范和要求。因此，安全教育在安全活动领域充当着十分重要的角色。

(2) **安全教育方法**

合理的教育方法是提高教学效果的重要方面，安全教育的方法和一般教学的方法一样，多种多样，各种方法有各自的特点和作用，在应用中应结合实际内容和学习对象，灵活多样。通常在教学过程中可以采用的方法包括：讲授法、谈话法、演示法、研讨法、访问法等。

教育的方法多种多样，各种方法都有各自的特点和作用，在应用中应当结合实际的知识内容和学习对象，灵活采用。比如，对于大众的安全教育，多采用宣传娱乐法和演示法；对于中小学生的安全教育，多采用参观法、讲授法和演示法；对于各级领导，多采用研讨法和发现法等；对于企业职工的安全教育，则多采用讲授法、谈话法、访问法、练习与复习法、外围教育法、奖惩教育法等；对于安全专职管理人员，则应采用讲授法、研讨法、读书指导法、全方位教育法、计算机多媒体教育法等。

7.3.6 安全经济方法

随着人类社会的发展，经济水平的不断提高，一方面，公众和社会对安全的期望越来越高，希望用最少的投入来实现令人满意的安全水平；另一方面，当今社会面临的现实是人类的科学技术水平和经济承受能力有限。这种有限的安全投入与极大化的安全水平期望的矛盾，是安全经济产生与发展的动力。用社会有限的投入，去获得人类尽可能高的安全水准，在获得人类可接受的安全水平下，尽力去节约社会的安全投入，这是现代社会对安全科学技术提出的要求。

(1) **研究安全经济的基本方法**

研究安全经济的基本方法是辩证唯物论的方法，要求一切从实际出发，重视调查研究，掌握历史及现状的客观安全经济资料，探索带有普遍性规律的东西，才能使安全经济的论证符合客观规律，从而作出合理的决策。具体采用的方法包括：分析对比、调查研究、定量分析与定性分析相结合的方法，同时应用相关学科的成果，采用多学科交叉、综合的系统研究方法，以便在较短的时期内，准确地认识安全客观经济规律，把握其本质规律。

① 分析对比方法　由于安全系统涉及面很广，相关因素复杂的多变量、多目标系统，因此，进行分析和对比是掌握系统特性及规律的基本方法之一。如“负效益”规律、非直接价值特征等，只有通过分析对比才能获得准确的认识。

② 调查研究方法　认识安全经济规律，很大程度上应根据现有的经验和材料来进行。因此，调查研究是认识安全规律的重要方法，事故损失的规律只有在大量的调查研究基础上，才能得以提示和反映。

③ 定量、定性分析相结合的方法　由于受客观因素和基础理论的限制，安全经济领域有的命题不能绝对定量化。如人的生命与健康的价值、社会意义、政治意义和环境价值等。因此，在实际解决和论证安全经济问题时。势必采取定量与定性相结合的方法，使获得的结论尽量合理和正确。

(2) **安全经济的特点**

安全经济是研究生产活动中安全与经济相互关系及其对立统一规律的科学，它既是经济学的一个分支，也是安全科学的重要组成部分，具有如下特点：

① 系统性　安全经济问题往往是多目标、多变量的复杂问题。在解决安全经济问题时，既要考虑安全因素，又要考虑经济因素；既要分析研究对象自身的因素，又要研究与之相关的各种因素。这就构成了研究过程和范围的系统性。例如，在分析安全效益时，既要考虑安全的作用能减少损失和伤亡，更应认识到安全能维护和促进经济生产以及保持社会稳定。

② 预先性　安全经济的产出，往往具有延时性和滞后性。因此，安全经济活动应具备适应经济生产活动要求的预先性。为此，应做到尽可能准确地预测安全经济活动的发展规律和趋势，充分掌握必要的和可能得到的信息，以最大限度地减小因论证失误而造成的损失，把事故、灾害等不安全问题消灭在萌芽中。

③ 决策性　任何安全活动（措施、对策）都存在多方案可供选择，不同的方案有其不同的特点和适应对象，因此，安全经济活动应建立在科学决策的基础上。安全经济提供了安全经济决策、优化技术和方法。

④ 边缘性　安全经济问题既受自然规律的制约，也受经济规律的支配：即安全经济既要研究安全的某些自然规律，又要研究安全的经济规律。因此，安全经济是安全的自然科学与其社会科学交叉的边缘科学，并与灾害经济学、环境经济学、福利经济学等经济学分支交叉而存在，相渗透而发展。

⑤ 实用性　安全经济所研究的安全经济问题，都带有很强的技术性和实用性。这是由于安全本身就是人类劳动、生活和生存的需要，安全经济为这种实践提供技术、方法及指导。

思　考　题

1. 如何理解生命价值是安全观的核心理念？
2. 什么是大安全观？科学大安全观的内容是什么？
3. 事故有哪些基本特征？
4. 预防事故应当遵循哪些基本原则？
5. 何谓多米诺骨牌理论？根据该理论，应该如何预防事故的发生？
6. 根据能量意外释放理论，应当如何预防事故的发生？
7. 何谓轨迹交叉论？从该理论中可以得到何种启示？
8. 降低事故发生概率和事故严重度可采取何种措施？
9. 如何防止人的不安全行为和物的不安全状态？
10. 何谓安全目标管理？安全目标管理主要应当包括哪些内容？

参考文献

[1]　金磊，徐得蜀，罗云．中国21世纪安全减灾战略［M］．郑州：河南大学出版社，1998．
[2]　何学秋等．安全工程学［M］．徐州：中国矿业大学出版社，2000．
[3]　金龙哲，杨继星．安全学原理［M］．北京：冶金工业出版社，2010．
[4]　林柏泉．安全学原理［M］．北京：煤炭工业出版社，2013．
[5]　景国勋．安全学原理［M］．北京：国防工业出版社，2014．

第8章

化工安全事故模拟

8.1 数值模拟基础

基于数学模型的模拟方法，不但可以用于事后对化工安全事故过程的再现分析，而且可以对一些潜在的危险源，特别是附近存在人口相对比较集中区域的重大危险源，预测其可能造成的后果，从而为编制重大事故应急预案提供指导，以便在事故发生后，相关人员能够大体上知道事故的影响范围和后果，从而为以后发生类似事故时的现场处置、生命救援提供科学依据。

8.1.1 守恒方程

重大危害事故如有毒气体泄漏、火灾、爆炸事故等都包含流动、传热传质、燃烧等分过程，而这些分过程均应满足基本物理守恒定律，这些基本守恒定律包括：质量守恒、动量守恒及能量守恒。控制方程是这些守恒定律的数学描述。这三个守恒定律在流体力学中由相应的方程来描述，并且对具体的研究问题有不同的表达形式。

(1) 质量守恒方程

任何流动问题都必须满足质量守恒定律。该定律可表述为：单位时间内流体微元体中质量的增加，等于同一时间间隔内流入该微元体的净质量。质量守恒方程常称为连续方程。

(2) 动量守恒方程

动量守恒定律可以表述为：微元体中流体的动量对时间的变化率等于外界作用在该微元体上的各种力之和。该定律实际上是牛顿第二定律。按照这一定律，可导出 x、y 和 z 三个方向的动量守恒方程。动量守恒方程，简称动量方程，也称为运动方程，还称为 Naveier-Stokes 方程。

(3) 能量守恒方程

能量守恒定律是包含热交换的流动系统必须满足的基本定律。该定律可表述为：微元体中能量的增加率等于进入微元体的净热流量加上体力与面力对微元体所做的功。该定律实际是热力学第一定律。流体的能量 E 通常是内能 i、动能 $K=\frac{1}{2}(u^2+\nu^2+w^2)$ 和势能 P 三项之和，我们可针对总能量 E 建立能量守恒方程。但是，这样得到的能量守恒方程并不是很好用，一般是从中扣除动能的变化，从而得到关于内能 i 的守恒方程。我们知道，内能 i 与温度 T 之间存在一定关系，即 $i=c_pT$，其中 c_p 是比热容。这样，我们可得到以温度 T 为变量的能量守恒方程。

(4) 组分质量守恒方程

在一个特定的系统中，可能存在质的交换，或者存在多种化学组分，每一种组分都需要遵守组分质量守恒定律。对于一个确定的系统而言，组分质量守恒定律可以表述为：系统内某种化学组分质量对时间的变化率，等于通过系统界面的净扩散通量与通过化学反应生成或消失的该组分的净生产率之和。各组分质量守恒方程之和就是连续性方程，各组分的质量分数之和等于1。所以，如果一个系统共有 N 种组分，那么就只有 $N-1$ 个独立的组分质量守恒方程。第 N 种组分的质量分数就用1减去其他由组分质量守恒方程求解出来 $N-1$ 种组分质量分数的和得到。因此，为了减小误差，第 N 种组分往往选择为整个系统中质量分数最大的那种物质，例如在空气中，经常将 N_2（氮气）作为第 N 种组分。组分质量守恒方程常简称为组分方程（species equations）。一种组分的质量守恒方程实际就是一个浓度输运方程。当水流或空气在流动过程中携带有某种污染物时，污染物的传输过程包含对流和扩散两部分，污染物的浓度随时间和空间发生变化。因此，组分方程在有些情况下称为浓度输运方程，或浓度方程。

8.1.2 湍流模型

湍流是自然界中非常普遍的流动类型，湍流运动的特征是在运动过程中流体质点具有不断的随机的相互掺混的现象，速度和压力等物理量在空间上和时间上都具有随机性质的脉动。

前面所叙述的连续性方程、动量方程、能量方程和组分质量守恒方程，无论对层流还是湍流都是适用的。但是对于湍流，最根本的模拟方法就是在湍流尺度的网格尺寸内求解三维瞬态的控制方程，这种方法称为湍流的直接模拟（direct numerical simulation，DNS）。直接模拟需要分辨所有空间尺度上涡的结构和所有时间尺度上的涡的变化，所需要的网格数（约为雷诺数的9/4次方量级）和时间步长（10^5 以上个积分步）要求都是非常苛刻的，对于如此微小的空间和如此巨大的时间步长，现有计算机的能力还很难达到，DNS对内存空间及计算速度的苛刻要求使得它目前还只能用于一些低雷诺数的流动机理研究当中，无法用于真正意义上的工程计算。

针对目前的计算能力和某些情况下对湍流流动精细模拟的需要，形成了仅次于DNS又能用于工程的模拟方法：大涡模拟方法（large eddy simulation，LES），即放弃对全尺度范围上涡的运动模拟，而只将比网格尺度大的湍流运动通过直接求解瞬态控制方程计算出来，而小尺度的涡对大尺度运动的影响则通过建立近似的模型来模拟。总体而言，LES方法对计算机内存以及CPU速度要求仍然较高，但大大低于DNS方法，而且可以模拟湍流发展过程中的一些细节。目前在工作站和高档PC机上已经可以开展LES的工作。

在工程设计中通常只需要知道平均作用力和平均传热量等参数，即只需要了解湍流所引起的平均流场的变化。因此可以求解时间平均的控制方程组，而将瞬态的脉动量通过某种模型在时均方程中体现出来，即 RANS（reynolds averaged navier-stokes）模拟方法。经过时均之后，方程中出现了雷诺应力等脉动关联项。为了封闭方程，一种方法是推导出雷诺应力等关联项的输运方程，即雷诺应力模型；另一种方法是将湍流应力类比于黏性应力，把雷诺应力表示成湍流黏性和应变之间的关系式，再寻求模拟湍流黏性的方法。常见的 RANS 模型包括：单方程（spalart-allmaras）模型，双方程模型［k-ε 模型系列：标准 k-ε 模型，RNG（重整群方法）k-ε 模型，可实现 k-ε 模型；k-ε 模型系列：标准 k-ε 模型和 SSTk-ε 模型］，雷诺应力模型等。

目前还没有一种湍流模型能模拟所有湍流流动，通常是某个湍流模型更合适模拟某种湍流现象，具体选择哪种湍流模型，需要根据所研究的物理问题，所拥有的计算资源，所掌握的理论知识和对湍流模型的理解来综合考虑。

8.1.3 燃烧模型

燃烧是一种放热的化学反应。在燃烧过程中有反应物（燃料和氧气）的消耗，产物和热量的产生。燃烧的控制可以分为扩散控制和化学反应控制两类。混合控制的燃烧，其化学反应的时间要远远小于反应物的混合时间；混合控制的燃烧模型中将化学反应简化为反应速率为无限快的化学反应，即反应物一接触便发生了化学反应，FLUENT 里面的 ED 模型，FDS 里面的混合分数模型都是混合控制的燃烧模型。化学反应控制的燃烧，其反应物的混合时间不大于化学反应时间，即有限速率的化学反应。阿伦尼乌斯公式就是典型的有限速率化学反应模型。

燃烧还可以分为扩散燃烧和预混燃烧，火灾的燃烧属于扩散燃烧，气体爆炸的剧烈化学反应属于预燃化学反应。FLUENT 里面有扩散燃烧模型和预混燃烧模型。按参与燃烧燃料的不同类型，燃烧可以分为气体燃烧（气体扩散火焰、预混火焰传播）、液雾燃烧（液雾射流火焰、液雾爆炸）、固体颗粒燃烧（粉尘爆炸、煤粉燃烧）。对于气体扩散火焰、气体预混火焰传播、液雾射流火焰和煤粉燃烧，不少商业软件如 FLUENT 都有针对性的模型；但对于粉尘和液雾的爆炸，目前商业软件上还没有很好的模型来实现这类预混火焰的模拟。

8.1.4 颗粒相的质量、动量、能量输运方程

颗粒相的流动是一种多相流，非常复杂，目前模拟可以比较好地实现的是大颗粒的运动，微小颗粒的模拟结果与实验差别较大，因为低雷诺数的微小颗粒运动更为复杂，其拖曳力系数与颗粒的浓度也有关系，目前商业软件上也没有有效的模型。

颗粒可以分为液体颗粒和固体颗粒。液体颗粒与气相间有质量的交换，即液体的蒸发，也有热量和组分的交换，即蒸发吸热。颗粒的燃烧过程中气相和颗粒相间的传热传质更为剧烈。这些模拟通过 FLUENT 里面的离散相模型都可以实现。

8.1.5 计算区域离散化与网格划分

描述流体流动及传热等物理问题的基本方程为偏微分方程，想要得到它们的解析解或者近似解析解，在绝大多数情况下都是非常困难的，甚至是不可能的。但为了对这些问题

进行研究，可以借助于代数方程组求解方法。离散化的目的就是将连续的偏微分方程组及其定解条件按照某种方法遵循特定的规则在计算区域的离散网格上转化为代数方程组，以得到连续系统的离散数值逼近解。离散化包括计算区域的离散化和控制方程的离散化。

(1) 计算区域离散化

通过计算区域的离散化，把参数连续变化的流场用有限个点代替。离散点的分布取决于计算区域的几何形状和求解问题的性质，离散点的多少取决于精度的要求和计算机可能提供的存储容量。

最常用的方法是，在计算区域中，作三簇坐标面，它们两两相交得出的三组交线，分别与三个坐标轴平行，这些交线构成了求解域中的差分网格。各交点称为网格的结点，两相邻结点之间的距离称为网格的步长。图 8-1 表示了结点 P 及其周围与它相邻的六个结点 E、W、N、S、H 和 L。一般来说，网格的步长是不相等的。在时间坐标上，也可定出有限个离散点，相邻两个离散点之间的距离称为时间步长。图 8-2 是网格线不与坐标轴平行的例子。

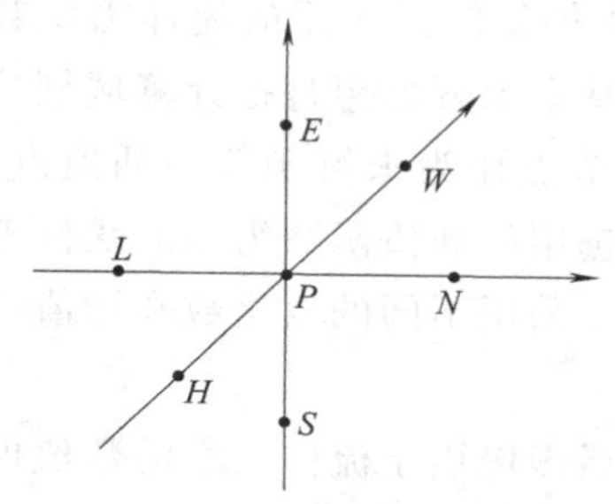

图 8-1　网格结点的符号

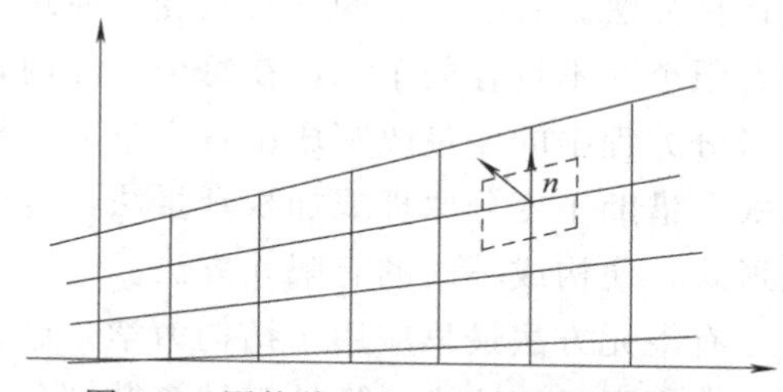

图 8-2　网格线不与坐标轴平行的例子

在计算过程中，这些网格一般是固定不变的。但有时也采用所谓的浮动网格，即网格结点和边界的位置随流动而改变。

(2) 网格划分

为了在计算机上实现对连续物理系统的行为或状态的模拟，连续的方程必须离散化，在方程的求解域上（时间和空间）仅仅需要有限个点，通过计算这些点上的未知量而得到整个区域上的物理量的分布。有限差分、有限体积和有限元等数值方法都是通过这种方法来实现离散化的。这些数值方法非常重要的一部分就是实现对求解区域的网格划分。网格划分技术已经有几十年的发展历史了，到目前为止，结构化网格技术发展得比较成熟，而非结构化网格技术由于起步较晚，实现比较困难等方面的原因，还处于逐步成熟的阶段。

8.1.6　控制方程的离散化

微分方程的数值解就是用一组数字表示待定变量在定义域内的分布，离散化方法就是对这些有限点的待求变量建立代数方程组的方法。根据实际研究对象，可以把定义域分为若干个有限的区域，在定义域内连续变化的待求变量场，由每个有限区域上的一个或若干个点的待求变量值来表示。

由于所选取的结点间变量 ϕ 的分布形式不同，推导离散化方程的方法也不同。在各种数值方法中，控制方程的离散方法主要有：有限差分法，有限元法，有限体积法，边界元法，谱方法等。这里主要介绍最常用的有限差分法、有限元法及有限体积法。

(1) 有限差分法

有限差分法（finite difference method，FDM）是计算机数值模拟最早采用的方法，至今仍被广泛运用。该方法将求解域划分为差分网格，用有限个网格节点代替连续的求解域。有限差分法以泰勒级数展开等方法，把控制方程中的导数用网格节点上的函数值的差商代替进行离散，从而建立以网格节点上的值为未知数的代数方程组。该方法是一种直接将微分问题变为代数问题的近似数值解法，数学概念直观，表达简单，是发展较早且比较成熟的数值方法。对于有限差分格式，从格式的精度来划分，有一阶格式、二阶格式和高阶格式。从差分的空间形式来考虑，可分为中心格式和逆风格式。考虑时间因子的影响，差分格式还可以分为显格式、隐格式、显隐交替格式等。目前常见的差分格式，主要是上述几种形式的组合，不同的组合构成不同的差分格式。差分方法主要适用于有结构网格，网格的步长一般根据实际地形的情况和柯朗稳定条件来决定。

(2) 有限元法

有限元法（finite element method，FEM）与有限差分法都是广泛应用的流体力学数值计算方法。有限元法的基础是变分原理和加权余量法，其基本求解思想是把计算域划分为有限个互不重叠的单元，在每个单元内，选择一些合适的节点作为求解函数的插值点，将微分方程中的变量改写成由各变量或其导数的节点值与所选用的插值函数组成的线性表达式，借助于变分原理或加权余量法，将微分方程离散求解。采用不同的权函数和插值函数形式，便构成不同的有限元方法。

有限元方法最早应用于结构力学，后来随着计算机的发展慢慢用于流体力学的数值模拟。在有限元方法中，把计算域离散剖分为有限个互不重叠且相互连接的单元，在每个单元内选择基函数，用单元基函数的线性组合来逼近单元中的真解，整个计算域上总体的基函数可以看作由每个单元基函数组成的，则整个计算域内的解可以看作是由所有单元上的近似解构成。常见的有限元计算方法有里兹法和伽辽金法、最小二乘法等。根据所采用的权函数和插值函数的不同，有限元方法也分为多种计算格式。从权函数的选择来说，有配置法、矩量法、最小二乘法和伽辽金法，从计算单元网格的形状来划分，有三角形网格、四边形网格和多边形网格，从插值函数的精度来划分，又分为线性插值函数和高次插值函数等。不同的组合同样构成不同的有限元计算格式。

(3) 有限体积法

有限体积法（finite volume method，FVM）又称为控制容积法，是近年发展非常迅速的一种离散化方法，其特点是计算效率高。目前在CFD领域得到了广泛的应用。其基本思路是：将计算区域划分为网格，并使每个网格点周围有一个互不重复的控制体积；将待解的微分方程（控制方程）对每一个控制体积分，从而得到一组离散方程。其中的未知数是网格点上的因变量，为了求出控制体的积分，必须假定因变量值在网格点之间的变化规律。从积分区域的选取方法看来，有限体积法属于加权余量法中的子域法，从未知解的近似方法看来，有限体积法属于采用局部近似的离散方法。简言之，子域法加离散，就是有限体积法的基本方法。

有限体积法的基本思路易于理解，并能得出直接的物理解释。离散方程的物理意义，就是因变量在有限大小的控制体积中的守恒原理，如同微分方程表示因变量在无限小的控制体积中的守恒原理一样。有限体积法得出的离散方程，要求因变量的积分守恒对任意一组控制体积都得到满足，对整个计算区域，自然也得到满足。就离散方法而言，有限体积法可视为有限单元法和有限差分法的中间物。

控制体积法是着眼于控制体积的积分平衡，并以结点作为控制体积的代表的离散化方法。由于需要在控制体积上作积分，所以必须先设定待求变量在区域内的变化规律，即先假定变量的分布函数，然后将其分布代入控制方程，并在控制体积上积分，便可得到描述结点变量与相邻结点变量之间的关系的代数方程。由于是出自控制体积的积分平衡方程，所以得到的离散化方程将在有限尺度的控制体积上满足守恒原理。也就是说，不论网格划分的疏密情况如何，它的解都能满足控制体积的积分平衡。这个特点提供了在不失去物理上的真实性的条件下，选择控制体积尺寸有更大自由度，所以它被广泛地应用于传热与流动问题的数值求解计算。

8.1.7 初始条件与边界条件

对于流动和传热问题的求解，除了要满足三大控制方程以外，还要指定边界条件，对于非定常问题还要指定初始条件。目的是使方程有唯一确定的解。初始条件就是待求的非稳态问题在初始时刻待求变量的分布，它可以是常值，也可以是空间坐标的函数。关于边界条件的给定，通常有三类：第一类边界条件是给出边界上的变量值；第二类边界条件是给出边界上变量的法向导数值；第三类边界条件是给出边界上变量与其法向导数的关系式。不管是哪一类问题，只有当边界的一部分（哪怕是个别点）给出的是第一类边界条件，才能得到待求变量的绝对值。对于边界上只有第二类或第三类边界条件的问题，数值求解也同样只能得到待求变量的相对大小或分布，不能求得它的唯一解。

(1) 初始条件

初始时刻 $t=t_0$ 时，流体运动所具有的初始状态可用常见物理量及其导数形式表示，如 $u=u(t_0)$，$T=T(t_0)$ 等。对于非稳态问题，所有计算变量在开始计算以前都应该有一个初始值，这样才有可能根据时间步长计算场变量随时间的变化，这就是初始条件。对数值计算来讲，初始条件的给定并不影响计算过程的实施，给定初始值即可，一般不需要另外处理。

(2) 边界条件

边界条件就是在流体运动边界上控制方程应该满足的条件，一般不会对数值计算产生重要的影响。即使对于同一个流场的求解，随着方法的不同，边界条件和初始条件的处理方式也是不同的。下面结合 Fluent 对边界条件进行详细的讨论。

① 入口边界条件　就是指定入口处流动变量的值。常见的入口边界条件有速度入口边界条件、压力入口边界条件和质量流动入口边界条件。

速度入口边界条件：用于定义流动速度和流动入口的流动属性相关的标量。这一边界条件适用于不可压缩流，如果用于可压缩流会导致非物理结果，这是因为它允许驻点条件浮动。应注意不要让速度入口靠近固体妨碍物，因为这会导致流动入口驻点属性具有太高的非一致性。

压力入口边界条件：用于定义流动入口的压力和其他标量属性。适用于可压缩流和不可压缩流。压力入口边界条件可用于压力已知但是流动速度未知的情况。可用于浮力驱动的流动等许多实际情况。压力入口边界条件也可用来定义外部或无约束流的自由边界。

质量流动入口边界条件：用于已知入口质量流速的可压缩流动。在不可压缩流动中不必指定入口的质量流率，因为密度为常数时，速度入口边界条件就确定了质量流条件。当要求达到的是质量和能量流速而不是流入的总压时，通常就会适用质量入口边界条件。

② 出口边界条件　压力出口边界条件：压力出口边界条件需要在出口边界处指定表压（gauge pressure）。表压值的指定只用于亚声速流动。如果当地流动变为超声速，就不再使用指定表压了，此时压力要从内部流动中求出，包括其他的流动属性。在求解过程中，如果压力出口边界处的流动是反向的，回流条件也需要指定。如果对于回流问题指定了比较符合实际的值，收敛困难问题就会不明显。

压力远扬边界条件：Fluent 中使用的压力远扬条件用于模拟无穷远处的自由流条件，其中自由流马赫数和静态条件被指定。这一边界条件只适用于密度规律与理想气体相同的情况，对于其他情况要有效地近似无限远处的条件，必须将其放到所关心的计算物体的足够远处。例如，在机翼升力计算中远扬边界一般都要设到 20 倍弦长的圆周之外。

质量出口边界条件：当流动出口的速度和压力在解决流动问题之前是未知时，Fluent 会使用质量出口边界条件来模拟流动。不需要定义流动出口边界的任何条件（除非模拟辐射热传导、粒子的离散相或者分离质量流），Fluent 会从内部推导所需要的信息。然而，重要的是要清楚这一边界类型所受的限制。

③ 固体壁面边界条件　对于黏性流动问题，Fluent 默认设置是壁面无滑移条件，但也可以指定壁面切向速度分量（壁面平移或者旋转运动时），给出壁面切应力，从而模拟壁面滑移。可以根据当地流动情况，计算壁面切应力与流体换热情况。壁面热边界条件包括固定热通量、固定温度、对流换热系数、外部辐射换热、对流换热等。

④ 对称边界条件　对称边界条件应用于计算的物理区域（或者流动或者传热场）是对称的情况。在对称轴或者对称平面上，没有对流通量，因此垂直于对称轴或者对称平面的速度分量为 0。在对称轴或者对称平面上，没有扩散通量，即垂直方向上的梯度为 0。因此在对称边界上，垂直边界的速度分量为 0，任何量的梯度为 0。

计算中不需要给定任何参数，只需要确定合理的对称位置。该边界条件可以用于黏性流中的运动边界处理。

⑤ 周期性边界条件　如果流动的几何边界、流动和换热是周期性重复的，则可以采用周期性边界条件。Fluent 提供了两种周期性边界类型：一类是流体经过周期性重复后没有压降（cyclic）；另一类则有压降（periodic）。Fluent 在周期性边界处理流动就像反向周期性平面，和前面的周期性边界直接相邻一样。当计算流过邻近流体单元的周期性边界时，就会使用与反向周期性平面相邻的流体单元的流动条件。

8.2 常用软件介绍

8.2.1 FLUENT 简介

Fluent 是由美国 FLUENT 公司于 1983 年推出的 CFD 软件。它是继 PHOENICS 软

件之后的第二个投放市场的基于有限体积法的软件。Fluent 是目前功能最全面、适用性最广、国内使用最广泛的 CFD 软件之一。

Fluent 提供了非常灵活的网格特性，让用户可以使用非结构网格，包括三角形、四边形、四面体、六面体、金字塔形网格来解决具有复杂外形的流动，甚至可以用混合型非结构网格。它允许用户根据解的具体情况对网格进行修改（细化/粗化），非常适合于模拟具有复杂几何外形的流动。除此之外，为了精确模拟物理量变化剧烈的大梯度区域，如自由剪切层和边界层，Fluent 还提供了自适应网格算法。该算法既可以降低前处理的网格划分要求，又可以提高计算求解的精度。Fluent 可读入多种 CAD 软件的三维几何模型和多种 CAE 软件的网格模型。

Fluent 可用于二维平面、二维轴对称和三维流动分析，可完成多种参考系下的流场模拟、定常或非定常流动分析、不可压或可压流动计算、层流或湍流流动模拟、牛顿流体或非牛顿流体流动、惯性与非惯性坐标系中的流体流动、传热和热混合分析、化学组分混合和反应分析、多相流分析、固体与流体耦合传热分析、多孔介质分析、运动边界层追踪等。针对上述每一类问题，Fluent 都提供了优秀的数值模拟格式供用户选择。因此，Fluent 已广泛应用于化学工业、环境工程、航天工程、汽车工业、电子工业和材料工业等。

Fluent 可让用户定义多种边界条件，如流动入口及出口边界条件、壁面边界条件等，可采用多种局部的笛卡尔和圆柱坐标系的分量输入，所有边界条件均可以随着空间和时间的变化，包括轴对称和周期变化等。Fluent 提供的用户自定义子程序功能，可让用户自行设定连续方程、动量方程、能量方程或组分输运方程中的体积源项，自定义边界条件、初始条件、流体的物性、添加新的标量方程和多孔介质模型等。Fluent 的湍流模型包括 k-ε 模型、Reynolds 应力模型、LES 模型、标准壁面函数、双层近壁模型等。

Fluent 是用 C 语言编写的，可实现动态内存分配及高级数据结构，具有很大的灵活性与很强的处理能力，此外，Fluent 使用 Client/Server 结构，它允许同时在用户桌面工作站和强有力的服务器上分离地运行程序。在 Fluent 中，解的计算与显示可以通过交互式的用户界面来完成。用户界面是通过 Scheme 语言写的，高级用户可以通过写菜单宏及菜单函数自定义及优化界面。用户还可以使用基于 C 语言的用户自定义函数功能对 Fluent 进行扩展。

（1）Fluent 的运行

Fluent 的运行可以按照路径：开始→程序→Fluent IncProducts→Fluent 6.3.26→Fluent 6.3.26 或桌面上的快捷方式启动。启动 Fluent 后出现如图 8-3 所示的对话框。

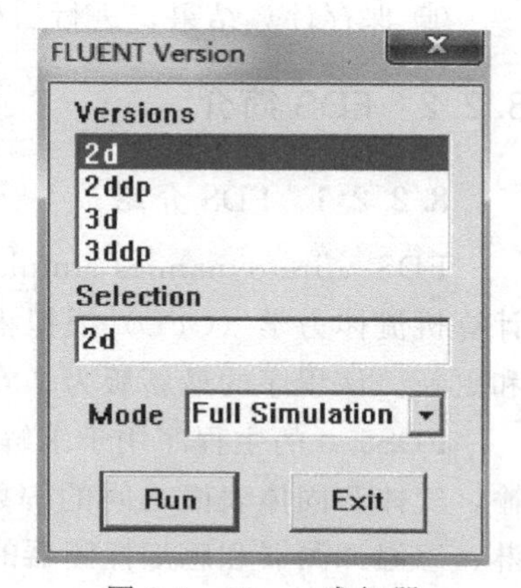

图 8-3　Fluent 求解器

其中 2d 表示二维单精度求解器；2ddp 表示二维双精度求解器；3d 表示三维单精度求解器；3ddp 表示三维双精度求解器。

在所有的操作系统上都可以进行单精度和双精度计算。对于大多数情况来说，单精度计算已经足够，但在下面这些情况下需要使用双精度计算：

① 计算域非常狭长（比如细长的管道），用单精度表示节点坐标可能不够精确。

② 如果计算域是许多由细长管道连接起来的容器，各个容器内的压强各不相同。如果某个容器的压强特别高的话，那么在采用同一个参考压强时，用单精度表示其他容器内压强可能产生较大的误差，这时可以考虑使用双精度求解器。

③ 在涉及到两个区域之间存在很大的热交换，或者网格的长细比很大时，用单精度可能无法正确传递边界信息，并导致计算无法收敛，或精度达不到要求，这时也可以考虑采用双精度求解器。

(2) Fluent 求解方法的选择

Fluent 提供了非耦合求解、耦合隐式求解以及耦合显示求解三种方法。非耦合求解方法用于不可压缩或低马赫数压缩性流体的流动。耦合求解方法则可以用于高速可压缩流动。Fluent 默认设置是非耦合求解，但对于高速可压流动，或需要考虑体积力（浮力或离心力）的流动，求解问题时网格要比较密，建议采用耦合隐式求解方法求解能量和动量方程，可较快地得到收敛解，缺点是需要的内存比较大（是非耦合求解迭代时间的 1.5～2.0 倍）。如果必须要耦合求解，但机器内存不够时，可以考虑用耦合显示解法器求解问题。该解法器也耦合了动量、能量及组分方程，但内存却比隐式求解方法小，缺点是收敛时间比较长。

(3) Fluent 模拟步骤

利用 Fluent 软件进行求解的步骤如下：

① 确定几何形状，生成计算网格。

② 选择求解器（2D 或 3D 等）。

③ 输入并检查网格。

④ 选择求解方程：层流或湍流（或无黏流），化学组分或化学反应，传热模型等。确定其他需要的模型，如风扇、热交换器、多孔介质等模型。

⑤ 确定流体的材料物性。

⑥ 确定边界类型及边界条件。

⑦ 设置计算控制参数。

⑧ 流场初始化。

⑨ 求解计算。

⑩ 保存计算结果，进行后处理。

8.2.2 FDS 简介

8.2.2.1 FDS 介绍

FDS（fire dynamics simulator）是美国国家标准与技术研究院（NIST）开发的一种计算机流体力学（CFD）模拟程序，其第 1 版在 2000 年 1 月发布，以后一直在不断改进和更新。该程序的最新版为 2007 年 3 月发布的第 5 版（FDS5.0）。

FDS5.0 的主程序用于求解微分方程，可以模拟火灾导致的热量和燃烧产物的低速传输，气体和固体表面之间的辐射和对流传热，材料的热解，火焰传播和火灾蔓延，水喷淋、感温探测器和感烟探测器的启动，水喷头喷雾和水抑制效果等。FDS5.0 还附带有一个 Smokeview 程序，可用来显示和查看 FDS 的计算结果，它可以显示火灾的发展和烟气的蔓延情况，还能用于评判火场中的能见度。

FDS采用数值方法求解一组描述低速、热驱动流动的Navier-Stokes方程，重点关注火灾导致的烟气运动和传热过程。对于时间和空间，均采取二阶的显式预估校正方法。FDS5.0中包括大涡模拟（large eddy simulation，LED）和直接数值模拟（direct numerical simulation，DNS）两种方法。直接数值模拟主要是适用于小尺寸的火焰结构分析，而对于在空间较大的多室建筑结构内的烟气流动过程，则应选择LES。FDS默认的运行方式是LES。

大涡模拟的基本思想是在流场的大尺度结构和小尺度结构（Kolmogorov尺度）之间选择一个滤波宽度对控制方程进行滤波，从而把所有变量分成大尺度量和小尺度量。对大尺度量用瞬时的N-S方程直接模拟，对于小尺度量则采用亚格子模型进行模拟。火灾烟气的湍流输运主要由大尺度漩涡运动决定，对大尺度结构进行直接模拟可以得到真实的结构状态。又由于小尺度结构具有各向同性的特点，因而对流场中小尺度结构采用统一的亚格子模型是合理的。

FDS5.0中采用的是Smagorinsky亚格子模型，该模型基于一种混合长度假设，认为涡黏性正比于亚格子的特征长度Δ和特征湍流速度。根据Smagorinsky模型，流体动力黏性系数表示为：

$$\mu_{\mathrm{LES}}=\rho(C_{\mathrm{s}}\Delta)^2\left[\frac{1}{2}(\nabla u+\nabla u^T)\cdot(\nabla u+\nabla u^T)-\frac{2}{3}(\nabla\cdot u)^2\right]^{\frac{1}{2}}$$

式中，$\Delta=(\delta x\delta y\delta z)^{1/3}$；$C_{\mathrm{s}}$为Smagorinsky常数。流体的热导率和物质扩散系数分别表示为：

$$k_{\mathrm{LES}}=\frac{\mu_{\mathrm{LES}}c_p}{Pr},\quad (\rho D)_{i,\mathrm{LES}}=\frac{\mu_{\mathrm{LES}}}{Sc}$$

式中，Sc为流体的施密特数；Pr为普朗特数；c_p为流体定压比热容。

大涡模拟能够较好处理湍流和浮力的相互作用，可以得到较为理想的结果，因此目前在火灾过程的模拟计算中得到了相当广泛的应用。

为了合理描述火灾这种特殊的燃烧过程，需要建立适当的燃烧模型。目前在FDS中包括有限反应速率和混合分数两种燃烧模型。有限反应速率模型适用于直接数值模拟，混合分数燃烧模型则适用于大涡模型。在FDS中默认的是混合分数模型。

FDS采用矩形网格来近似表示所研究的建筑空间，用户搭建的所有建筑组成部分都应与已有的网格相匹配，不足一个网格的部分会被当作一个整网格或者忽略掉。

FDS对空间的所有固体表面均赋予热边界条件以及材料燃烧特性信息，固体表面上的传热和传质通常采用经验公式进行处理。

8.2.2.2 FDS的使用方法

(1) 编制数据输入文件

使用FDS进行计算前，应先编写数据输入文件。该文件大致由三部分组成：

① 提供所计算的场景的必要说明信息，设定计算区域的大小，网格划分的状况并添加必要的几何学特征；

② 设定火源和其他边界条件；

③ 设定输出数据信息，例如某个截面上的温度、CO浓度，某出口的质量流率，某点

的温度、CO浓度等数据。

在FDS的输入文件中每行语句必须以字符“&”开始，紧接着名单群，后面是相关的输入参数列，在语句的末尾应当以字符“/”终止。输入文件中的参数可以是整数、实数、数组实数、字符串、数组字符串或逻辑词。输入参数可用逗号或空格分隔开。在语句末尾“/”符号之后可以将相关的评注或注意写入文件中。下面给出了一个FDS输入文件的示例：

```
&HEAD CHID='Atrium Fir', TITLE='Atrium Fire'/任务名称和标题
&TIME TWFIN=600.0 / 设定计算时间
&MESH IJK=40, 24, 100, XB=0, 20, 0, 12, 0, 20 / 设定网格数量和计算区域
&MISC TMPA=22 /设定初始环境温度
&REAC ID        = 'POLYURETHANE'
FYI             = 'C_6.3 H_7.1 N O_2.1, NFPA Handbook, Babrauskas'
SOOT_YIELD = 0.10
N               = 1.0
C               = 6.3
H               = 7.1
O               = 2.1   /设定可燃材料为聚亚氨酯
&SURF ID='BURNER', HRRPUA = 30., PART_ID = 'smoke', COLOR = 'RED' /设定火源
&PART ID='smoke', MASSLESS=.TRUE., SAMPLING_FACTOR=1 /示踪粒子参数
&VENT XB=9.5, 10.5, 5.5, 6.5, 0, 0, SURF_ID='BURNER' / 火源位置
&VENT XB=8, 12, 0, 0, 0, 4, SURF_ID='OPEN' / 开口
&INIT XB=0, 20, 0, 12, 5, 6, TEMPERATURE=23. /初始温度梯度条件
&INIT     XB=0 20 0 12 5 6 TEMPERATURE=23. /
……
&INIT     XB=0 20 0 12 19 20 TEMPERATURE=51. /
&SLCF PBY=6, QUANTITY='TEMPERATURE'/输出竖直中心面上的温度
&TAIL/结束
```

(2) 主要输入参数说明

① 任务命名HEAD 用于给出相关输入文件的任务名称，包括2个参数：CHID是一个最多可包含30个字符的字符串，用于标记输出文件；TITLE是描述问题的最多包含60个字符的字符串，用于标记算例序号。

② 计算时间TIME 用来定义模拟计算持续的时间和最初的时间步。通常仅需要设置计算持续时间，其参数为TWFIN，缺省时间为1s。示例中设置计算时间为600s。

③ 计算网格MESH 用于定义计算区域和划分网格。FDS中的计算区域和网格均是平行六面体，计算区域大小通过一组XB开头的六个数值来确定，示例中定义了长为20m、宽为12m、高为20m的长方形计算区域，x、y、z方向的网格（GRID）数由I、J、K后的三个数值来确定，示例中分别为40、24和100个。

④ 综合参数MISC 是各类综合性输入参数的名称列表组，一个数据文件仅有一个MISC行。示例中的MISC表示环境温度为20℃。

⑤ 燃烧参数REAC 用来描述燃烧反应的类型，在FDS输入文件中可以不用REAC语句定义反应类型，此时默认的反应物为丙烷。在REAC语句中可以定义参与可燃物的

名称、化学分子式、产烟量、CO 产量、燃烧热等参数，也可以采用程序的默认值。示例中定义了一种名为聚亚氨酯的可燃物，并给出了其化学分子式和产烟量。

⑥ 障碍物 OBST　用于描述障碍物状况，每个 OBST 行都包含计算区域内矩形固体对象的坐标、性质以及颜色等参数。障碍物的坐标由 XB 引导的一组六个数值来确定，在 OBST 行中的表示为：XB＝X_1，X_2，Y_1，Y_2，Z_1，Z_2。

⑦ 边界条件 SURF　用于定义流动区域内所有固定表面或开口的边界条件。固体表面默认的边界条件是冷的惰性墙壁。如果采用这种边界条件，则无需在输入文件中添加 SURF 行；如果要得到额外的边界条件，则必须分别在本行中给出。每个 SURF 行都包括一个辨识字符 ID＝'.'，用来引入障碍物或出口的参数。而在每一个 OBST 和 VENT 行中的特征字符 SURF _ ID＝'.'，则用来指出包含所需边界条件的参数。

SURF 还可用来设定火源，HRRPUA 为单位面积热释放速率（kW/m^2），用于控制可燃物的燃烧速率。如果仅需要一个确定热释放速率的火源，则仅需设定 HRRPUA。例如：

&SURF ID='BURNER'，HRRPUA＝30/

表示将 30 kW/m^2 的热释放速率应用于任何 SURF ID＝'BURNER'的表面之上。

SURF 还可以用来设定热边界条件和速度边界条件。

⑧ 通风口 VENT　用来描述紧靠障碍物或外墙上的平面，用 XB 来表示，其六个坐标中必须有一对是相同的，以表示为一个平面。在 VENT 中可以使用 SURF _ ID 来将外部边界条件设为"OPEN"，即假设计算域内的外部边界条件是实体墙，OPEN 表示将墙上的门或窗打开。VENT 也可用来模拟送风和排烟风机。如：

&SURF ID='BLOWER'，VEL＝-1.5 /

&VENT XB＝0.50，0.50，0.25，0.75，0.25，0.75，SURF _ ID＝'BLOERW'/

表示在网格边界内创建了一个平面，它以 1.5m/s 的速度由 x 坐标的负方向向内送风。

⑨ 输出数据组　在输入文件中还应设定所有需要输出的参数，如 THCP、SLCF、BNDF、ISOF 和 PL3D 等。否则在计算结束后将无法查看所需信息。查看计算结果有几种方法。如热电偶是保存空间某给定点温度的量，该量可表示为时间的函数。为了使流场更好地可视化，可使用 SLCF 或 BNDF 将数据保存为二维数据切片。这两类输出格式都可以在计算结束后以动画的形式查看。

另外还可用 PL3D 文件自动存储所需的流场图片。示踪粒子能够从通风口或障碍物注入流动区域，然后在 Smokeview 中查看。粒子的注入速率、采样率及其他与粒子有关的参数可使用 PART 名单组控制。

⑩ 结尾 TAIL　数据输入文件以"&TAIL"为最后一行，表示所有数据已全部输入完毕。

在 FDS 中还有一些常用的语句，如 INIT 语句可以定义指定区域初试温度；MAIL 语句可以定义制定材料性质等，具体可参见 FDS 用户手册。

(3) 运行和查看结果

当对编写好的数据输入文件检查无误后，即可将其存放在预定文件夹中。对于 MS Windows 的用户，需打开命令提示窗口，找到 .fds 输入文件所在的目录，输入命令提示：

fds5 job _ name. fds，即可开始模拟计算。

计算完成后，可以打开目标文件夹内的 . smv 文件查看计算结果。其中某些计算结果，如火源热释放速率和热电偶测得的温度值等，会存储为 . csv 格式的文件，可使用 Microsoft Office、Excel 等软件直接打开进行查看。

8.2.3 PHAST 简介

目前针对石化行业的后果定量分析软件较多，如挪威船级社（DNV）开发的 PHAST 软件、壳牌公司（SHELL）开发的 FRED 软件、荷兰应用技术研究院（TNO）开发的 DAMAGE 软件等。其中 PHAST 软件是典型的商业型后果模型软件，在安全管理和技术评价领域较为权威，它有比较全面的危险物质数据库和一系列事故模型，适用范围很广。

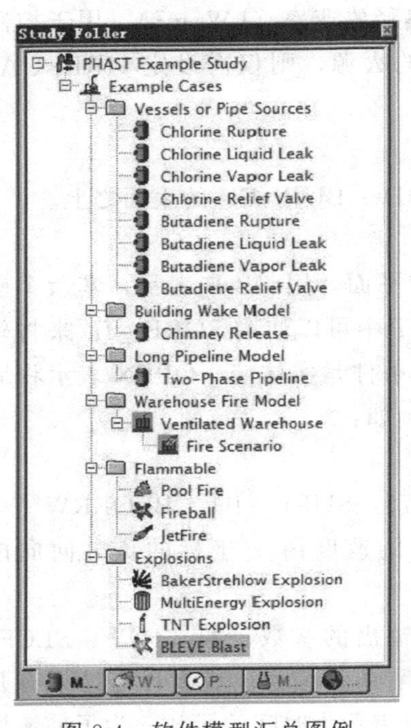

图 8-4 软件模型汇总图例

DNV PHAST 软件，全称 process hazard analysis software tool，是挪威船级社 DNV 公司开发的。该软件还包括 SAFETI（software for assessment of flammable，explosive and toxic impacts）部分。其中 PHAST 用于物料泄漏、扩散过程及事故后果的模拟计算，能给出有毒云团的扩散范围，可燃物质的燃烧热辐射，爆炸冲击波程度和范围，可为事故发生后的现场控制，采取相应的安全对策措施等提供科学的依据。SAFETI 用于定量风险分析和危险性评价的软件，它对物料泄漏、扩散过程、事故后果及风险值进行模拟计算，给出可能的事故风险范围及指定点的风险值，可实现定量风险分析。由于软件内部集合了化工行业大部分的物质（尤其是易燃、易爆、有毒等危险物质）相对较全的物料参数（熔点、沸点、燃点、爆炸极限、临界压力、毒害性等），卫生标准下的各等级标准，危害程度的分级标准以及对以往事故的大量搜集得出的对比数据等，该软件模拟得出的数据与现实吻合度很高，应用十分广泛。

图 8-4 为实例中所列出的可用模型，可总体分为：容器、管道泄漏模型；建筑模型；长管道泄漏模型；仓库火灾模型；燃烧模型；爆炸模型等。

(1) 容器、管道泄漏模型

容器及管道内部物质的泄漏可用此模型进行计算。比如以下事故情景：罐体破裂，罐体不同大小孔径泄漏，管线断裂，阀门泄漏，长管道不同大小孔径泄漏，罐顶失效等。泄漏形态又可分为气相泄漏，液相泄漏，气液两相泄漏等。收集不同的实例分析所需的数据，进行相关参数的输入，可得出相应的结果。如泄漏物质的扩散速率；泄漏物质浓度与距离的关系曲线，泄漏物质（有毒）的致死浓度范围；泄漏物质（可燃）的热辐射及爆炸超压危害范围等。

(2) 建筑模型

此模型可用于建筑邻近位置的物料释放计算，该附近位置可以是建筑物内部，可以是靠近建筑物的地面，也可以为建筑顶部烟囱。

所有的建筑物都有其下风向低压回流区，该模型可计算回流区对释放物质的影响，绘制出回流区内以及靠近回流区的释放云图。

(3) 长管道泄漏模型

当管道足够长（长度大于300倍的直径）时，计算管道全径破裂后的物料释放，或小孔泄漏（孔径远小于管道全径），需用此模型计算。对于短管道的全径破裂，则要用8.1.1介绍的模型进行计算。

长管道的物料泄漏具有时间依赖性，会受到管道阀门闭合，管内物质流速，管道自身材料，泄漏外部环境，泄漏位置，泄漏孔径大小等因素的影响，这些因素在此模型中均得以体现。

(4) 仓库火灾模型

仓库火灾模型用来计算存有毒物的仓库内发生火灾后，有毒气体形成的羽流影响范围。羽流的形状与持续时间是由仓库内物质的种类及数量，仓库内的通风设备以及火灾的规模决定的。

(5) 燃烧模型

PHAST软件包含一系列独立的燃烧模型：池火灾、火球、喷射火等。

根据不同的条件，输入所需的参数后，三种模型均可自动计算出火焰的形状及强度，另外可得出辐射轮廓，辐射强度与距离的关系以及在某一点的辐射强度等数据。除了某一点的辐射强度以外，其他结果均可用图形及表格两种形式表示出来。

(6) 爆炸模型

PHAST软件包含三个独立的爆炸模型：TNT模型、Multi-Energy模型、Baker Strehlow模型。TNT模型是最简单的，是PHAST软件早期版本默认使用的爆炸模型。Multi-Energy模型是最为复杂的，需要大量周围环境的数据。Baker Strehlow模型的复杂程度介于前两者之间。

运用PHAST软件进行模拟分析计算，需充分熟悉装置情况及周围环境情况。根据软件需求搜集必要的原始数据，比如设备所处的环境条件、气象参数、工艺的设备参数、平面布置、点火源位置等，分析可能发生的事故类型。根据对事故状态的分析，选取不同的模型进行计算，以数字或图表的形式，计算出某些事故的风险结果。最后可用此结果与相应的风险标准进行对比，若达不到标准，可据实情进行相应参数的变动，进而完善结果数据，并据变动进而完善设备的运行状态，以期达到最大限度的安全状态。

事故类型主要有泄流模型、弥散模型、火灾爆炸模型等。

8.3 泄漏事故模拟

8.3.1 气体泄漏事故模拟

某半水煤气柜设计容量为10000m^3，直径20m。假设泄漏发生时气柜高度为20m，工作压力400mm水柱。如图8-5所示，泄漏裂口位于气柜底端距地面高2m处，泄漏面

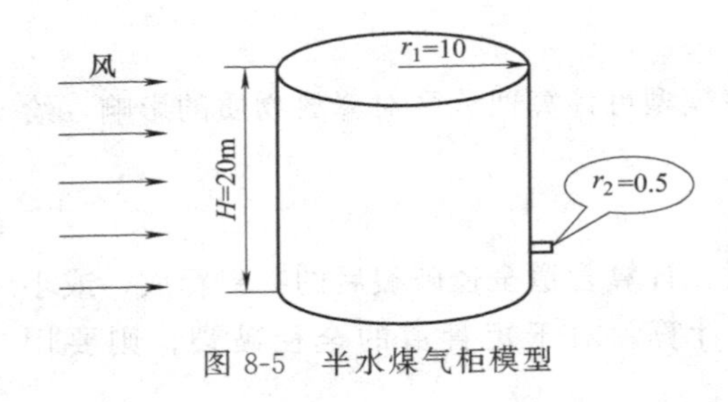

图 8-5　半水煤气柜模型

积等效折算成半径为 0.5m 的圆面。半水煤气主要组成成分为 40.21% H_2，30.37% CO，20.65% N_2，7.01% CO_2 和 1.46% CH_4。环境压力为 101.325kPa，温度为 27℃，空气运动黏性系数取为 $1.5\times10^{-5}m^2/s$。

选定计算区域为 80m(G_x)×40m(G_z)×150m(G_y)，如图 8-6 所示。由于气柜背风面以及泄漏口附近压力梯度变化较大，因此在泄漏口附近进行网格加密。空气入口和泄漏口的边界条件定义为 velocity-inlet，罐体地面定义为 wall，其他面定义为 outflow。

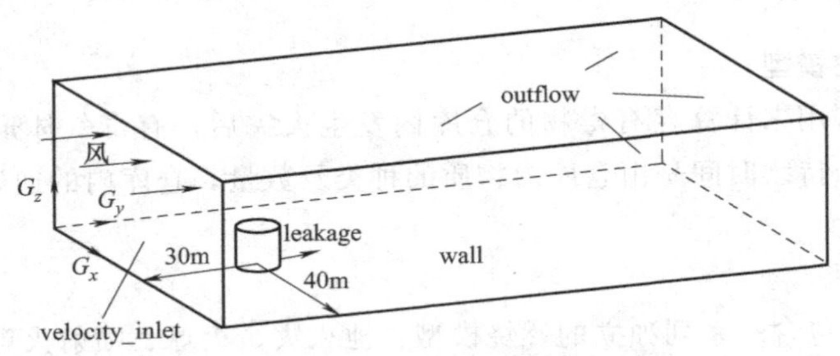

图 8-6　计算区域和边界条件

(1) 气体泄漏扩散过程

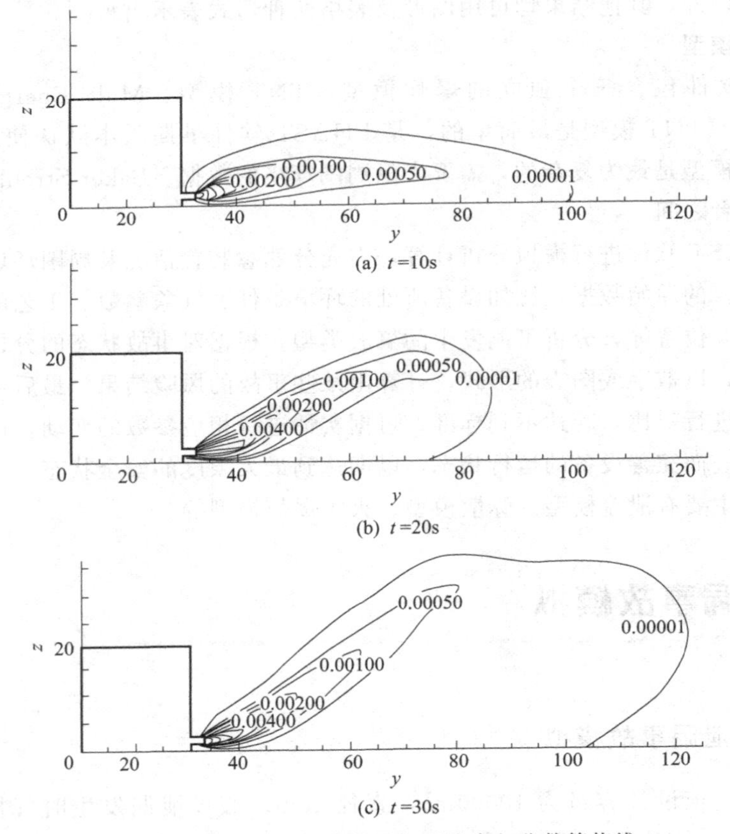

图 8-7　不同时刻 $x=40$ 截面上甲烷摩尔分数等值线

图 8-7 给出了泄漏发生 10s、20s 和 30s 时，气柜中截面上的甲烷摩尔分数分布图。从图中可以看出，气体的扩散过程主要受到三个因素的影响，即射流动量、浮力以及环境风速。

① 射流动量　当煤气气柜发生破裂后，由于内外压差很大，半水煤气会以高速喷射而出。此时泄漏出的高速气流与空气混合形成的轴向蔓延速度远远大于环境风速，其高速喷射扩散过程主要受泄漏源本身特征参数控制，如气体压强、温度和泄漏口面积等。随着喷射距离的增大，卷吸的空气越来越多，受到的阻力也越来越大，喷射速度会逐渐下降。当速度降到和环境风速差不多时，初始喷射阶段结束，扩散开始主要受浮力和环境风速影响。

② 浮力　由于甲烷的密度比空气密度小，此时在浮力作用下向上运动。在初始阶段，浮力作用对扩散影响很小，但初始喷射结束以后，浮力开始对气云扩散起主导作用。随着扩散的持续进行，气云密度和空气密度差会减小，最终浮力作用可以忽略不计。

③ 环境风速　在浮力作用可以忽略之后，环境风速在扩散中起主导作用。在环境风速作用下，泄漏气体在随风运动的同时，存在着从高浓度向低浓度的传质过程。随着扩散距离的增加，最终泄漏气体浓度趋于 0。

(2) 爆炸区域

研究表明半水煤气的爆炸极限是 7.66%～75.80%。因此，半水煤气泄漏到空气中后如果下游区域空气体积分数介于 24.20%～92.34%，就有发生爆炸的危险性。图 8-8 所示为不同风速作用下，泄漏时间为 300s 时，气柜下游区域空气摩尔分数分布等值线。

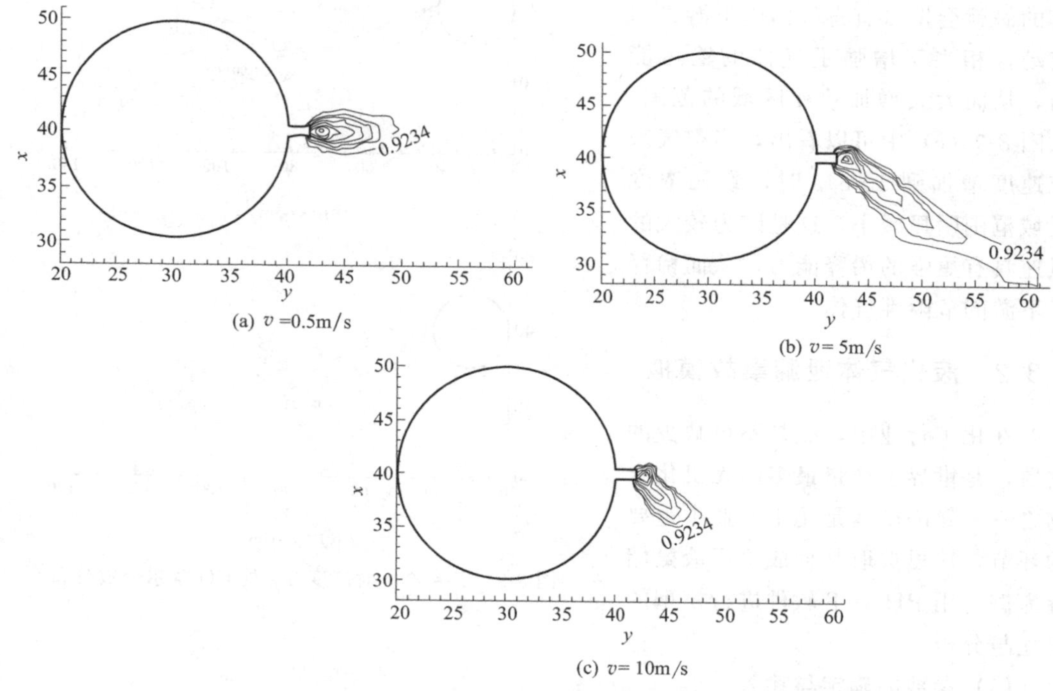

图 8-8　$T=300$s 时空气摩尔分数分布

从图 8-8（a）可以看出，空气速度为 0.5m/s 时，达到爆炸极限的区域主要位于泄漏口下游 10m 范围内。这是因为喷射出来的半水煤气在浮力和动量的共同作用下主要向斜上方扩散，而较小的空气速度又不足以将喷射出来的气体完全吹向下游区域。从图 8-8（b）中可以看出，存在爆炸可能性的范围主要位于泄漏口斜下游方向 20m 范围内的狭长区域内。这表明随着空气速度的增大，爆炸范围也有所增加。同时气体的扩散方向也发生了改变，这是由于气柜的扰流作用造成的。从图 8-8（c）中可以看出，当空气速度进一步增大到 10m/s 时，可能发生爆炸的区域范围反而减小了。这表明当风速增大到一定程度时，稀释作用逐渐增强并开始占据主导地位。

(3) CO 致死区域

研究表明当空气中 CO 的浓度超过 1220×10^{-6}时，就能使人立即死亡。图 8-9 为不同风速作用下，泄漏发生 300s 时气柜下游区域高度为 2m 处一氧化碳摩尔分数分布等值线。

从图 8-9（a）中可以看出，当空气速度为 0.5m/s 时，致死区域主要位于泄漏口下游 14m、宽度为 7m 的矩形区域内。这表明风速较小时，主导气体扩散的主要因素是自身的动量和浮力，因此气体扩散得很慢。从图 8-9（b）中可以看出，当空气速度为 5m/s 时，致死区域范围扩大到下游 100m 处，这是因为增大风速能够使圆柱绕流产生的漩涡脱落，而这些脱落的涡就会携带有毒气体向下游方向流动，相当于增强了气体的输运能力，从而大大增加致死区域的范围。从图 8-9（c）中可以看出，当空气来流速度增加到 10m/s 时，致死浓度区域范围明显减小，这是因为较大的风速具有更强的稀释能力，从而稀释了下游的危险性气体。

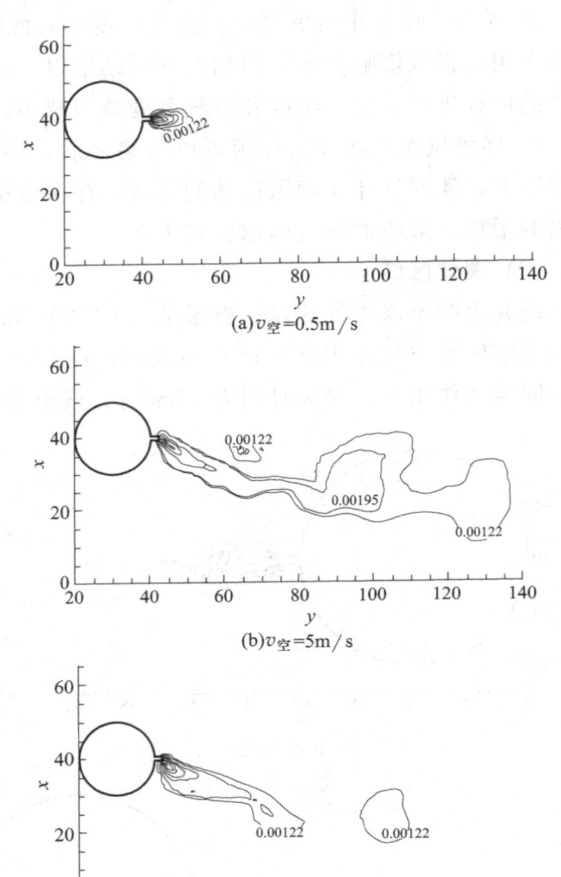

图 8-9　$T=300$s 时高度 2m 处 CO 摩尔分数分布

8.3.2　液化气体泄漏事故模拟

在化工行业中，氨是不可缺少的物质，是世界上产量最多的无机化合物之一。氨的储运是化工行业中重要的环节，这里选取某合成氨厂液氨储罐为例，用 PHAST 软件进行模型的建立与分析。

(1) 参数的确定与输入

液氨储罐发生泄漏的情况也要分多种，如灌底小孔径泄漏、大孔径泄漏、罐出口管断裂、罐体破裂等，对各种不同的模型，都要在软件中建立。图 8-10 中是该液氨罐中建立的三种简单模型，分别为罐体破裂、12mm 孔径泄漏、50mm 孔径泄漏。

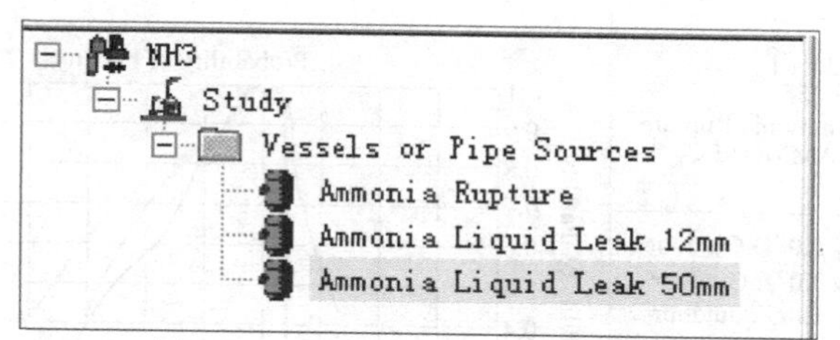

图 8-10　液氨储罐泄漏的三种场景

气象参数可自己设定，但一般应符合当地的天气情况。在此可以假定多种不同的天气情况，对每一种情况进行模拟。表 8-1 给出了液氨储罐考虑的三种气象条件。

表 8-1　液氨储罐考虑的三种气象参数

气象条件	大气压力 /MPa	大气温度 /℃	湿度 /%	风速 /(m/s)	大气稳定度
1	0.1	30	85	5.0	D
2	0.1	15	80	3.0	E
3	0.1	5	80	1.0	F

厂内工作的液氨储罐有 4 个，均为圆形大容积储罐，一旦发生泄漏，将产生很大的影响。输入北 2 号储罐的工作参数，该储罐的容积为 $1000m^3$，作记录时的液位高度为 6.45m，底部压力为 2.3MPa，温度为 2.2℃；顶部压力为 2.25MPa。此外，还需介质的物性参数、罐区的布置图、厂区平面布置图或厂区区域位置图等，进而分析罐区发生泄漏事故后对厂区或周边的影响。当所有的参数都完善以后，可运行软件。

(2) 运行软件

由于运行结果涉及较多的数据与图表，现选取部分图表如下（图 8-11、图 8-12、表 8-2）。根据软件的需求，直接以 ppm 计量气体浓度，因此，下列图表及数据中有关气体浓度的均以 ppm 表示。

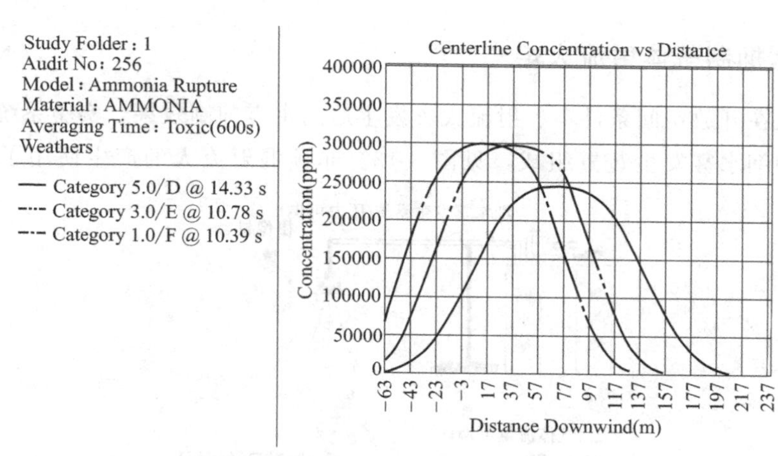

图 8-11　罐体破裂泄漏气体浓度与下风向距离的关系曲线

氨的 LFL（着火下限）为 160000ppm，UFL（着火上限）为 250000；美国工业卫生协会（AIHA）制定的紧急响应计划指南 ERPG 中，给出对人体产生不同影响的 ERPG

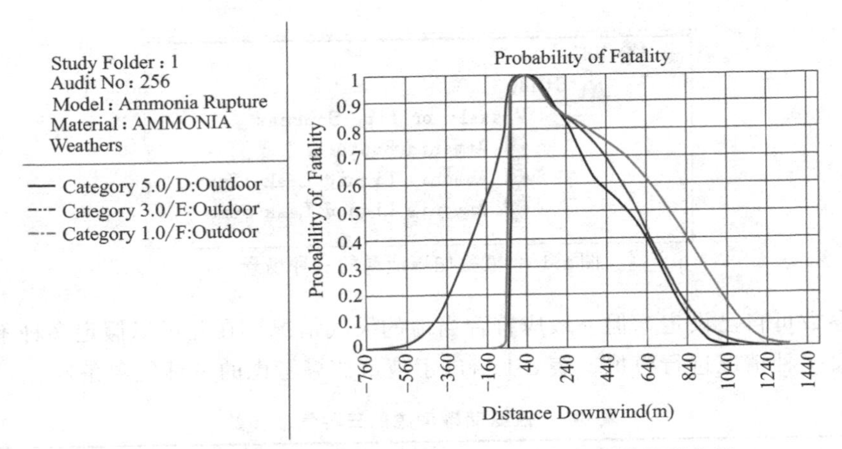

图 8-12 罐体破裂泄漏气体致死率与下风向距离的关系曲线

数值，见表 8-2。可根据必要的数值标准对氨泄漏后的不同距离下的浓度进行判断，采取相应的措施。

表 8-2 氨对人体产生不同危害的 ERPG 数值

标准级	数/ppm	意义/人员暴露于有毒气体环境中约 60min
ERPG1	25	除了短暂的不良健康效应或不当的气味之外，不会有其他不良影响的最大容许浓度
ERPG2	150	不会对身体造成不可恢复之伤害的最大容许度
ERPG3	750	不会对生命造成威胁的最大容许浓度

8.4 火灾事故模拟

8.4.1 水雾抑制气体射流火焰

实验模拟在开放空间条件下、射流火灾发生后的水雾抑制效果。实验系统主要由射流火发生装置和细水雾发生装置组成，见图 8-13。非预混射流火的产生使用了高压气瓶装

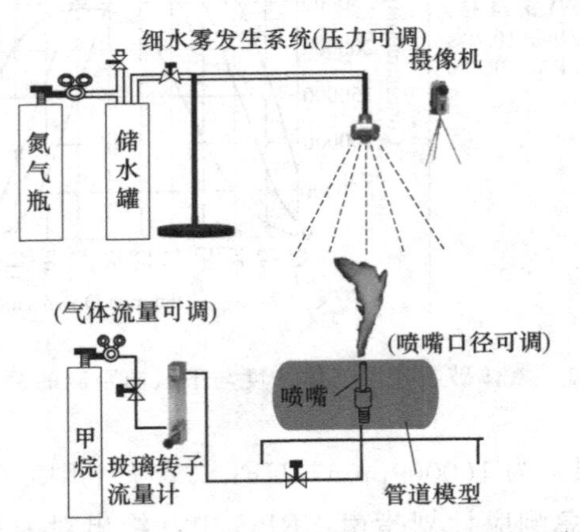

图 8-13 细水雾抑制熄灭甲烷射流火焰系统示意图

纯甲烷气，通过减压阀、球阀开关等装置来控制，实验台模拟天然气管道泄漏工况来搭建，设计了一个管道模型，并在管道壁上打孔以放置喷嘴，喷嘴方向竖直向上。细水雾采用瓶组式系统，喷头置于射流火喷嘴正上方 1m 处，采用下喷方式。

针对细水雾迅速熄灭甲烷射流火焰工况，依据实验参数设定相应的模拟参数，从图 8-14 可以看到，对应于实验现象，当 $t=0.138$s 时，火焰受到细水雾的部分抑制。在细水雾施加后 0.1664s 时，火焰完全被细水雾抑制，之后火焰区减小直至熄灭（$t=0.1832$）。

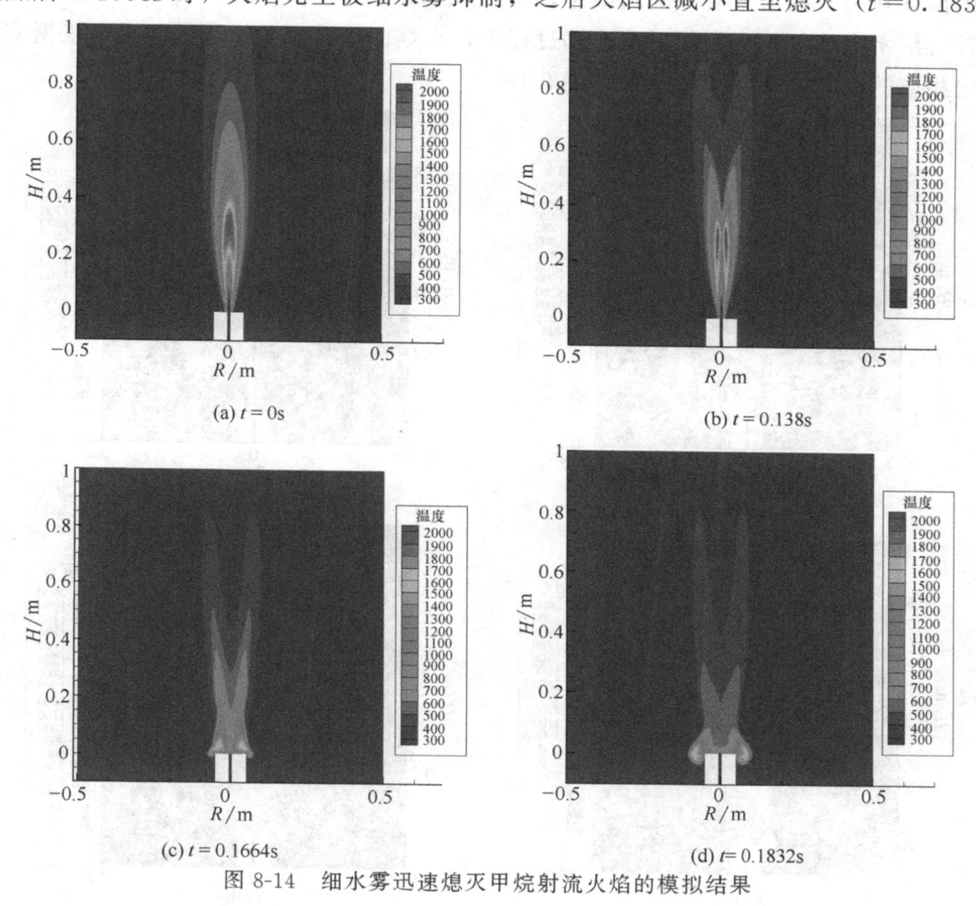

图 8-14　细水雾迅速熄灭甲烷射流火焰的模拟结果

图 8-15　细水雾迅速熄灭火焰工况下，不同时刻火焰中心线上温度分布

从图 8-15 中可以发现，在细水雾迅速熄灭甲烷射流火焰的工况下，火焰区（$y=0.10m\sim y=0.45m$）的温度随着时间的增大而减小。而在 $y=0m\sim y=0.10m$ 的区域，火焰温度随着时间的增大，先增大后减小。这说明，火焰燃烧区被压制至壁面附近，壁面附近的温度随之增大，但是由于火焰被细水雾所抑制，温度增大得不多，大概在 700K 左右。火焰区域被细水雾压低后，火焰继续被细水雾所抑制冷却，在 $y=0m\sim y=0.10m$ 的区域的温度在短暂的增大后，随之减小，直至火焰熄灭。

针对细水雾抑制熄灭甲烷射流火焰过程中，火焰区抬升直至熄灭的工况，依据实验参数设定相应的模拟参数，模拟结果见图 8-16。

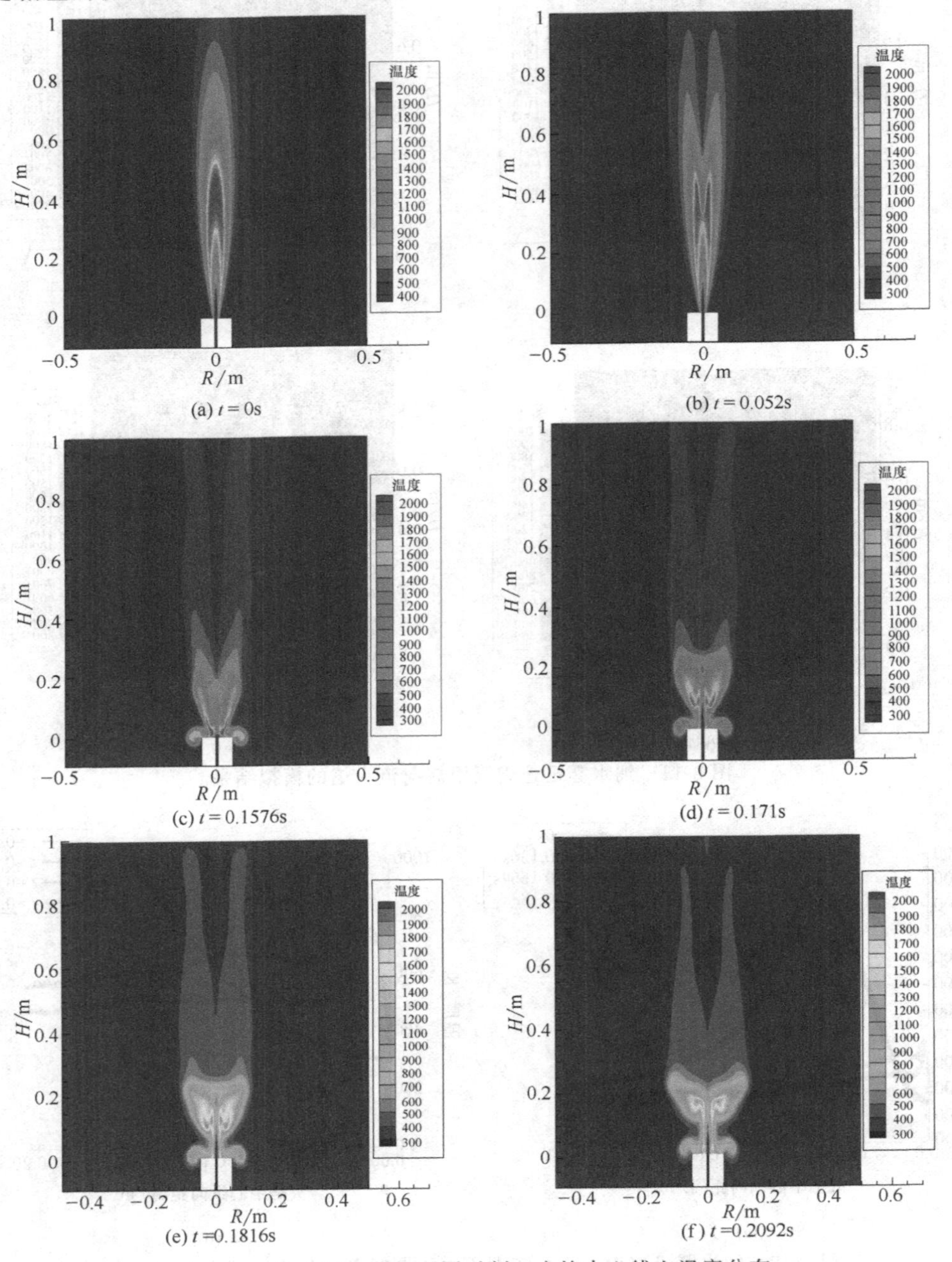

图 8-16 细水雾抑制的不同时刻，火焰中心线上温度分布

与实验现象相同，数值模拟的结果也可以分为三个阶段：火焰局部被抑制阶段，火焰完全被抑制阶段，火焰推举阶段。在 $t=0.052$s 时，火焰被部分抑制，火焰上部部分与细水雾相互作用；当时间增至 $t=0.1576$ 时，火焰被完全抑制，火焰区贴近壁面；在 $t=0.171$s～$t=0.2092$s，为火焰推举阶段，火焰区随着时间的增长而上升，直至熄灭。

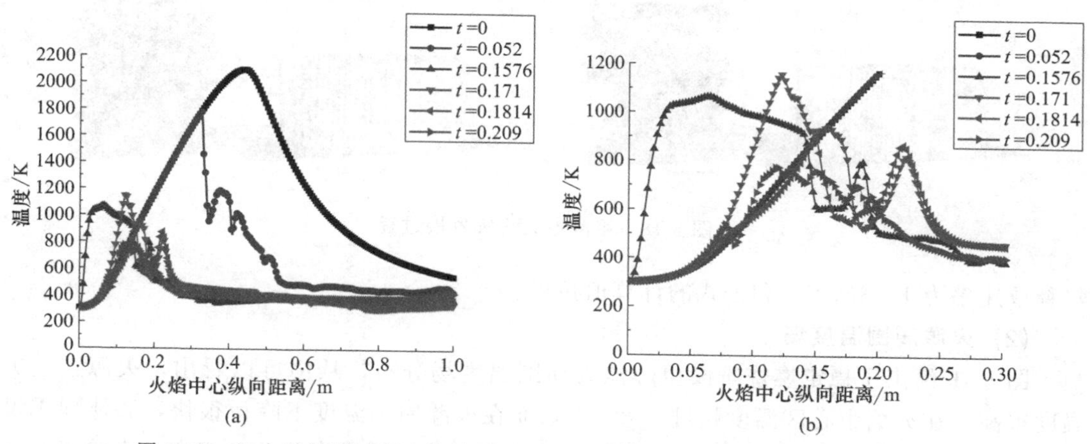

图 8-17　细水雾抑制过程中火焰抬升工况下，不同时刻火焰中心线上温度分布

从图 8-17 可知，在 $t=0$s～$t=0.1575$s，火焰区从 $y=0.5$m 降至 $y=0.05$m 左右，并且火焰区的温度也随之减低。而在 $t=0.1575$s～$t=0.171$s，火焰区上升至 $y=0.125$m 左右，同时温度也有升高。这说明在上升过程中，火焰卷吸的氧气量增大，$t=0.171$s 时刻的火焰相对时间 $t=0.1575$s 时刻的燃烧更加充分。在 $t=0.171$s 之后，火焰燃烧区高度基本稳定，但是火焰温度开始下降，直至火焰熄灭。

8.4.2　油池火灾事故模拟

模拟的甲醇储罐为半径为 2m，高为 3m，罐内甲醇液面高为 2.8m，甲醇罐周围没有其他的罐体和设备。假设泄漏点在离地面 0.6m 的位置，面积为 0.015m^2，由托里切利公式可以计算出泄漏速度为：

$$u=\sqrt{2gh}$$

式中，u 是甲醇的泄漏速度；g 是重力加速度；h 是储罐内液面距泄漏口的距离。将相关参数代入上式可知泄漏速度为 6.3m/s。当泄漏的甲醇被点燃后将在地面形成一定面积的流淌火，当燃烧量和泄漏量相等时燃烧面积不再扩大。实验数据表明对于大尺寸甲醇池火（直径大于 1m），其质量燃烧速率约为 $0.017\text{kg}/(\text{m}^2\cdot\text{s})$。由此可以计算出最大火源面积为 4.7m^2。由经验公式可知，此时最大火灾热释放速率为：

$$Q=345+1139A-1108A^2+320A^3=14.44(\text{MW})$$

当环境温度为 20℃时，高于甲醇的闪点，此时甲醇池火的火蔓延过程是通过气相进行的，其火蔓延速度约为 1.8m/s。

（1）火灾发展情况

图 8-18 给出了甲醇池火发展过程的模拟结果，从图中可以看出，由于火焰传播是通过气相进行，因此火灾燃烧面积很快发展到最大，火焰高度超过了 5m，模拟的火灾稳定

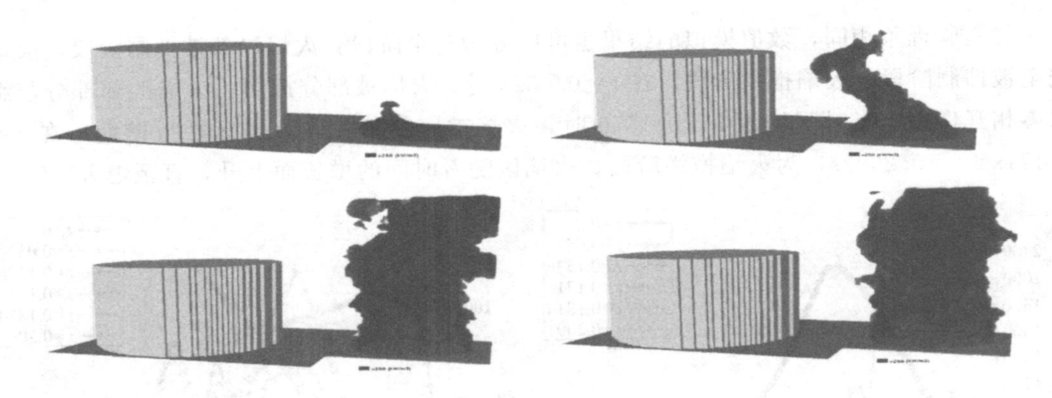

图 8-18 甲醇池火火灾发展过程

热释放速率为 16.8MW，和公式的计算值接近。

(2) 火源周围温度场

图 8-19 给出了稳定燃烧阶段甲醇池火周围温度场分布，从中可以看出，火源正上方温度很高，在火焰中心区温度超过了 800℃，而在火源周围温度下降得很快，罐体周围没有明显的温升。这种现象是由于甲醇的性质决定的，由于甲醇燃烧比较完全，实验表明其燃烧效率因子（表征燃料完全燃烧的程度）约为 0.99。因此在甲醇燃烧过程中仅产生极少量的碳烟颗粒，即火焰辐射能力很弱。实验表明，甲醇池火产生的热量有超过 95%是通过对流形式损失的，而仅有约 5%的热量是通过辐射形式损失的。

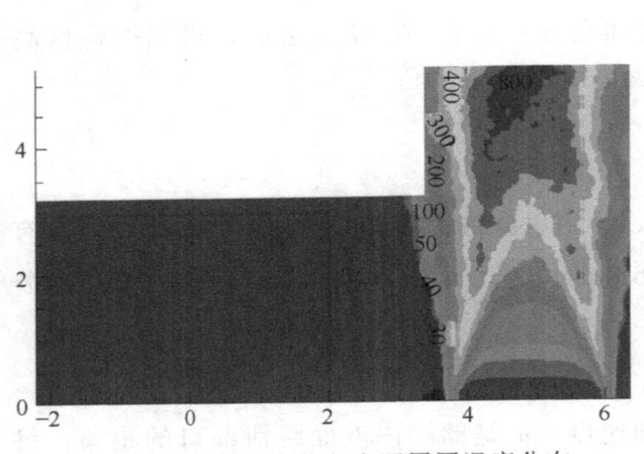

图 8-19 稳定燃烧阶段火源周围温度分布

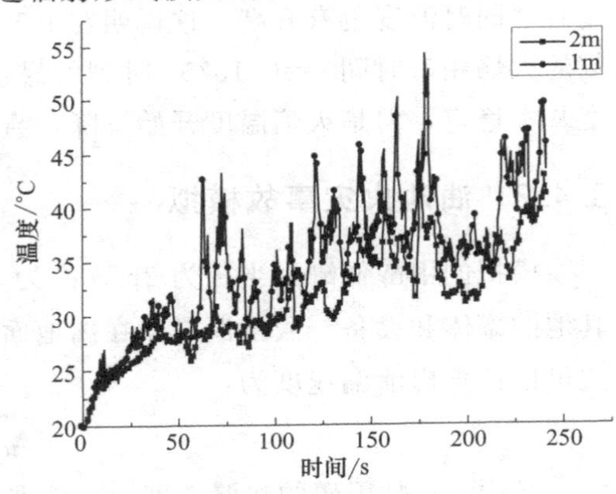

图 8-20 罐体温度随时间的变化

图 8-20 给出了正对火焰一侧罐体上距离地面 1m 和 2m 处的温度，从中可以看出，罐体温度在火灾发生 250s 以后仅升高至 45℃，对罐体不会产生较大破坏。这是由于甲醇火焰的辐射能力低，仅有少部分热量通过辐射形式达到罐体壁面。

模拟结果表明当甲醇泄漏发生燃烧时，火灾蔓延非常迅速，中心火焰区温度很高，而对周边设备的热辐射作用较弱。对于甲醇泄漏事故，首先应当防止其形成流淌火，避免高温火焰直接作用于设备表面从而引发二次事故。

8.4.3 液雾射流火灾事故模拟

计算区域为面对称的三维空间，如图 8-21 所示。其中 $y=0$ 为对称面，$z=0$ 面为压力进口，其余各面为压力出口。

湍流模型采用大涡模拟（LES）；化学反应模型为有限速率的化学反应模型。液雾相采用 Fluent 自带 DMP 模型。辐射模型采用 P1 模型。采用简化的一步化学反应，化学反应方程式如下：

$$C_{12}H_{23}+17.75\ O_2 = 12CO_2+11.5H_2O$$

本工作对油雾喷嘴的雾化参数采用 Schmidt 发展的用于预测喷嘴出口速度的模型和 P. K. Senecal 发展的一个预测雾滴粒径的模型，来预测油雾特性，以作为数值计算的参数。其中 RP-3 号相关参数参考中国喷气燃料，雾化锥角和流量经实验测量得出。工况参数及模拟结果见表 8-3。

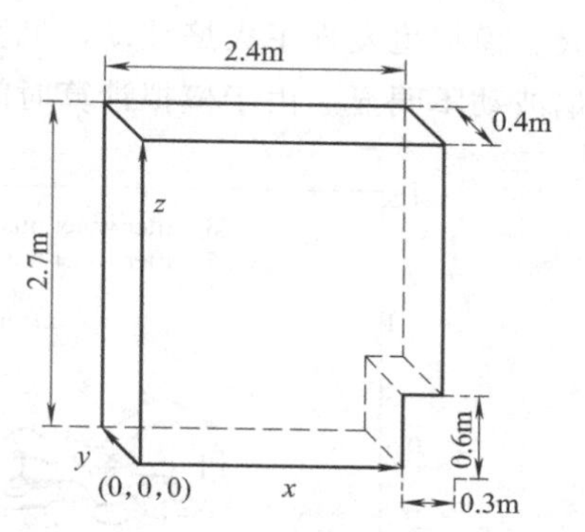

图 8-21　模拟计算区域示意

表 8-3　工况参数和抑制火焰时间

油雾火焰				细水雾		
锥角	流量	速度	粒径	锥角	出口速度	流量
11°	0.005kg/s	50 m/s	150μm	120°	100m/s	0.3kg/s

细水雾能够快速抑制油雾火焰，抑制时间均不超过 1s。在喷雾火焰燃烧段上方，细水雾首先进入燃烧区域。细水雾进入燃烧区域后，油雾被细水雾颗粒和蒸汽稀释，并被冲散，浮力羽流段被破坏随后消失，见图 8-22 和图 8-23；火焰被抑制在喷嘴下前方处的局部范围内，见图 8-24。火焰被成功控制在喷嘴附近的小区域内，则认为火焰被抑制。

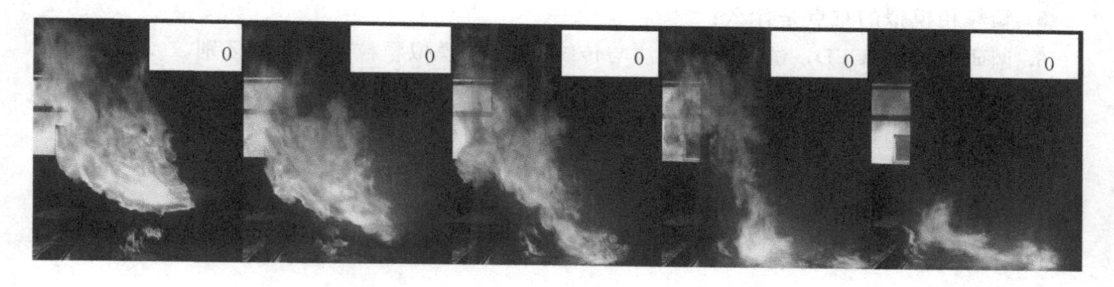
图 8-22　细水雾抑制喷雾火焰过程实验结果

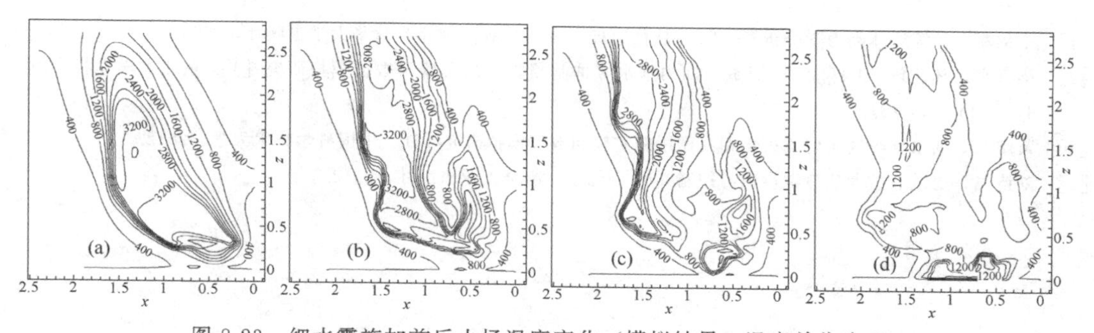

图 8-23　细水雾施加前后火场温度变化（模拟结果、温度单位为 K）

抑制后火焰虽然在局部范围内有所波动，但燃烧区域内温度逐渐降低，直至火焰熄灭。模拟也发现了火焰波动，见图 8-24b，这与实验吻合较好。而增加细水雾动量后，火焰波动不明显。由于模拟计算时间的限制，模拟研究未能计算到火焰熄灭。

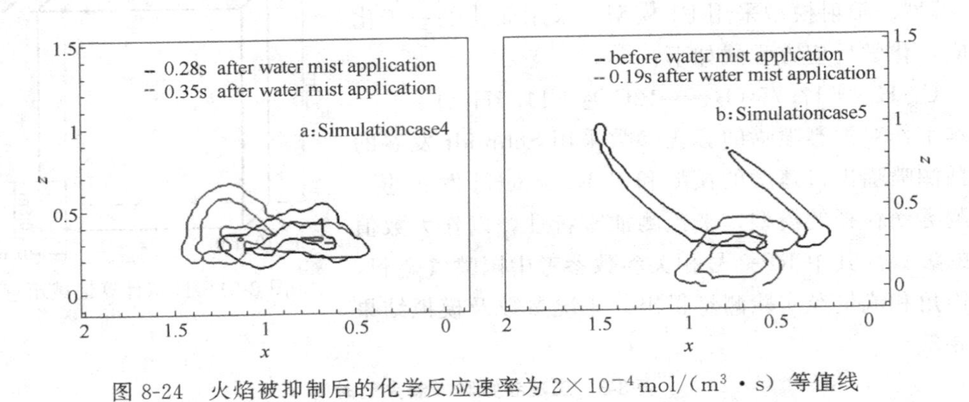

图 8-24 火焰被抑制后的化学反应速率为 2×10^{-4} mol/(m^3 · s) 等值线

思 考 题

1. 试采用误差分析的方法，分析为什么在空气中，将 N_2（氮气）作为第 N 种组分。

2. 通过查阅资料列出单方程（spalart-allmaras）模型，双方程模型（k-ε 模型系列：标准 k-ε 模型，RNGk-ε 模型，可实现的 k-ε 模型；标准 k-ω 模型、SSTk-ω 模型）和雷诺应力等模型适用的流动现象。

3. 层流燃烧和湍流燃烧在选择燃烧模型上有何区别？

4. 湍流是如何影响燃烧反应的？

5. 颗粒相模拟的难点是什么？

6. 调研 EMMS-CFD，试分析该方法与传统 CFD 在模拟颗粒运动上的区别。

7. FDS 里面的燃烧模型与 Fluent 里面的哪个燃烧模型类似？

8. 什么是结构化网格，什么是非结构化网格？

9. 什么是稳态模拟，什么是瞬态模拟？

10. 控制方程的离散化方法有哪些，有何区别？

11. 试分析三类边界条件。

12. 数值解和解析解的区别是什么？

参 考 文 献

[1] 王福军. 计算流体动力学分析——CFD 软件原理与应用 [M]. 北京：清华大学出版社，2004.

[2] 梁天水，丛北华，王喜世等. 开放空间内细水雾抑制喷雾火的实验与数值模拟研究 [J]. 东北大学学报，2010，31 (s1)：277-281.

[3] 黄咸家. 细水雾与气体射流火焰相互作用的实验和数值模拟研究 [D]. 中国科学技术大学，2012.

[4] 刘诗飞，姜威. 重大危险源辨识与控制 [M]. 北京：冶金工业出版社，2012.

附 录

附录 1 危险物料特性一览表

名称	物理性质				危险性		毒性		
	沸点/℃	爆炸极限(体积)/%	闪点/℃	自燃点/℃	储存物品火灾危险等级①	主要危险特性	工业场所空气中化学物质容许浓度(GBZ 2—2007)/(mg/m^3)		
							MAC	PC-TWA	PC-STEL
一氧化碳	−191.4	12.5～74.2	＜−50	610	乙	易燃有毒		20	30
氯气	−34.5	—	—	—	乙②	有毒	1	—	—
氯化氢	−85.0	—	—	—	戊②	有毒	7.5	—	—
光气	8.3	—	—	—	戊②	有毒	0.5	—	—
甲苯	110.6	1.2～7.0	4	535	甲	有毒		50	100
DNT	222.3	—	106	—	丙	有毒	—	0.2	—
ODCB	179	—	65.5	—	丙	有毒	—	50	100
TDI	251	0.9～9.5	132.2	—	丙	有毒	—	0.1	0.02
氨	−33.5	15～30.2	—	630	乙	有毒	—	20	30
氢气	−252.8	4～74	—	—	甲	易燃	—	—	—
硫化氢	−60.7	4.0～46.0	−60	260	甲	易燃	10	—	—
甲烷	−161.5	5.0～16	—	537	甲	易燃	—	—	—
乙烯	−103.9	2.7～36.0	—	425	甲	易燃	—	—	—
聚乙烯(粉尘)	—	＞30g/m^3	—	—	乙②	可燃	5	—	—
环氧乙烷	10.7	3.0～100	＜−18	429	甲	易燃有毒	—	2	—
脱硫剂[甲基二乙醇胺(MDEA)]	247.3	—	137.7	—	丙	—	—	—	—
硫化剂[二甲基二硫醚(DMDS)]	—	4.3～46.0	24.4	260	甲	易燃有毒	—	—	—
硝酸	86	—	—	—		腐蚀	—	—	—
硫酸	330	—	—	—		腐蚀	—	—	—

续表

名称	物理性质				危险性		毒性		
	沸点/℃	爆炸极限(体积)/%	闪点/℃	自燃点/℃	储存物品火灾危险等级①	主要危险特性	工业场所空气中化学物质容许浓度(GBZ 2—2007)/(mg/m³)		
							MAC	PC-TWA	PC-STEL
氢氧化钠	—	—	—	—		腐蚀	2	—	—
苯	80.1	1.2～0.8	−11	—	甲	有毒	—	6	10
硝基苯	210	>1.8	87.8	—	丙	剧毒	—	2	—

① 数据来源于《石油化工企业设计防火规范》(GB 50160—2008)。

② 表示该化学品火灾危险分类等级来自于《建筑设计防火规范》(GBJ 16—2014)，在《石油化工企业设计防火规范》(GB 50160—2008) 中没有作出火灾危险分类定义。

附录2 重点监管的危险化学品安全措施和事故应急处置原则(部分)

名称	氯	氨	硫化氢
理化特性	常温常压下为黄绿色、有刺激性气味的气体	常温常压下为无色气体，有强烈的刺激性气味	无色气体，低浓度时有臭鸡蛋味，高浓度时使嗅觉迟钝
危害信息	剧毒，吸入高浓度气体可致死；包装容器受热有爆炸的危险	与空气能形成爆炸性混合物；吸入可引起中毒性肺水肿	强烈的神经毒物，高浓度吸入可发生猝死；极易燃气体
安全措施	严加密闭，提供充分的局部排风和全面通风，工作场所严禁吸烟。提供安全淋浴和洗眼设备。生产、使用氯气的车间及储氯场所应设置氯气泄漏检测报警仪，配备两套以上重型防护服。避免与易燃或可燃物、醇类、乙醚、氢接触	生产、使用氨气的车间及储氨场所应设置氨气泄漏检测报警仪，使用防爆型的通风系统和设备，应至少配备两套正压式空气呼吸器。避免与氧化剂、酸类、卤素接触	硫化氢作业环境空气中硫化氢浓度要定期测定，并设置硫化氢泄漏检测报警仪，使用防爆型的通风系统和设备，配备两套以上重型防护服。避免与强氧化剂、碱类接触
急救措施	吸入：迅速脱离现场至空气新鲜处。保持呼吸道通畅。如呼吸困难，给氧，给予2%～4%的碳酸氢钠溶液雾化吸入。呼吸、心跳停止，立即进行心肺复苏术。就医。 眼睛接触：立即分开眼睑，用流动清水或生理盐水彻底冲洗。就医。 皮肤接触：立即脱去污染的衣着，用流动清水彻底冲洗。就医	吸入：迅速脱离现场至空气新鲜处。保持呼吸道通畅。如呼吸困难，给氧。如呼吸停止，立即进行人工呼吸。就医。 皮肤接触：立即脱去污染的衣着，应用2%硼酸液或大量清水彻底冲洗。就医。 眼睛接触：立即提起眼睑，用大量流动清水或生理盐水彻底冲洗至少15min。就医	吸入：迅速脱离现场至空气新鲜处。保持呼吸道通畅。如呼吸困难，给氧。呼吸心跳停止时，立即进行人工呼吸和胸外心脏按压术。就医